南立军　李　华　徐成东　编著

葡萄架式生产与保鲜技术

南京大学出版社

图书在版编目(CIP)数据

葡萄架式生产与保鲜技术 / 南立军，李华，徐成东编著. —南京：南京大学出版社，2024.4

ISBN 978-7-305-28072-6

Ⅰ. ①葡… Ⅱ. ①南… ②李… ③徐… Ⅲ. ①葡萄栽培②葡萄—食品保鲜 Ⅳ. ①S663.1

中国国家版本馆 CIP 数据核字(2024)第 090641 号

出版发行 南京大学出版社
社　　址 南京市汉口路 22 号　　邮　　编 210093

书　　名 葡萄架式生产与保鲜技术
PUTAO JIASHI SHENGCHAN YU BAOXIAN JISHU
编　　著 南立军　李　华　徐成东
责任编辑 甄海龙

照　　排 南京开卷文化传媒有限公司
印　　刷 江苏凤凰扬州鑫华印刷有限公司
开　　本 787 mm×1092 mm　1/16　印张 17　字数 380 千
版　　次 2024 年 4 月第 1 版　印次　2024 年 4 月第 1 次印刷
ISBN 978-7-305-28072-6
定　　价 68.00 元

网　　址：http://www.njupco.com
官方微博：http://weibo.com/njupco
官方微信：njupress
销售咨询热线：025-83594756

编写委员会

编　著

南立军　楚雄师范学院教授

李　华　西北农林科技大学二级教授

徐成东　楚雄师范学院二级教授

副主编

李雅善　楚雄师范学院副教授

刘丽媛　吐鲁番市葡萄产业发展促进中心研究员

王　萌　石河子大学讲师

前　言

葡萄品质是决定葡萄酒质量的重要因素之一。在实际生产中,可以通过采用不同的栽培措施调节葡萄生长的微环境,也可以通过在葡萄生长期间喷施生长调节剂或者酶制剂,改善葡萄品质,提高葡萄的保鲜价值,从而获得优质的葡萄酒。作者通过架式、生长调节剂和酶制剂等对照组,初步探讨了单爬地龙架式对葡萄光合特性、葡萄新梢、叶片碳固定和分配、韧皮部汁液、果实糖代谢及葡萄理化指标的影响,并对其他的爬地龙架式进行了拆解,旨在为葡萄品质改良以及葡萄保鲜的理论研究和科学实践提供依据,以便为葡萄生产管理模式的改善提供理论支持。研究主要取得以下结果:

1. 比较了不同架式的葡萄叶片的光合特性、新梢和叶片的有机碳含量的变化。架式能够较好地调节光合有效辐射(PAR)对一些生理参数的影响,创造更稳定的生态环境,促进叶片的协调生长和成熟。

2. 比较了不同架式的葡萄新梢和叶片的有机碳含量的变化。两种架式的爱格丽新梢和叶片的有机碳含量存在显著差异。10月上旬,除了第五个新梢和叶片外,独立龙干形(ILSP)的第一、第二、第三、第四个新梢和叶片的有机碳含量均分别大于无主蔓单爬地龙架式(SCCT)相应新梢和叶片的有机碳含量。总体上,ILSP 新梢和叶片积累的有机碳含量比 SCCT 的高,但是 SCCT 新梢的成熟度比 ILSP 好。

3. 比较了不同架式的爱格丽葡萄新梢韧皮部汁液的 EDTA-Na_2含量的变化。两种架式的新梢韧皮部汁液中的 EDTA-Na_2平均消耗量的总趋势为:在整个生长期间,SCCT 新梢 EDTA-Na_2消耗量高于 ILSP,表明 SCCT 物质运输和贮存养分的能力高于 ILSP,从而说明 SCCT 更有利于葡萄养分的积累。两种架式不同部位新梢韧皮部汁液中 EDTA-Na_2的消耗量表现为(从基部第一个新梢至第五个新梢):除了幼果膨大期和落叶期外,其他时期的 SCCT 不同新梢韧皮部汁液中的 EDTA-Na_2消耗量几乎保持一致,表明 SCCT 能够平均分配各个新梢中的韧皮部汁液含量。生长期间,SCCT 和

ILSP 的新梢消耗 EDTA-Na_2 的速率呈上升趋势，表明 SCCT 和 ILSP 的新梢物质运输的能力不断增强，抵抗干旱胁迫的能力不断增强；SCCT 新梢 EDTA-Na_2 消耗量始终高于 ILSP，表明 SCCT 抵抗干旱胁迫的能力比 ILSP 强。

4. 比较了不同架式的爱格丽葡萄代谢相关酶活性的变化。在葡萄果实成熟过程中，酸性转化酶（AI）活性、蔗糖磷酸合成酶（SPS）活性和 SS 分解方向（SS-c）活性随着成熟先升后降，呈倒"V"型变化趋势；SS 合成方向（SS-s）活性呈"V"型变化趋势。所以两种架式的蔗糖代谢机理不同：SCCT 通过 SS-s 活性的上升调节蔗糖合成酶（SS）净合成活性，而 ILSP 通过 AI 活性的上升调节 SS 净合成活性。在大多数情况下，SCCT 的净合成活性高于 ILSP 的净合成活性，且 ILSP 的变化比 SCCT 平缓，这导致不同架式下的爱格丽葡萄果实的糖积累差异，并最终导致二者果实品质形成差异。代谢相关酶活性的变化还表明，爱格丽葡萄最佳的成熟时间应在 8 月 10 日。提前采收，不利于果实的成熟；推迟采收，也会降低葡萄的品质。

5. 比较了不同架式的爱格丽葡萄理化指标的变化。SCCT 垂直叶幕和相同高度的结果带增加了果实暴露，提高了光合作用，所以，SCCT 各个新梢的果实成熟比 ILSP 整齐，成熟较一致。果实暴露的减少可以延迟果实成熟，改变浆果物候期，不同架式的叶幕变化在开花期引起的理化指标的差异持续到收获期。因此，不同架式的果实成熟期的延迟是开花期延迟的直接结果。另外，不同架式葡萄树的新梢位置引起的果汁成分的差异较大。所以，ILSP 的新梢位置引起的果汁成分的差异比 SCCT 大，这源于 ILSP 不同新梢位置的果实暴露的差异而引起的果实成熟的差异。

关于保鲜技术，本研究主要对采前生长调节剂奇宝、玉米素、赤霉素、$CaCl_2$+NAA 喷穗对葡萄贮藏期间褐变率、落粒率、商品率、腐烂率、相关酶活性、基本的品质指标的影响进行跟踪调查，对果胶酶对常温恒温下葡萄果实的品质的影响进行了初步探究，最后对贮藏前的预冷技术进行简述，希望这部分内容能为葡萄保鲜的科研、教学和应用工作者及相关专家提供借鉴。

本书精炼了作者们近 20 年的科学研究和调查成果，研究区域涉及新疆、陕西、云南等产区，涉及的领域和内容包括葡萄田间管理（如架式、生物制剂等）对葡萄品质的调节作用和贮藏期间的防脱粒技术等，通过产区和田间管理技术的结合，调节葡萄的生长环境，改善其代谢水平，提高其品质和抗病力，降低生产成本，从而调节葡萄的保鲜效果和货架期。另外，这部分成果可以作为各位专家、学者交流的内容，恳请各位专家提出宝贵意见和建议。

作者在编写过程中，引用了大量来自国内外的文献，对于该部分涉及的作者，我们表示衷心的感谢！

感谢所有为本书提出宝贵修改意见和建议的各位专家！

感谢赵玲同学为本书部分图做出修改和完善！

由于作者们水平有限，因此书中存在不足之处在所难免，敬请读者提出宝贵意见，我们将进一步完善。

作　者

2023.10

目　录

第一章　绪　论 …… 001

第一节　架式与光合作用 …… 003

1.1　光合特性 …… 003

1.2　干旱胁迫与葡萄叶片的光合作用 …… 004

1.3　架式与葡萄叶片光合速率的光响应 …… 005

第二节　架式与果树生长 …… 007

第三节　架式与物质运输 …… 009

第四节　果实糖积累与糖代谢相关酶 …… 010

第五节　架式与葡萄品质 …… 012

第二章　葡萄的光合作用 …… 021

第一节　概　述 …… 021

第二节　葡　萄 …… 023

2.1　实验材料及地点 …… 023

2.2　气　候 …… 023

2.3　修剪实验 …… 023

2.4　实验设计 …… 023

第三节　光合特性 …… 025

3.1　光合光响应曲线的日变化 …… 025

3.2　光合特性的变化关系 …… 028

3.3　干旱条件下架式对光合作用的调节 …… 031

第三章　葡萄营养生长部位碳的固定和分配 …… 035

第一节　概　述 …… 035

第二节 葡 萄…… 037

2.1 实验材料 …… 037

2.2 采样与植株碳的测定 …… 037

2.3 碳的分配及相关计算公式 …… 037

第三节 碳的分配…… 038

3.1 成熟期不同架式爱格丽葡萄新梢和叶片有机碳含量 …… 038

3.2 不同架式新梢和叶片有机碳的分配关系 …… 042

第四章 新梢韧皮部汁液的分配和贮存 …… 048

第一节 概 述…… 048

第二节 韧皮部…… 050

2.1 韧皮部汁液的收集及计算 …… 050

2.2 新梢韧皮部的透射电镜制样步骤 …… 050

第三节 养分分配…… 052

3.1 幼果期不同架式的爱格丽新梢韧皮部汁液含量和分配 …… 052

3.2 转色前期不同架式的爱格丽新梢韧皮部汁液含量和分配 …… 053

3.3 成熟期不同架式的爱格丽新梢韧皮部汁液含量和分配 …… 054

3.4 落叶期不同架式的爱格丽新梢韧皮部汁液含量和分配 …… 056

3.5 不同架式的爱格丽新梢韧皮部汁液的变化情况 …… 057

3.6 韧皮部汁液在植物体营养器官间的运输 …… 058

3.7 不同时期韧皮部汁液的含量 …… 059

3.8 架式与不同新梢韧皮部汁液的吸收和分配 …… 061

3.9 架式与不同新梢韧皮部的超微结构 …… 062

第五章 葡萄果实的蔗糖代谢相关酶 …… 066

第一节 概 述…… 066

1.1 果实糖积累的类型 …… 066

1.2 果实中糖分的运输 …… 066

1.3 果实糖积累与糖代谢相关酶 …… 067

第二节 葡 萄…… 069

2.1　材　料 …………………………………………………………………… 069
2.2　酶的提取 ………………………………………………………………… 069
2.3　酶活性的测定 …………………………………………………………… 069
2.4　标准曲线的制作 ………………………………………………………… 070
2.5　精密度的确定 …………………………………………………………… 070
2.6　相关计算公式 …………………………………………………………… 070
第三节　酶活性…………………………………………………………………… 072
3.1　蔗糖标准曲线及精密度实验 …………………………………………… 072
3.2　葡萄糖标准曲线及精密度实验 ………………………………………… 073
3.3　架式与葡萄果实成熟过程中蔗糖代谢相关酶活性的变化 …………… 073

第六章　葡萄的理化指标…………………………………………………………… 089
第一节　概　述…………………………………………………………………… 089
第二节　葡　萄…………………………………………………………………… 091
2.1　材料及取样方法 ………………………………………………………… 091
2.2　基本指标的检测 ………………………………………………………… 091
第三节　理化指标………………………………………………………………… 092
3.1　架式与葡萄果实 TSS …………………………………………………… 092
3.2　架式与葡萄果实总糖的变化 …………………………………………… 094
3.3　架式与葡萄果实总酸的变化 …………………………………………… 095
3.4　架式与葡萄果实 pH 的变化 …………………………………………… 096
3.5　架式与葡萄果实糖酸比的变化 ………………………………………… 098
3.6　架式与果实常规指标 …………………………………………………… 098

第七章　其他生产技术……………………………………………………………… 110
第一节　土壤与美乐葡萄的成熟………………………………………………… 110
1.1　背　景 …………………………………………………………………… 110
1.2　实验材料 ………………………………………………………………… 112
1.3　仪　器 …………………………………………………………………… 113
1.4　方　法 …………………………………………………………………… 113

1.5 总 糖 …… 113
1.6 总 酸 …… 114
1.7 pH …… 114
1.8 单 宁 …… 115
1.9 总 酚 …… 116
1.10 花青素 …… 116
1.11 色 度 …… 117
第二节 土壤与赤霞珠葡萄的成熟 …… 121
2.1 背 景 …… 121
2.2 材 料 …… 121
2.3 仪 器 …… 122
2.4 方 法 …… 122
2.5 pH 和总酸 …… 122
2.6 总 糖 …… 124
2.7 花色苷 …… 124
2.8 色 度 …… 125
2.9 总 酚 …… 126
2.10 单 宁 …… 127
2.11 地块与葡萄的品质 …… 127
第三节 设施葡萄的光合优化调控模型 …… 131
3.1 背 景 …… 131
3.2 试验地概况 …… 132
3.3 试验材料 …… 132
3.4 试验方法 …… 132
3.5 光合作用优化调控模型 …… 133
3.6 多因子耦合的光合速率模型 …… 133
3.7 基于遗传算法的多目标优化模型 …… 134
3.8 葡萄光合优化调控模型 …… 135
3.9 模型验证 …… 136
第四节 设施葡萄的光合特性 …… 140

4.1　背　景 …… 140
4.2　试验地概况 …… 140
4.3　试验材料 …… 141
4.4　试验方法 …… 141
4.5　固碳释氧量计算方法 …… 142
4.6　不同天气条件下葡萄叶片光合参数日变化 …… 142
4.7　光合参数之间的相关性 …… 144
4.8　不同天气条件下葡萄叶片光合光响应曲线特征参数 …… 144
4.9　固碳释氧 …… 146
第五节　芸苔素内酯与葡萄果实基本特征指标 …… 150
5.1　背　景 …… 150
5.2　实验材料 …… 151
5.3　实验处理 …… 151
5.4　测定指标 …… 151
5.5　芸苔素内酯 …… 151
第六节　芸苔素内酯与葡萄果实糖代谢 …… 160
6.1　背　景 …… 160
6.2　试验材料 …… 161
6.3　实验处理 …… 161
6.4　测定指标 …… 161
6.5　芸苔素内酯与葡萄果实发育过程中的糖 …… 162
6.6　芸苔素内酯与葡萄糖果实发育过程中的蔗糖代谢酶活性 …… 164
6.7　芸苔素内酯与葡萄糖果实糖积累及酶的活性 …… 166
第七节　采前生长调节剂与葡萄的品质 …… 169
7.1　背　景 …… 169
7.2　材　料 …… 172
7.3　采前生长调节剂处理 …… 172
7.4　测定指标与方法 …… 173
7.5　无核白葡萄生长期间果穗长度 …… 173
7.6　无核白葡萄生长期间果梗直径 …… 174

7.7　无核白葡萄生长期间穗梗直径 …………………………………………… 174
7.8　无核白葡萄生长期间果粒直径 …………………………………………… 175
7.9　无核白葡萄生长期间 TSS …………………………………………………… 177
7.10　无核白葡萄果粒生长期间呼吸强度 ……………………………………… 178
7.11　无核白葡萄生长期间维生素 C ……………………………………………… 178
7.12　无核白葡萄生长期间总糖、总酸、糖酸比 ………………………………… 179
7.13　采前不同处理与离层形成的关系 ………………………………………… 180

第八章　葡萄保鲜技术 ………………………………………………………………… 183
第一节　采前生长调节剂与葡萄贮藏期间的防脱粒 …………………………………… 183
1.1　葡萄采后的落粒机理 ………………………………………………………… 183
1.2　无核白葡萄采后防脱粒技术 ……………………………………………… 186
1.3　样　品 ……………………………………………………………………… 191
1.4　采后贮藏方式、保鲜剂处理 ……………………………………………… 191
1.5　相关指标 …………………………………………………………………… 191
1.6　无核白葡萄贮藏期间的呼吸强度 ………………………………………… 192
1.7　无核白葡萄贮藏期间的 TSS ……………………………………………… 193
1.8　无核白葡萄贮藏期间的总糖、总酸和糖酸比 ……………………………… 193
1.9　采前各处理对无核白葡萄贮藏期间离区维生素 C 的影响 ………………… 194
1.10　采前各处理对无核白葡萄贮藏期间离区丙二醛的影响 ………………… 195
1.11　采前各处理对无核白葡萄贮藏期间离区 SOD 活性的影响 ……………… 195
1.12　采前各处理对无核白葡萄贮藏期间离区 POD 活性的影响 ……………… 196
1.13　采前各处理对无核白葡萄贮藏期间离区 PPO 活性的影响 ……………… 197
1.14　采前各处理对无核白葡萄贮藏期间离区 CAT 活性的影响 ……………… 198
1.15　采前各处理对无核白葡萄贮藏期间离区纤维素酶活性的影响 ………… 198
1.16　采前各处理对无核白葡萄贮藏期间离区果胶甲酯酶活性的影响 ……… 199
1.17　采前各处理对葡萄采后褐变指数、腐烂率、商品率、落粒率的影响 …… 200
1.18　采前钙处理对无核白葡萄的影响 ………………………………………… 201
1.19　采前生长调节剂处理对无核白葡萄落粒率的影响 ……………………… 201
1.20　低温贮藏对无核白葡萄的营养物质、落粒率和离区相关酶活性的

影响 …………………………………………………………………………… 202
1.21　PVC 膜包装对无核白葡萄商品价值的影响 ……………………… 204
1.22　低温贮藏条件下保鲜剂处理对葡萄落粒率的影响 ………………… 204
1.23　离区水解酶活性对无核白葡萄采后脱落的影响 …………………… 205
1.24　生长调节剂对呼吸代谢的影响及与采后落粒的关系 ……………… 206
1.25　离层形成与无核白葡萄采后脱落的关系 ………………………… 206
第二节　采前 $CaCl_2$＋NAA 喷穗与无核白葡萄贮藏期间的落粒 ……………… 212
2.1　背　景 ……………………………………………………………… 212
2.2　材　料 ……………………………………………………………… 212
2.3　采前处理 …………………………………………………………… 212
2.4　采后处理 …………………………………………………………… 213
2.5　测定方法 …………………………………………………………… 213
2.6　采前喷穗对浆果采后褐变率、落粒率、商品率、腐烂率的影响 ……… 213
2.7　采前氯化钙和生长调节剂喷穗对浆果采后离区 POD 活力变化的
影响 …………………………………………………………………… 214
2.8　采前喷穗对浆果采后离区呼吸强度的影响 ………………………… 215
第三节　无核葡萄贮前采摘技术及预冷技术……………………………… 217
3.1　背　景 ……………………………………………………………… 217
3.2　采收技术 …………………………………………………………… 217
3.3　预冷技术 …………………………………………………………… 218
3.4　保鲜剂的投放与封口 ……………………………………………… 219
3.5　采摘包装方法 ……………………………………………………… 219
3.6　保鲜技术 …………………………………………………………… 220
3.7　机　房 ……………………………………………………………… 220
第四节　果胶酶与常温恒温下的葡萄果实品质……………………………… 222
4.1　背　景 ……………………………………………………………… 222
4.2　材　料 ……………………………………………………………… 223
4.3　果胶酶溶液的配制及对照实验 ……………………………………… 223
4.4　相关指标测定 ……………………………………………………… 223
4.5　不同浓度果胶酶处理葡萄糖度的变化 ……………………………… 224

4.6 不同浓度果胶酶处理下葡萄 pH 的变化 …… 225
4.7 不同浓度果胶酶处理下果胶酶活性的变化 …… 226
4.8 不同浓度果胶酶处理下果皮和果肉中花色苷含量的变化 …… 227
4.9 不同浓度果胶酶处理下果皮和果肉中单宁含量的变化 …… 229
第五节 果胶酶与葡萄采后果实品质 …… 234
5.1 背 景 …… 234
5.2 材 料 …… 235
5.3 溶液配制及材料处理 …… 235
5.4 相关指标 …… 235
5.5 果胶酶对葡萄中花色苷含量的影响 …… 235
5.6 果胶酶对葡萄中单宁含量的影响 …… 238
5.7 果胶酶对葡萄中总糖含量的影响 …… 241
5.8 葡萄表皮果胶酶酶活性的变化 …… 242

附 酿酒葡萄爬地龙栽培模式技术规程 …… 247

第一章　绪　论

葡萄属于葡萄科葡萄属多年生藤本落叶植物，在全世界水果中的栽培面积和产量均居于前列。随着葡萄与葡萄酒产业的发展，我国的葡萄与葡萄酒产业的发展已经稳居世界前五，成了葡萄与葡萄酒产业发展的主战场。我国的葡萄产区三分之一以上位于干旱和半干旱地区，灌溉条件限制了这些地区葡萄产业的发展，水分胁迫阻碍了葡萄正常的生理活动，降低了葡萄产量，影响葡萄和葡萄酒品质，是制约葡萄生产发展的重要因素[1]。

葡萄酒的质量主要取决于原料的品种特性、气候条件、浆果成熟度及其他成分的比例[2-4]。在干旱半干旱地区，对特定的葡萄品种而言，温度和光照条件是影响葡萄含糖量、含酸量变化的主要因素，有效积温影响浆果中糖的积累进程，平均气温和光照影响酸的降解[4-5]。

我国的优质酿酒葡萄产区多采用传统的多主蔓扇形、独立龙干形和"V"型或"U"型。这些架式给我国优质酿酒葡萄的栽培管理带来了很多难以克服的困难，严重制约了葡萄和葡萄酒产业的可持续发展。因此，有必要对我国北方优质酿酒葡萄产区的葡萄架式进行改良，以扬长补短，改善葡萄植株及其果实的生存环境，实现葡萄"优质、稳产、长寿、美观"可持续发展的目标。

针对葡萄生产中埋土防寒时冬季需要下架、春季需要上架、修剪管理繁琐、机械化操作程度和水肥利用效率低等问题，经过多年的科学实验和实践总结，李华等[6]为我国葡萄埋土防寒区培育出了一种新型葡萄架式——爬地龙(专利号 ZL201010013581)。这一架式很大程度上解决了埋土防寒区内存在的很多问题，如修剪复杂、成熟不一致、上下架和埋土困难、通风透光差等，提高了葡萄生产的机械化程度，冬季埋土不必下架，春季不必上架；葡萄修剪管理"傻瓜化"，水肥利用率得到提高，葡萄与葡萄酒品质高，为实现栽培葡萄"优质、稳产、长寿、美观"的目标向前迈进了关键性的一步。中国酿酒葡萄的种植面积也随之扩展到了 90 万亩[7]。大量的实践已经证明，在相同条件下，与传统的架式相比，爬地龙架式可改善果实的受光条件，调节微环境及生殖生长与营养生长的平衡，促进果实的成熟，进而影响葡萄酒的品质特征[7-8]，但以往的研究只是基于实践研究，并没有进一步从理论上用科学实验证明。爬地龙架式根据有无主蔓分为无主蔓爬地龙和有主蔓爬地龙；根据龙干的数量分为单龙干爬地龙和双龙干爬地龙，简称单爬地龙和双爬地龙。所以，爬地龙的架式可以分为四种：无主蔓单爬地龙、无主蔓双爬地龙、有主蔓单爬地龙和有主蔓双爬地龙，其中无主蔓单爬地龙为最简单的一种爬地龙架式。传统的架式多采用独立龙干形(ILSP,图 1-1)。本实验以酿酒葡萄新品种爱格丽为试材,以传统的 ILSP 为对照,初步研究了最简单的无主蔓单爬地龙架式(SCCT,图 1-2)对葡萄植株及葡萄和葡萄酒特性的影响,初步探索了 SCCT 对葡萄生理的调控机制,这对 SCCT 在埋土防寒区的示范和推广有一定的指导意义。

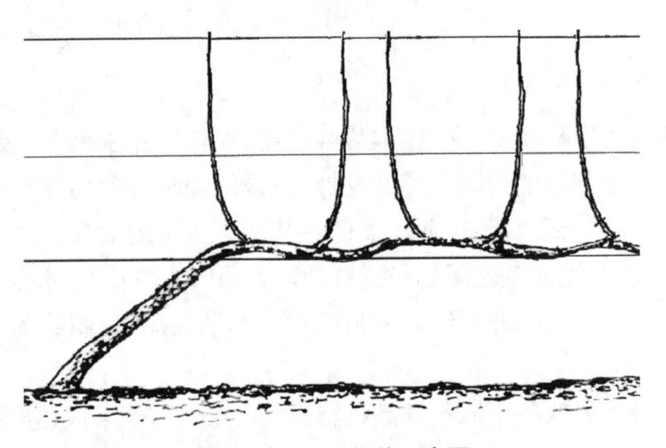

图 1-1 ILSP 修剪示意图

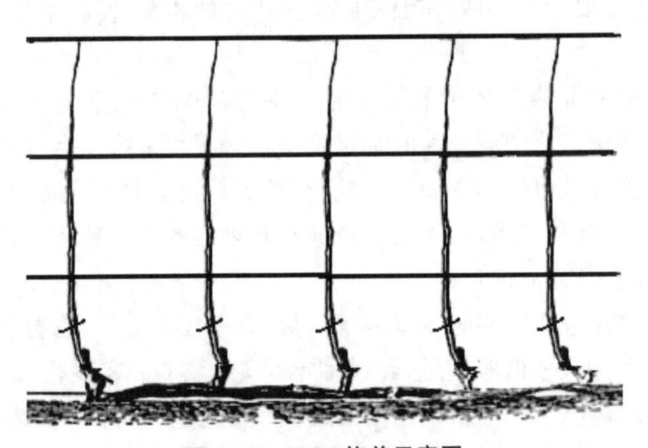

图 1-2 SCCT 修剪示意图

第一节　架式与光合作用

1.1　光合特性

植物光合作用受到很多因素的影响，如光照强度、温度和水分等。在干旱半干旱地区，水是植物生长最大的限制因素。虽然水是光合作用不可或缺的原料之一，但是植物进行光合作用所消耗的水，只是植物从土壤中吸收的很小一部分，绝大部分的水都被蒸腾散失了，因此，蒸腾作用在一定程度上反映了植物调节水分损失的能力及适应干旱环境的方式。在干旱半干旱地区，水分胁迫从多方面影响了植物的生长和代谢。因此，近几年，国内外许多研究者针对土壤水分胁迫对植物光合作用的影响机理进行了大量研究，发现干旱胁迫对植物生长的影响程度主要取决于土壤水分条件，良好水分供应的土壤可增强植物对干旱胁迫的适应能力。即使在高温低湿的大气逆境条件下，适宜的水分条件仍能使植物保持较高的光合速率。但是很少有关于架式，尤其是 SCCT 对这些因素的影响的研究。因此，作为渭北埠塬地区植物生长最重要的限制因子之一，探索干旱胁迫对植物光合生理过程与架式的关系是植物水分关系研究的主要内容，也是调节植物生长的重要手段。

光合速率是单位时间内单位叶面积同化 CO_2 的量，与光合作用的强弱直接相关，直接影响着水分利用效率，其值的大小与叶片合成有机物和积累营养物质能力的大小成正比[9]。光合产物不仅为葡萄果实正常的生长发育提供充足的能量，也为树体的生长发育提供原料，因而葡萄叶片的光合能力与葡萄浆果品质和产量息息相关[1]。葡萄叶片只有最大限度地利用光合作用制造和积累养分，才能获得优质高产[10]。

光照强度较低，净光合速率低于暗呼吸速率，叶片只能释放 CO_2。在光补偿点以下，光合强度与呼吸强度相等，植物既不吸收也不释放 CO_2；在光补偿点以上，光合速率的增加与光照强度的增加成正比，光合速率不再随着光照强度增加时的光照强度被称为光饱和点[9]。光饱和点和光补偿点分别代表了光照强度与光合作用之间关系的上限临界值和下限临界值，体现了叶片对不同光能的利用状况[11]。光饱和点(LSP)越低，光合速率越容易达到最高值，并且更容易在较高的水平上进行。反之，光饱和点(LSP)越高，光合速率较难达到饱和点，光合作用的水平较低。张振文等[12]通过比较不同光响应曲线发现，P_{max} 较大的品种在光强 500 $\mu mol/(m^2 \cdot s)$ 以上时就能表现出较大的光合速率。因此，可以利用光饱和点和光补偿点来确定合理的栽培措施(包括建园、定植密度、整形修剪等)。

蒸腾速率是反映植物调节自身水分损耗能力及适应干旱胁迫能力的一个重要指标[13][14]，蒸腾作用受到土壤中可利用的水分、所必需的能量以及叶片内外间存在的水势梯度的影响。土壤含水量对植物蒸腾起重要作用，土壤含水量的变化会影响到气孔的反应，水分胁迫造成气孔关闭，使蒸腾速率大幅度下降[15]。

水分利用效率(WUE)是植物消耗单位水分所生产的同化物的量，反映了植物耗水与同化物之间的关系。WUE高，表明固定单位重量CO_2所需的水量小，植物的节水能力大，水分生产力高。因而，WUE是在干旱条件下确定植物的种植方式和评价产水能力的重要指标，反映了植物对水分的利用状况和抗旱性，是确定植物体生长发育所需要的最佳水分供应的重要指标之一。WUE取决于Pn与Tr的比值，植物光合作用的生理生态机制研究表明，Pn的变化会引起Tr的变化。Tr与气孔密切相关，而Pn受气孔限制与非气孔限制的双重作用[16-17]。当水分不足时，光合机构中首先受到影响的是气孔，因此，干旱胁迫时光合作用的降低并不是由于水分供应不足，而是受到干旱胁迫引起的气孔或非气孔限制的影响[18]。胁迫严重时，水分不足，光合机构受到损害，电子传递速率降低，从而影响光合作用[19]。气孔是植物叶片中最重要的气体交换通道。气孔的部分关闭和气孔导度的降低使干旱条件下的蒸腾速率(E)比湿润条件下降幅大，一方面通过气孔蒸腾损失的水分减少，另一方面通过气孔进入叶片的CO_2减少，导致光合速率降低。由于蒸腾速率降低的幅度比光合速率大，因此气孔的部分关闭往往可以提高WUE[18]。干旱条件下的WUE高于湿润条件下的WUE，这与许多学者的研究结果一致[20-22]。

CO_2的进入和水分的蒸腾都通过叶片中的气孔调控，从而间接影响叶片的光合作用[23]。气孔导度是植物气孔传导CO_2和水汽的能力。气孔导度越大，气孔开闭程度越大；气孔张力越大，气孔开闭程度越小。植物与外界的CO_2和水汽交换就是通过气孔开闭调节光合速率和蒸腾速率实现的[24]。因此，蒸腾作用和光合作用一样，既受外界因子的影响，也受植物体内部结构和生理状况的调节[19]。

叶片胞间CO_2浓度(Ci)与气孔导度(Gs)、光合速率(Pn)之间的关系很复杂[25-27]。研究表明，Pn与Gs之间相互影响，Pn对Gs具有反馈调节作用，即当有利于光合作用时，Gs增加；不利于光合作用时，Gs减小。时丽冉和刘国民[28]的研究结果表明，Pn、Gs与叶片Ci呈负相关，并且光照条件下Ci下降更明显。Ci低，表明CO_2在细胞内扩散较快，利用率高，在较高的光合速率下，相应的气孔导度也较大，而Ci却降低。

1.2 干旱胁迫与葡萄叶片的光合作用

为了减少水分蒸腾以适应干旱逆境，葡萄叶片大小和气孔指数会随着土壤水分逐渐变化。气孔的开度是气孔对光强、光合速率与水分状况做出响应而调节的结果[29]。当葡萄受到水分胁迫时，气孔开度减小，气孔阻力增大，导致蒸腾速率降低。胁迫加重时，气孔密度和指数会增大。而李小燕等[30]认为水分胁迫下气孔密度和气孔大小呈负相关。叶片蒸腾失水量大于根系吸水量,造成供水不足,导致气孔空间的水汽压降低,叶片内外水汽压差(扩散动力)减少。因此,水分胁迫下葡萄气孔开度的减小大大降低了蒸腾失水。

朱树华和郁松林[31]研究发现,随胁迫程度的加强,气孔变小,水汽通过边缘扩散的比例增加,扩散速率提高;当边缘扩散达到最大值时,孔径再缩小就以降低气孔边缘扩散为主,从而降低扩散的增加率。另一方面,随着孔径的减小,气孔阻力增大,也使得扩散增加率下降。

干旱胁迫导致叶片气孔对 CO_2 导性降低,输送光合产物的能力下降,光合产物在叶片中积累。另外,葡萄由正常生长状态进入干旱胁迫状态,导致运输水分和矿质营养的木质部输水能力增强,总的输水截面积增加。但是当植物遭受严重胁迫时,组织结构遭到破坏,木质部输水能力下降,光合能力也下降,植株濒于萎蔫[32]。因此,干旱胁迫对植株的整体结构有影响。

根冠通讯理论认为[33],当土壤出现一定程度的干旱时,植物根系可以迅速感知干旱,以化学信号(ABA)的形式将干旱信息传递至地上部分,在其地上部分的水分状况尚未发生明显改变时即主动降低气孔开度和生长速率,抑制蒸腾作用,调节水分平衡,实现植物水分在非充分灌溉条件下的最优化分配[34-37]。光合作用的生理生态机制认为,蒸腾作用与气孔密切相关,而 Pn 受气孔限制与非气孔限制的双重作用。气孔调节的最优化理论则认为[38],气孔是光合作用的 CO_2 和蒸腾作用的水汽交换的主要通道,是光合与蒸腾双控开关。在蒸腾水量一定时,通过调节气孔开度,可优化水分利用[39]。这些均为果树时空亏缺调控灌溉理论[40]的实施提供了科学依据,利用架式对旱区作物生长和水分利用进行有效合理的调控,为田间实施气孔最优化调控提供了一种有效途径[41]。

1.3 架式与葡萄叶片光合速率的光响应

植物的形态结构和生理机制对环境的适应,能使植物最有效地利用环境资源,从而趋于最佳生长状态[42]。光合作用是植物生长发育、产量与品质形成的基础[43-44]。遮阳能够使葡萄叶片的光合机构对弱光环境产生一些生态性适应,甚至使弱光下的葡萄叶片的光合能力高于自然光下[45],但其利用强光的能力明显比自然光低,且更容易发生光抑制[46]。

不同的架式结构通过改善叶幕结构能够影响葡萄叶片的发育[47]。最佳的整形方式可以通过调节葡萄的生长发育、叶绿素含量、光合作用关键酶和 ATPase 活性来调节葡萄叶片的光合作用和同化物的运输与分配,从而提高叶片光能利用率,并最终提高果实的产量和品质[29]。

表观量子效率(AQY)不但能够反映植物吸收与转化光能色素蛋白复合体的多寡及利用弱光能力的强弱,而且可以间接反映 Rubisco 羧化酶的活性[48]。有研究表明,与强光相比，长期处于弱光下的植物叶片中的光合电子传递体和光合作用酶等的含量都明显降低，从而降低光饱和时的Pn[49]。根据光响应曲线，立体棚架叶片和上层叶片的光合特性(Pn、LCP、WUE和AQY等)优于篱架和平棚架，所以立体棚架可以制造更多的光合产物[50]。智利葡萄采用1.8 m高的水平标准架式(果穗悬挂在叶幕下便于管理和采收)。受光抑制的影响[51]，这种架式的光照强度从叶幕顶部到底部持续减弱，叶幕内部的叶片受到许多光斑和漫射光的照射，而最底层的叶片只受到漫射光的影响。这种架式能将40%的叶片暴露在直射的光照强度下[52]。

对光合速率起积极作用的"parronal"架式的中部叶幕(20～40 cm)能吸收大约50%的光线。而"parronal"叶幕底部的光照强度低于100 μmol/(m^2·s)，这使得负碳平衡占优势[52-53]。如果大多数叶片的(Pn)在光补偿点以上，表明0～20 cm处的大多数隐叶的叶幕对整个叶幕的同化作用有积极贡献[54]。因此，在适宜范围内，PAR和CO_2浓度与Pn均呈正相关，这与前人研究的光强增加和CO_2浓度升高对光合作用的促进效应一致[55-56]。

第二节　架式与果树生长

修剪方法和叶幕管理是葡萄重要的栽培管理技术措施之一，在平衡树体营养生长和生殖生长、提高果实产量和品质方面贡献巨大[57-58]。不同的架式形成了不同的树形结构，植株的不同部位接受光的效果和能力不同，光合速率的大小也不同，从而影响了植物的生命活动。Zahavi et al.[59]的研究发现，不同架式影响着结果带的微气候、白粉病的发病率和严重程度。结果枝开花前摘心能够提高坐果率。虽然此措施对生长强旺的品种比较明显，但效益低，夏季修剪的用工费用高，并且还减少了树体叶面积，影响了葡萄的产量和品质[60]。

葡萄果实成熟期，叶片光合产物量与果实品质关系很大。通常情况下，叶片的营养物质遵循就近运输原则，因此，距结果部位最近的营养叶片的光合性能与果实品质息息相关。研究发现，在葡萄叶幕下铺设银色反光膜能显著增加叶幕内部结果部位和下部的光照强度，促进叶片光合作用。摘叶能够增加叶幕内部的通透性，有利于气体流通和叶片气孔开放，增加气孔导度。植物叶片光合速率与气孔导度在一定范围内呈直线正相关，或许是因为摘除叶片改善了叶幕微结构，从而增强了叶幕内部叶片的光合作用[61]。因此，摘叶和铺膜均能提高葡萄结果部位叶片的光合速率，但是铺膜效果优于摘叶处理。葡萄果实成熟期，在叶幕下铺设反光膜和适当摘除叶幕下部与果穗周围的叶片可以改善果实品质。

目前，我国优质酿酒葡萄的栽培区域主要集中在北方冬季埋土防寒区，而这些区域的葡萄架式绝大多数是照搬南方的模式，为了适应埋土防寒区冬季下架的困难，形成了几种整形模式，即多主蔓扇型[62]、龙干形[63]、V 型[12]、U 型[64]或者它们的变形[65-67]。

杨晓盆等[68]的研究结果表明，在覆盖材料造成的弱光效应和枝叶间遮光作用的双重影响下，棚架和篱架在弱光胁迫环境中表现出明显不同的光合特征。枝条水平分布的棚架叶幕各部位受光充足而均匀，叶片的光合组织结构和叶绿体超微质膜结构发育正常，淀粉粒等贮藏物积累较多，而篱架下部因受光不足使叶片光合组织结构和叶绿体超微质膜结构明显退化，淀粉粒等贮藏物仅有少量积累。刘国杰等[69]在苹果上的研究也表明，摘除叶片后叶面积变小，导致树体总的光合产量减少，降低了树体贮藏营养的水平。与单纯铺膜或摘叶处理相比，铺膜＋摘叶处理的单叶光合指标并未表现出显著的加和效应。为了避免因摘除叶片而造成光合面积减少，在摘除叶片时可适当保留部分功能叶片。

单守明等[70]在对宁夏设施葡萄的栽培研究中发现，L 形叶幕形成的叶面积最大，扇形叶幕形成的叶面积最小。这种差异的原因是扇形架式形成的直立主蔓顶端优势明显，而L形、FI型相对缓和，光照条件好。独龙干树形采用短梢修剪。该架式能促进主蔓直立生长，调节植株长势，改善叶幕结构和光照条件，提高叶片的光能利用率、果实的产量和品质[71]。与其他架式相比，"U"型架式新梢平均叶面积最高，叶幕光照微气候良好，能够较好地促进光合作用和水分代谢，加速叶片和枝条的生长，光合产物积累快[72]。"V"形篱架与直立篱架相比，根系数量显著增加，且主要根系分布范围浅，根系中淀粉及可溶性糖含量明显增高，单位叶面积、叶面积指数均大，可以有效提高单位叶面积光合能力，尤其是坐果后其叶片面积、叶片中叶绿素含量显著高于直立篱架，对葡萄器官的生长发育及功能表达和发挥具有良好影响，可以有效提高生物产能，为丰产、稳产、优质打下坚实基础。因此，叶面积系数作为叶幕结构的一个重要因素，只有在与叶幕整体结构和光热微气候条件相互联系的情况下才真正有意义，抛开叶幕结构谈叶面积系数没有意义[72]。研究发现，不同架式不同层次晚红葡萄浆果膨大期叶片Pn的日变化在晴天均呈双峰曲线，有明显的午休现象，主要是中午强光、高温和低湿条件容易导致蒸腾强烈而引起光抑制，从而导致Pn的降低[46][73-74]。因此，午休现象的存在和发生与架式无直接关系，但是架式可以调节葡萄生长的强光、高温和低湿等微环境条件，从而调节午休现象的早晚。

许多实验证明，温带地区葡萄园直立臂式叶幕高度与行宽比为0.8～1.0，才有利于光能利用[75]。增加架面高度可以弥补单臂篱架有效架面相对较小的弊端，充分利用光能。爬地龙架式不但能够解决以上问题，还能够有效保证肥效的发挥及葡萄生长发育的需要，提高葡萄植株抗寒性和根系贮藏功能，冬季埋土防寒方便省工，也利于葡萄和葡萄酒产业的机械化、规模化发展。

第三节　架式与物质运输

通常情况下,叶片的营养物质运输遵循就近原则,因此,距结果部位最近的营养叶片的光合性能对果实品质的影响尤为重要。根系营养物质的运输同样遵循就近运输原则,因此,根系附近的结果部位营养物质的运输也能够有效保证营养物质作用的有效发挥及葡萄生长发育的需要,对果实品质产生影响。

光合速率是影响物质运输的直接因子。不同的架式,光合速率的大小也不同,因此,架式影响光合作用的同时,影响着植株的物质运输。在大多数情况下,光合作用的最初产物是磷酸丙糖。磷酸丙糖被运输到细胞质中,经过一系列反应生成各种碳同化物,所以,碳在绝大多数植物体内的同化、分配过程和分配格局与碳在植物体内的运输有关。光合速率的改变,必然会引起植物体碳的固定量、运输、代谢与分配比例的变化。架式能够调节植物体的生理活动,架式改变了,植物体的生理结构必然发生变化,韧皮部的结构也会发生变化。韧皮部卸载与碳的分配密切相关,是决定产量和品质的重要因素。由此可见,通过对韧皮部卸载的研究,可以揭示植物生理生态变化的本质原因。

蔗糖是果实内碳水化合物的一种主要运输和贮存形式[76]。蔗糖具有独特的化学和物理特性:(1) 非还原性双糖,由一分子葡萄糖和一分子果糖聚合而成,因而对碳的运载量相对较大;(2) 化学性质稳定,在运输途中不与蛋白质或其他化合物发生非酶反应,即具有所谓的"保护"性[77-79];(3) 蔗糖每个碳原子产生较高的渗透势,有利于蔗糖在筛管中迅速转运[80]。因此,糖在植物体内的运输与分配显得非常重要。

一般认为蔗糖在细胞外的水解有利于糖的卸载,进入细胞后重新合成而维持果实的需要。在果实中蔗糖的合成与分解同时存在,其作用在于调节果实中蔗糖、己糖和淀粉等之间的平衡。

第四节　果实糖积累与糖代谢相关酶

蔗糖合成酶(sucrose synthase, SS)、蔗糖磷酸合成酶(sucrose phosphate synthase, SPS)和转化酶(invertase, Ivr)是果实糖积累与代谢的关键酶。这三种酶在糖代谢中分别催化下列反应：

$$F-6-P+UDP-G \xrightleftharpoons{SPS} S-6-P+UDP$$

$$S+UDP \xrightleftharpoons{SS} UDP-G+F$$

$$S+H_2O \xrightarrow{Ivr} G+F$$

其中SPS为催化合成蔗糖的酶,能够催化UDP-G和6-磷酸果糖(F-6-P)合成6-磷酸蔗糖(S-6-P),然后在磷酸酯酶作用下生成蔗糖(此反应为不可逆反应),该酶与SS一样主要定位于细胞质中[81]。蔗糖磷酸合酶在源组织中参与蔗糖合成,在库组织中并不是重要的酶[82]。

SS是一种可逆酶,既能催化合成蔗糖,又能催化分解蔗糖。在UDP(Uridine diphosphate)存在下,它可逆地将蔗糖催化转化成UDP-G(Uridine diphosphate-glucose)和果糖。在蔗糖代谢中,它起合成或分解蔗糖的作用,与其是否被磷酸化有关[83]。

蔗糖合酶影响贮存物质的合成,它决定经胞间连丝的共质体韧皮部卸载有关的库强[84-85]。在果实发育期间,蔗糖合酶对库的代谢有重要作用,在果实成熟中,蔗糖合酶的作用与蔗糖含量有关,但是它的活性在果实成熟时会下降[86]。

转化酶(Invertase, Ivr)在调节植物碳的分配中起重要作用,能影响植物的代谢和母体细胞的正常发育[87-88]。转化酶不可逆地将蔗糖分解成葡萄糖和果糖。根据最适pH可分为三种类型:(1) 酸性转化酶(Acid invertase, AI),分可溶性与不溶性,可溶性的酸性转化酶定位于液泡中,调节此区蔗糖贮存和糖的种类[89-91];后者定位于细胞壁中,参与果实内蔗糖的积累和利用。(2) 中性转化酶(Neutral invertase,NI),一种胞质酶,定位于细胞质中[92],其作用未知。(3) 碱性转化酶大多数位于细胞质中[93]。

这三种酶是果实糖代谢的关键酶,它们活力的变化与糖积累密切相关。蔗糖含量与酸性转化酶的活性呈负相关,在发育初期酸性转化酶的活性很高,几乎测不到蔗糖。随着果实的发育,其活性下降,蔗糖含量开始上升;酸性转化酶活性的高峰出现在细胞分裂阶段[94]和呼吸旺盛的阶段[95],表明此时蔗糖是发育代谢的碳源。在其他代谢旺盛的部位，转化酶的活性也很高，而蔗糖含量很低[96]，说明在这些组织中转化酶是组织生长的调节因子[82]。SS和Ivr调节蔗糖的分解与合成，使库细胞与韧皮部保持一定的蔗糖浓度梯度，利于蔗糖运入库细胞。

虽然蔗糖代谢酶在细胞中定位不同，但它们在细胞内联系密切。Nguyen-Quoc and Foyer[97]认为，果实中的蔗糖代谢网络主要由下列几个蔗糖合成与分解的无效循环①(futile cycles)组成：(1) 细胞质中的蔗糖快速持续降解和重新合成循环。在这个循环中蔗糖降解由SS催化，蔗糖合成由SS和SPS催化，SS起主要的调节作用。(2) 在液泡中Ivr催化蔗糖水解成己糖，但部分己糖在运输到细胞质后又重新合成蔗糖，这一循环增加了糖的贮存效率，提供贮存态的蔗糖等价物己糖。(3) 在质外体中，由细胞壁转化酶催化水解韧皮部卸出的蔗糖所生成的己糖大部分在细胞质中又重新合成蔗糖。(4) 在成熟期或早期积累淀粉的果实中，其造粉体中还存在淀粉合成与降解的循环。在这一循环中，合成与降解的相对速率决定淀粉积累量。上述蔗糖合成与分解代谢循环的协同作用调控了果实糖积累进程。

① 无效循环(futile cycle)也称底物循环(substrate cycle)。一对有不同的酶催化的方向相反且代谢上不可逆的、在中间代谢物之间循环的反应。有时该循环通过ATP的水解导致热能的释放。例如，葡萄糖＋ATP⟶葡萄糖-6-磷酸＋ADP与葡萄糖-6-磷酸＋H_2O⟶葡萄糖＋Pi反应组成的循环反应，其净反应实际上是ATP＋H_2O⟶ADP＋Pi。

第五节 架式与葡萄品质

整形修剪能平衡树体的营养生长和生殖生长，进而影响葡萄的产量和品质[29]。李志强等[70]研究认为，单臂篱架、独龙干短梢修剪能促进主蔓直立生长，调节整株生长势，改善叶幕结构，提高葡萄叶片的光能利用率，并最终提高果实的产量和品质。叶幕微环境能对葡萄生长发育全过程产生重要影响，是决定葡萄果实产量和品质的主要因素[72]。

芽眼结实性指每个萌发芽所具有的果穗数，是一个重要的产量构成因子，能反映上年花芽的分化状况。芽眼结实性主要受植株生长势和叶幕微气候的调节。良好的花芽分化需要枝条上芽际较高水平的光热微气候条件[98]。张大鹏等[72]对两个品种的芽眼结实性研究后发现，U 型叶幕显著高于其他类型叶幕，光热条件最好，芽眼结实性高，果穗多且重，产量最高。

张大鹏等[72]对早玛瑙品种的研究发现，U 型与 V 型叶幕新梢叶片光合速率高、微气候条件好，所以果粒大、产量高，而 H、T、A 型叶幕果粒大小基本相同。Carbonneau et al.[98]和张大鹏等[99]的实验结果均表明，U 型和 V 型叶幕光热水平较高，能够促进光合作用，是改良光合产物的较佳分配形式，因此，果汁中糖分的积累最高。郁闭的 T 型和 A 型叶幕果汁中糖分含量最低，H 型叶幕含糖量也基本上居中。张大鹏等[100]研究还发现，结果带微气候能够影响果实有机酸代谢，但叶幕整体(包括单叶、结果带和整个叶幕)的微气候条件对果实有机酸代谢及运转产生的作用更大。这个结论与地中海式气候条件下的研究结果基本一致[98]。因此，U 型和 V 型叶幕能显著降低可滴定酸，果实糖酸比也较高，而 A 型叶幕果实的糖酸比较低[73]。

阿依买木・沙吾提等[101]研究认为，采用龙干形短梢修剪，结果枝靠近结果母枝，消耗养分少，新梢生长速度快、叶片数多、叶面积总和高、坐果率高、坐果节位低、果穗和果粒大、产量高；而扇形整枝的产量低于龙干形整枝。夏明魁等[102]通过对红旗特早和火焰无核在篱架和棚架两种架式下的研究发现，火焰无核的棚架比篱架提前1 天成熟，红旗特早棚架比篱架提前 6 天成熟；火焰无核和红旗特早棚架的单穗重比篱架分别高出 56.0 g 和 11.0 g，棚架的可溶性固形物含量比篱架分别高出 0.8%和0.9%。李欣等[103]在贺兰山东麓的研究发现，倾斜龙干形的宽行距、单壁篱架栽植，行间光照充足，架面上不同部位浆果含糖量和成熟度没有显著差异。但是由于密植，株产不高，而单位面积产量和浆果可溶性固形物含量高，从而保证了葡萄酒质量，降低了冻害危害。多主蔓扇形很难达到以上要求，直立龙干形由于直立主干，埋土防寒困难很大。

架式对温室光照的影响也很重要。不同架式的葡萄接受的光照差异明显,因而对果实品质的影响差异也明显。篱架不同部位花芽分化质量、果实大小、着色程度、可溶性固形物含量都有差别。扇形篱架的上部新梢叶片严重遮挡了下部叶片和果实,因此,下部叶片制造的营养极少,果实成熟差[103]。夏明魁等[102]进一步研究发现,日光温室葡萄篱架具有生长势强、叶幕成型快和空间利用率高等特点,第二年即进入丰产期;而棚架新梢生长势缓和,夏季修剪等操作简便,也便于果穗管理,果实成熟早、品质高,坐果率、可溶性固形物含量和外观品质比篱架好,但第二年产量稍低。因此,无论是露天葡萄还是温室葡萄的生理活动和葡萄品质均受架式的影响。

植物是一个高度开放的系统,环境因素,如光照、温度、水分、空气、养分等发生变化会影响到其生理过程。近几年,我国优质酿酒葡萄种植面积的增长非常迅速,但是主要集中在北方冬季埋土防寒区。这些区域的葡萄架式绝大多数照搬南方的架式,因此,存在以下特点:

(1) 冬剪、下架和埋土困难,春季出土上架更困难,不利于机械化作业。

修剪方法非常复杂,费工费时,往往需要十几剪刀才能剪成长短不一的枝条,而且修剪后的主干年复一年地增粗增高,埋土越来越困难,严重的根本无法实现埋土工作,也不利于春季出土上架。

(2) 生长期管理复杂,劳动强度大,用工多成本高。

(3) 由于结果部位不断上移,养分运输距离长,分配不均衡。植株寿命缩短;更新困难且速度慢,成活率低。

(4) 密植密蔓,树体丰长,通风透光差,病虫害严重,不利于果实和枝条的成熟。

(5) 光照不均匀,养分积累不一致,植株和果实生长不一致。

枝条成熟不一致或者不能充分成熟,无法正常越冬,甚至缩短植株寿命;结果枝上的营养供给失衡,造成结果部位不一致,果穗生长不一致,形成果实大小粒现象和大小年现象,着色不均一,影响了葡萄的产量、品质和农户的收入。

(6) 修剪后的植株分枝较多,一年比一年高,结果部位不断上移,造成树冠中空,浪费大量的空间和养分。

(7) 我国的葡萄种植区域绝大多数分布在降雨少的干旱半干旱地区,降雨量不同程度地影响了葡萄及其植株的正常生长、开花、结果。

许多实验证明,温带地区葡萄园直立臂式叶幕高度与行宽比为0.8~1.0,才有利于光能利用[75]。增加架面高度可以弥补单臂篱架有效架面相对较小的弊端,充分利用光能。经过长期的实验研究,李华[7]发明了“葡萄爬地龙架式(ZL2010 1 0013581)”,提高了葡萄生产的机械化程度,冬季埋土不必下架,春季不必上架;葡萄修剪管理“傻瓜化”,水肥利用率得到提高,葡萄与葡萄酒品质高,满足了我国优质葡萄栽培所需的自然、生态和人文需求,能够实现葡萄“优质、稳产、长寿、美观”的可持续生产的目标。

尽管爬地龙架式的推广应用已经取得了突破性进展,但相关的理论基础和对技术措施的作用机制的研究十分缺乏,尤其关于架式对葡萄植株和果实的生理生长和生殖生长的相关生理基础影响的研究尚未见报道。CCT 分为无主蔓单爬地龙、无主蔓双爬地龙、有主蔓单爬地龙、有主蔓双爬地龙四种模式。本实验选取的葡萄品种是白葡萄品种爱格丽。爱格丽是李华教授在 20 年前采用欧亚种内轮回选择法，以欧亚种及其中间杂种为亲本，经多代杂交和选择而获得新品系。该品种于 1998 年 2 月通过陕西省农作物品种审定委员会审定。为此我们以新品种爱格丽葡萄为试材，以当地传统的独立龙干形(ILSP)为对照，初步研究了单爬地龙架式(SCCT)对爱格丽葡萄生理特性和葡萄与葡萄酒品质的影响。

我们通过以下实验内容的研究，初步揭示和阐明 SCCT 对葡萄生殖生长和营养生长的生理响应及其调节机制，进一步丰富葡萄生理学内容，为预测在干旱、半干旱地区酿酒葡萄的优质高效栽培管理提供科学理论依据和技术参数，有利于推动我国酿酒葡萄的“优质、稳产、长寿、美观”的可持续生产的目标。具体内容如下：

(1) 研究不同架式对爱格丽叶片光合特性的影响，以明确架式尤其是 SCCT 在改善葡萄叶片光合作用中的作用。

(2) 研究不同架式对爱格丽新梢和叶片的总有机碳含量固定和分配的影响，以明确架式尤其是 SCCT 在调节总有机碳含量在葡萄新梢和叶片中的作用。

(3) 研究不同架式对爱格丽新梢韧皮部汁液的固定和分配的影响，以明确架式尤其是 SCCT 在调节韧皮部汁液含量在葡萄新梢中的作用。

(4) 研究不同架式对爱格丽葡萄果实糖代谢相关酶的影响，以明确架式尤其是 SCCT 在调节葡萄果实中糖代谢相关酶的作用。

(5) 研究不同架式对爱格丽葡萄果实理化指标的影响，以明确架式尤其是 SCCT 在调节爱格丽葡萄果实中糖、酸、pH 等方面的作用。

参考文献

[1] 张景书. 干旱的定义及其逻辑分析[J]. 干旱地区农业研究，1993(110)：97－100.

[2] 李记明，李华. 酿酒葡萄成熟特性的研究[J]. 果树科学，1995,12(1)：21－24.

[3] 李记明，李华. 不同地区酿酒葡萄成熟度与葡萄酒质量的研究[J]. 西北农业学报，1996,5(4)：71－74.

[4] 李记明，李华. 干旱地区酿酒葡萄成熟特性的研究[J]. 甘肃农业大学学报，1997,35(1)：71－74.

[5] 宋于洋，王炳举，董新平. 新疆石河子酿酒葡萄生态适应性的分析[J]. 中外葡萄与葡萄酒，1999,3：1－4.

[6] Li H，Fang Y L. Study on the Mode of Sustainable Viticulture：Quality，Stability，Longevity and Beauty[J]. *Science and Technology Review*，2005,23(9)：20－22.

[7] 李华，颜雨，宋华红，杨晓华，孟军，王华. 甘肃省气候区划及酿酒葡萄品种区划指标[J]. 科技导报，2010,7：68－72.

[8] Dry P R，Düring H，Botting D G，Loveys B. Effects of partial root-zone drying on grapevine vigour，yield，composition of fruit and use of water[J]. In Proceedings of the Ninth Australian Wine Industry Technical Conference：Adelaide，South Australia，1996,128－131.

[9] 蒋高明. 植物生理生态学的学科起源与发展史[J]. 植物生态学报，2004,2：278－284.

[10] 罗国光. 葡萄整形修剪和设架[M]. 北京：中国农业出版社,1998.

[11] 张中峰，黄玉清，莫凌，袁维园. 岩溶 4 种石山植物光合作用的光响应[J]. 西北林学院学报，2009,1：44－48.

[12] 张振文，华玉波，张军贤. 不同整形方式对赤霞珠霜霉病和炭疽病的影响[J]. 西北农业学报，2010(09)：61－65.

[13] 李吉跃，翟洪波. 木本植物水力结构与抗旱性[J]. 应用生态学报，2000,2：301－305.

[14] 傅松玲，刘胜清. 石灰岩地区几种树种抗旱特性的研究[J]. 水土保持学报，2001,51：89－90＋94.

[15] 颉敏华，张继澍，郁继华，颉建明. D1 蛋白周转和叶黄素循环在青花菜叶片强光破坏防御中的作用[J]. 中国农业科学，2009,5：1582－1589.

[16] Sharkey T D. Photosynthesis in intact leaves of C_3 plants：physics，physiology and rate limitations[J]. *the Botanical Review*，1985,51(1)：53－105.

[17] Taylor G E，Gunderson C A. Physiological site of ethylene effects on carbon dioxide assimilation in Glycine max L[J]. Merr. *Plant Physiology*，1988,86(1)：85－92.

[18] 余叔文，汤章城. 植物生理与分子生物学[M]. 北京：科学出版社,1999.

[19] 曹仪植，宋占午. 植物生理学[M]. 兰州：兰州大学出版社，1998.

[20] Mielke，M. S.，Oliva，M. A.，de Barros，N. F.，Penchel，R. M.，Martinez，C. A.，da Fonseca，S.，de Almeida A C. Leaf gas exchange in a clonal eucalypt plantation as related to soil moisture，leaf water potential and microclimate variables[J]. *Trees*，2000,14(5)：263－270.

[21] Heilmeier H，Wartinger A，Erhard M，Zimmermann R，Horn R，Schulze E D. Soil drought

increases leaf and whole-plant water use of Prunus dulcis grown in the Negev Desert[J]. *Oecologia*, 2002,130(3): 329 - 336.

[22] Zeng X P, Zhao P, Cai X A, Sun G CH, Peng Sh L. Physioecological characteristics of Woonyoungia septentrionalis seedlings under various soil water conditions[J]. *Chinese Journal of Ecology*, 2004,23(2): 26 - 31.

[23] 陈家宙，陈明亮，何圆球. 土壤水分状况及环境条件对水稻蒸腾的影响[J]. 应用生态学报，2001,12(1): 63 - 67.

[24] 何军，许兴，李树华，张源沛，米海莉，李明轩. 不同时期牛心朴子和甘草光合蒸腾日变化的研究[J]. 西北植物学报，2003(10): 1676 - 1681.

[25] 蒋跃林，张仕定，张庆国. 大气 CO_2 浓度升高对茶树光合生理特性的影响[J]. 茶叶科学，2005，1: 43 - 48.

[26] 司建华，常宗强，苏永红，席海洋，冯起. 胡杨叶片气孔导度特征及其对环境因子的响应[J]. 西北植物学报，2008,1: 125 - 130.

[27] Wong S C, Cowan I R, Farquhar G D. Stomatal conductance correlates with photosynthetic capacity, 1979(282): 424 - 426.

[28] 时丽冉，刘国民. 不同光照条件下白车轴草光合日变化分析[J]. 北方园艺，20083: 138 - 140.

[29] 单守明，平吉成，王振平，冯美，王文举，张亚红. 不同架式对设施葡萄光合作用和果实品质的影响[J]. 安徽农业科学，2009,35: 17801 - 17803.

[30] 李小燕，李连国，刘志华，赵录仓. 葡萄叶片气孔的研究Ⅱ——气孔与葡萄生态适应性[J]. 内蒙古农牧学院学报，1992,4: 69 - 73.

[31] 朱树华，郁松林. 水分胁迫下酿酒葡萄叶片细胞组织超微结构变化[J]. 农业工程学报，2004,20(增刊): 73 - 77.

[32] 武卿. 水分胁迫下巨峰葡萄超微结构的研究[D]. 泰安：山东农业大学，2006.

[33] Blackman P G, Davies W J. Root to shoot communication in maize plants of the effects of soil drying[J]. *Journal of Experimental Botany*, 1985,36(1): 39 - 48.

[34] Liang J, Zhang J, Wong M H. How do roots control xylem sap ABA concentration in response to soil drying? [J]. *Plant and cell physiology*, 1997,38(1): 10 - 16.

[35] Davies W J, Bacon M A, Thompson D S, Sobeih W, Rodríguez L G. Regulation of leaf and fruit growth in plants growing in drying soil: exploitation of the plants' chemical signaling system and hydraulic architecture to increase the efficiency of water use in agriculture[J]. *Journal of Experimental Botany*, 2000,51(350): 1617 - 1626.

[36] Davies W J, Wilkinson S, Loveys B. Stomatal control by chemical signaling and the exploitation of this mechanism to increase water use efficiency in agriculture[J]. *New phytologist*, 2002,153(3): 449 - 460.

[37] 郭安红，李召祥，刘庚山，阳园燕，安顺清. 根源信号参与调控气孔行为的机制及其农业节水意义[J]. 应用生态学报，2004,6: 1095 - 1099.

[38] Cowan I R. Stomatal behaviour and environment[J]. *Advances in botanical research*, 1978,4: 117 - 228.

[39] Wang H X, Liu C M. Experimental study on crop photosynthesis, transpiration and high

efficient water use[J]. *Journal of Applied Ecology*, 2003,14(10): 1632 - 1636.

[40] Du T S, Kang S Z, Hu X T, Zhang F C. Spatio-temporal deficit controlled irrigation in orchard and its research advances[J]. *Journal of Shenyang Agricultural University*, 2004,35(5 - 6): 449 - 454.

[41] 杜太生，康绍忠，张霁，杨秀英. 不同沟灌模式对沙漠绿洲区葡萄生长和水分利用的效应[J]. 应用生态学报，2006,17(5)：805 - 810.

[42] 陈德兴，王天铎. 叶片叶肉结构对环境光强的适应及对光合作用的影响[J]. 应用生态学报，1990,1(2)：142 - 148.

[43] Pessarakli M. Handbook of photosynthesis [M]. 2nd (Ed). London: CRC Press, 2005: 169 - 451.

[44] Correia P J, Pestana M, Martinez F, Ribeiro E, Gama F, Saavedra T, Palencia P. Relationships between strawberry fruit quality attributes and crop load[J]. *Scientia Horticulturae*, 2011,130 (2): 398 - 403.

[45] Bjorkman O. Carnegie I nst. Washington Yearbook. 71: 107 - 135, 74: 94 - 102.

[46] 战吉成，王利军，黄卫东. 弱光环境下葡萄叶片的生长及其在强光下的光合特性[J]. 中国农业大学学报，2002,3：75 - 78.

[47] Girard B, Fukumoto L, Mazza G, Delaquis P, Ewert B. Volatile terpene constituents in maturing Gewürztraminer grapes from British Columbia[J]. *American Journal of Enology and Viticulture*, 2002,53(2): 99 - 109.

[48] 张弥，吴家兵，关德新，施婷婷，陈鹏狮，纪瑞鹏. 长白山阔叶红松林主要树种光合作用的光响应曲线[J]. 应用生态学报，2006,9：1575 - 1578.

[49] 郁继华，舒英杰，杨秀玲，吕军芬. 茄子光合特性研究再探[J]. 兰州大学学报，2003,6：81 - 84.

[50] 满丽婷，赵文东，郭修武，王欣欣，高圣华，赵海亮. 不同架式晚红葡萄浆果膨大期光合特性研究[J]. 河南农业科学，2009(3)：82 - 85.

[51] Iacono F, Sommer K J. Photoinhibition of photosynthesis and photorespiration in *Vitis vinifera* under field conditions-effects of light climate and leaf position[J]. *Australian Journal of Grape and Wine Research*, 1996,2(1): 1 - 11.

[52] Pacheco C, de Cortazar V G, Cordova C, Morales U, Pinto M. Photosynthetical characterization of different leaf layers of field-grown grapevines cv Thompson Seedless[J]. *Science Access*, 2004,3(1): 1 - 4.

[53] Smart R E, Robinson J B, Due G R, Brien C J. Canopy microclimate modification for the cultivar Shiraz. II. Effects on must and wine composition[J]. *Vitis*, 1985,24(2): 119 - 128.

[54] Cortázari V G, Córdova C, Pinto M. Canopy structure and photosynthesis modelling of grapevines (*Vitis vinifera* L. cv. Sultana) grown on an overhead (parronal) trellis system in Chile[J]. *Australian Journal of Grape and Wine Research*, 2005,11(3): 328 - 338.

[55] Downton W J S, Grant W J R, Loveys B R. Diurnal changes in the photosynthesis of field-grown grape vines[J]. *New Phytologist*, 1987,105(1): 71 - 80.

[56] 张其德，卢从明，匡廷云. 大气 CO_2 浓度升高对光合作用的影响[J]. 植物学通报，1992,4：18 - 23.

[57] Li S H, Génard M, Bussi C, Huguet J G, Habib R, Besset J, Laurent R. Fruit quality and leaf photosynthesis in response to microenvironment modification around individual fruit by covering the fruit with plastic in nectarine and peach trees[J]. *Journal of Horticultural Science and Biotechnology*, 2001,76(1): 61 - 69.
[58] 张玉星. 果树栽培学各论[M]. 北京：中国农业出版社,2003.
[59] Zahavi T, Reuveni M, Scheglov D, Lavee S. Effect of grapevine training systems on development of powdery mildew[J]. *European Journal of Plant Pathology*, 2001,107(5): 495 - 501.
[60] 李伟，李玉鼎，张光弟. 宁夏酿酒葡萄产量与质量障碍因素分析[J]. 中外葡萄与葡萄酒，2010，9：71 - 74.
[61] Chaumont M, Morot-Gaudry J F, Foyer C H. Seasonal and diurnal changes in photosynthesis and carbon partitioning in *Vitis vinifera* leaves in vines withand without fruit[J]. *Journal of Experimental Botany*, 1994,45(9): 1235 - 1243.
[62] 陶宇翔，刘晔，张军贤，张振文. 酿酒葡萄多主蔓扇形不同结果部位果实品质的研究[J]. 北方园艺，2012,13：1 - 4.
[63] 万惠民. 酿酒葡萄品种双红在沈阳地区的适宜整形方式及修剪技术[J]. 辽宁农业科学，2006，2：93 - 94.
[64] 马小河，赵旗峰，董志刚，唐晓萍. 酿酒葡萄整枝方式实验研究[J]. 山西果树，2011,3：7 - 8.
[65] 申艳红，姜涛，陈晓静. 葡萄架式、整形、修剪及特点[J]. 中外葡萄与葡萄酒，2007,4：29 - 30+32.
[66] 张晓波，姜国强，牛锐敏，陈卫平. 贺兰山东麓酿酒葡萄三种整形方式的比较[J]. 北方园艺，2010,2：76 - 77.
[67] 鲁建栋，杨夏，许发良，朱晨辉，林海，贾惠娟. 葡萄不同整形修剪方式的轻劳动量化技术研究[J]. 现代农业科技，2011,8：95+97.
[68] 杨晓盆,翟秋喜,张国强,王跃进.不同架式温室葡萄冠位叶片及叶绿体结构的变化[J].中国农学通报,2007,23(3):332 - 335.
[69] 刘国杰，李绍华，宋国庆，孟昭清. 采前摘叶对苹果品质和枝条贮藏营养的影响[J]. 中国果树，2002,2：13 - 15.
[70] 单守明，杨恕玲，王振平，平吉成. 不同架式对设施葡萄生长发育和主芽坏死的影响[J]. 北方园艺，2011(2)：51 - 53.
[71] 李志强，白文斌，张亚丽，郭爱萍. 不同栽培架式和生长调节剂对京亚葡萄产量及品质的影响[J]. 山西农业科学，2011,12：1260 - 1262.
[72] 刘升基，徐明娜，林艺庆，张建朋. 葡萄"U"型结构架式研究与应用[J]. 烟台果树，2009,2：37 - 38.
[73] 张大鹏，姜红英，陈星黎，许雪峰. 叶幕微气候与葡萄生理、产量和品质形成之间基本关系的研究[J]. 园艺学报，1995,22(2)：110 - 116.
[74] 吴月燕. 高湿和弱光对葡萄叶片某些光合特性的影响[J]. 园艺学报，2003,30(4)：443 - 445.
[75] 吴月燕. 两个不同葡萄品种对高湿弱光气候的表现[J]. 生态学报，2004,24(1)：156 - 161.
[76] 李华. 葡萄栽培学[M]. 北京：中国农业出版社,2008.
[77] Kühn C, Barker L, Bürkle L, Frommer W B. Update on sucrose transport in higher plants[J].

Journal of Experimental Botany, 1999,50(Special Issue), 935 - 953.

[78] Arnold W N. The selection of sucrose as the translocate of higher plants[J]. *Journal of Theoretical Biology*, 1968,21(1): 13 - 20.

[79] Farra J F. The whole plant: carbon partitioning during development [A]. Pollock C J, Farrar J F, Gordon A J. Carbon partitioning within and between organisms [C]. Oxford: Bios Scientific Publishers, 1992:163 - 179.

[80] Lambers H, Chapin F S, Pons T L. Plant physiological ecology [M]. New York: Springer. 1998,140 - 153.

[81] 吴楚，朱能斌. 植物中糖转运途径、糖转运蛋白及其生理功能[J]. 湖北农学院学报，2004,4: 294 - 301.

[82] Huber S C, Huber J L. Role and regulation of sucrose-phosphate synthase in higher plants[J]. *Annual Review of Plant Biology*, 1996,47(1): 431 - 444.

[83] 于在泳. 套袋影响苹果果实糖代谢和超微结构的生理机制[D]. 青岛：莱阳农学院，2006.

[84] Tanase K, Shiratake K, Mori H, Yamaki S. Changes in the phosphorylation state of sucrose synthase during development of Japanese pear fruit[J]. *Physiologia Plantarum*, 2002,114(1): 21 - 26.

[85] Zrenner R, Salanoubat M, Willmitzer L, Sonnewald U. Evidence of the crucial role of sucrose synthase for sink strength using transgenic potato plants (*Solanum tuberosum* L.)[J]. *T Plant Journal*, 1995,7(1): 97 - 107.

[86] Weber H, Buchne, P, Borisjuk L, Wobus U. Sucrose metabolism during cotyledon development of Vicia faba L. is controlled by the concerted action of both sucrose-phosphate synthase and sucrose synthase: expression patterns, metabolic regulation and implications for seed development[J]. *Plant Journal*, 1996,9(6): 841 - 850.

[87] Cordenunsi B R. Síntese da sacarose no amadurecimento da banana: Envolvimento da sacarose sintase e sacarose fosfato sintase [D]. Unversidade de São Paulo, 1989,98: 1163 - 1169.

[88] Stitt M. Fructose-2,6-bisphosphate as a regulatory molecule in plants[J]. *Annual Review of Plant Biology*, 1990,41(1): 153 - 185.

[89] Miller M E, Chourey P S. The maize invertase-deficient miniature-1 seed mutation is associated with aberrant pedicel and endosperm development[J]. *the Plant Cell Online*, 1992, 4(3): 297 - 305.

[90] Klann E, Yelle S, Bennett A B. Tomato fruit acid invertase complementary DNA: nucleotide and deduced amino acid sequences[J]. *Plant physiology*, 1992,99(1): 351 - 353.

[91] Elliott K J, Butler W O, Dickinson C D, Konno Y, Vedvick T S, Fitzmaurice L, Mirkov T E. Isolation and characterization of fruit vacuolar invertase genes from two tomato species and temporal differences in mRNA levels during fruit ripening[J]. *Plant molecular biology*, 1993, 21(3): 515 - 524.

[92] Ohyama A, Ito H, Sato T, Nishimura S, Imai T, Hirai M. Suppression of acid invertase activity by antisense RNA modifies the sugar composition of tomato fruit[J]. *Plant and Cell Physiology*, 1995,36(2): 369 - 376.

[93] Sturm A. Invertases. Primary structures, functions, and roles in plant development and sucrose partitioning[J]. *Plant Physiology*, 1999,121(1): 1-8.
[94] Ricardo C P P, Ap Rees T. Invertase activity during the development of carrot roots[J]. *Phytochemistry*, 1970,9(2): 239-247.
[95] Coombe B G. The development of fleshy fruits[J]. *Annual Review of Plant Physiology*, 1976,27(1): 207-228.
[96] Lenz F, Noga G. Photosynthese und atmung bei apfelfruchten[J]. *Erwerbsobstbau*, 1982,24: 198-200.
[97] Morris D A, Arthur E D. Invertase activity in sinks undergoing cell expansion[J]. *Plant Growth Regulation*, 1984,2(4): 327-337.
[98] Nguyen-Quoc B, Foyer C H. A role for 'futile cycles' involving invertase and sucrose synthase in sucrose metabolism of tomato fruit[J]. *Journal of Experimental Botany*, 2001,52(358): 881-889.
[99] Carbonneau A, Casteran P, Leclair P. Essai de détermination en biologie de la plante entière, de relations essentielles entre le bioclimat naturel, la physiologie de la vigne et la composition du raisin[J]. *Ann. Amélior. Plantes*, 1978,28(2): 195-221.
[100] 张大鹏，姜红英，陈星黎，黄丛林，许雪峰. 葡萄不同栽培方式的叶幕微气候、光合作用和水分生理效应[J]. 园艺学报，1994,2: 105-110.
[101] 阿依买木·沙吾提，阿布都卡迪尔，吾斯曼·马木提. 整形修剪方式对无核白葡萄生长结果的影响[J]. 中国果树，2004,5: 33-34.
[102] 夏明魁，骆强伟，廖康，孙峰，唐冬梅. 不同架式对日光温室葡萄生长发育的影响[J]. 新疆农业科学，2008,45(2): 215-220.
[103] 李欣，李玉鼎，张光弟，王国珍. 贺兰山东麓酿酒葡萄适宜树形调查[J]. 北方园艺，2011,21: 17-19.

第二章　葡萄的光合作用

第一节　概　　述

在中国，包括渭北旱塬在内的大部分葡萄都需要埋土越冬。由于埋土前的下架、出土后的上架及繁琐而复杂的修剪程序，传统的修剪方法，如多主蔓扇形、"V"型架或"U"型架及独立龙干形(ILSP，图 1 - 1)，不利于机械化作业。这些架式葡萄树的多年生延伸部分延长了营养运输距离，导致了不同结果部位的果实成熟情况不一致，严重影响了葡萄与葡萄酒的产量和品质。

从经济学的观点出发，修剪是一项确保和稳定葡萄产量，同时不影响葡萄酒质量的工作[1-2]。通过调节葡萄园的叶幕结构，修剪能够维持葡萄生殖生长和营养生长的平衡[3]。因此，为了改善半干旱地区葡萄的生存环境，必须发展和应用适宜本地区的栽培技术[4-5]。于是在 20 年前，有利于半干旱地区葡萄埋土和机械化作业的爬地龙架式诞生了。

在这 20 多年里，通过在陕西、宁夏、甘肃、新疆、内蒙古和我国其他地区的实验研究、示范与推广、产学研紧密结合，中国埋土防寒区可持续的葡萄架式——爬地龙(CCT)的完善和发展最终得到了促进，从而保证了葡萄生产的优质、稳产、长效和葡萄园的美观[6]，并获得了一项国家发明专利。

与传统的架式相比，这种革新的架式为葡萄生产的机械化、规模化和标准化提供了保障。在相同条件下能够更好调整葡萄树体的活力[7]，稳定光合速率，调节生殖生长和营养生长，提高采收和修剪的适应性和效率。因此，CCT 已经成功应用于商业葡萄上。

爬地龙架式的具体操作步骤是，首先将葡萄树种植在 20 cm 的沟渠内，行距 3.0 m 至 3.5 m，株距 0.5 m(单爬地龙，SCCT，图 1 - 2)或 1.0 m(双爬地龙)。根据不同的地区、品种和种植面与地表面之间的距离，行间距可以进行调整。爬地龙架式葡萄树的龙干是单或双龙干模型。采用距地面高 1.5 m 和宽 0.5 m 的垂直叶幕，结合行间免耕生草。爬地龙架式新梢的更新通过冬季修剪完成。每年冬季修剪时，多年生主干上的每个新梢均采用短梢修剪，保留两个至三个芽。

本章采用酿酒葡萄新品种爱格丽(Ecolly, *Vitis vinifera* L.)作为试材,以 ILSP 为对照,SCCT 为研究对象,采用相同的常规管理方法管理葡萄,从生理学角度探讨了相同条件下两种架式对葡萄生理学和农艺学响应的初步影响,为爬地龙架式应用的可行性提供了参考。

第二节 葡　　萄

2.1 实验材料及地点

实验地点位于占地 100 m^{2}的西北农林科技大学合阳葡萄实验示范站(合阳酒庄，陕西省合阳县，东经 109°，北纬 34°，海拔 780 m)进行。材料为爱格丽葡萄叶片。

2.2 气　候

该地区以半干旱大陆性季风气候为特征，夏季炎热干燥，冬季寒冷，年日照时数约 2 528.3 h，年平均温度 11.5 ℃，年平均降水量 500～540 mm，年无霜期 208 d。与同纬度相比，有更有利的光热资源。

2.3 修剪实验

实验小区共设 10 行，每行 60 株葡萄树。南北行向，行间距为 3.0 m×0.5 m。葡萄树被培养成两个不同的架式——ILSP 和 SCCT(图 1 - 1，1 - 2)。SCCT 的当年幼苗被修剪成一个垂直的新梢，冬季修剪时发展成平行生长的龙干；第二年，所有葡萄树龙干上的新梢被修剪成篱笆型；每个龙干保留 5 个新梢，每个新梢冬季修剪时剪留 2～3 个芽眼；第三年及以后同第二年。ILSP 葡萄树的主干固定在 50 cm 高的水平钢丝上，其上的新梢在 90 cm 高的两对铁丝的两边以“Y”型分布(图 1 - 1)，每个新梢冬季修剪时同样剪留 2～3 个芽眼。其他工作参照当地的常规工作。

2.4 实验设计

葡萄第二次生长期，在随机、完整的地块上将葡萄树设计成两种架式，每种架式包括三个重复，每个重复包含 60 株葡萄树。选取的葡萄树的每个新梢高度一致，生长势一致。每个新梢的基部、中部和顶端叶位按照新梢高度确定。采用便携式光合仪(LI - 6400，LI-COR，美国)同时测定新梢基部、中部和顶端向阳边的健康、完整和完全展叶的光合有效辐射(photosynthetic active radiation, PAR)、净光合速率(net photosynthesis rate, Pn)，蒸腾速率(transpiration rate, Tr)、瞬时水分利用效率(instantaneous water utilization efficiency,

WUEi)、气孔导度(stomatal conductance, Cs)和胞间 CO_2 浓度(intercellular CO_2 concentration, Ci)。实验期间,PAR 为 1 400 · mmol/(m^2 · s)。为了减少大气和太阳照射角度变化的干扰,8 月和 9 月的所有数据在晴朗无云的 8:00～18:00 收集,而 10 月的所有数据在晴朗无云的 9:00～19:00 收集。

经过上述实验后,得到如下结果。

第三节　光合特性

3.1　光合光响应曲线的日变化

不同生长阶段和相应生长阶段不同叶位的光合特征总水平有差异($P<0.05$)。前人的研究时间主要安排在晴天的白天[8]，而本实验是在 8 月到最终冬剪前的 10 月之间的第二次生长期完成。

随着 PAR 增加到 200 μmol/(m^2 · s)，SCCT 和 ILSP 的 Pn 值增加迅速，并且快速增加到最大，然后随着 PAR 增加到 1 400 μmol/(m^2 · s)，Pn 值缓慢减少或增加(图 2－1)。SCCT 葡萄叶片的光补偿点(LCP)在生长初期的 8:00 最低，在生长期的 8:00 最高，而成熟期的峰值在 13:00(图 2－1a，b，c)。有趣的是，在整个发育期，ILSP 葡萄叶片最高的 LCP 在 10:00(第三阶段在 11:00)(图 2－1 d、e、f)。

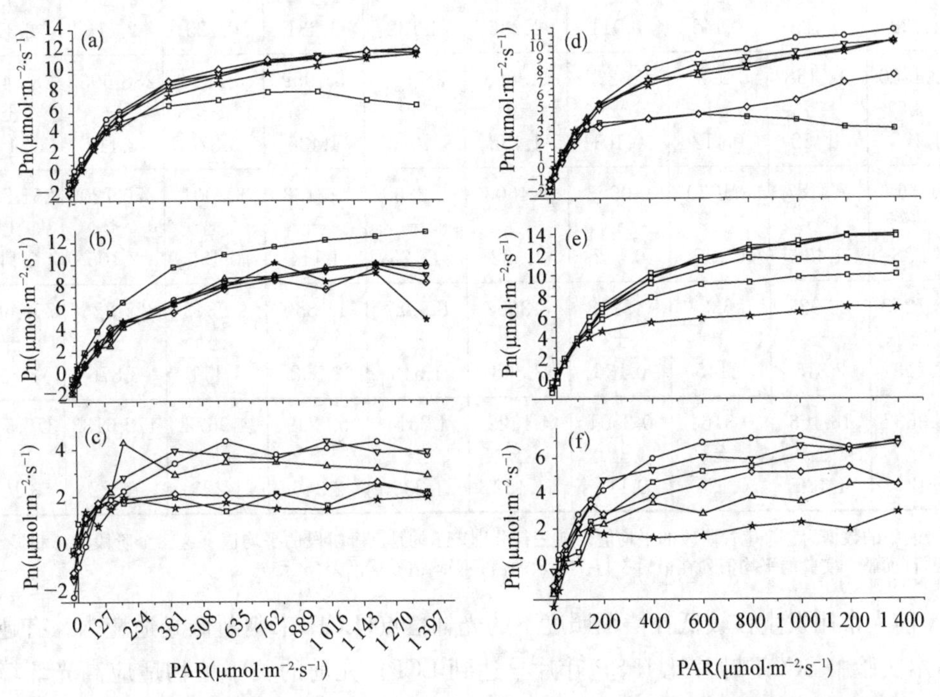

图 2－1　第二次生长期 SCCT 和 ILSP 爱格丽葡萄叶片光合光响应曲线的平均日变化

注：显示的值是平均值±标准差($n=5$)。第一和第二阶段的数据从 8:00 到 18:00 之间每两小时测定一次；而第三阶段的数据从 9:00 到 19:00 之间每两小时测定一次；(□)8:00 或 9:00；(○)10:00 或 11:00；(△)：12:00 或 13:00；(▽)：14:00 或 15:00；(◇)：16:00 或 17:00；(☆)：18:00 或 19:00。

本实验中，SCCT 葡萄叶片的光饱和点（LSP）随着 LCP 变化。在 1 400 μmol/(m^2 · s)PAR 下，生长初期（PS）的最低值在 8:00，生长期（GS）的最高值也在 8:00，并且同一个架式成熟期（RS）13:00 的值先达到了 LSP（图 2 - 1c）。很明显，ILSP 葡萄叶片第一和第二阶段的最好值出现在 1 400 μmol/(m^2 · s)PAR 下的 10:00，同时也包括第二阶段 12:00 和 14:00 的结果。RS 阶段 11:00 的曲线图差异最显著，它的 LSP 从 600 μmol/(m^2 · s)上升到 1 000 μmol/(m^2 · s)（图 2 - 1f）。实验期间，除了 RS 阶段的两个 Pn-PAR 曲线没有重合外，两种架式的其他 Pn-PAR 曲线在200 μmol/(m^2 · s)内几乎重合（图 2 - 1）。两种架式葡萄树的总 Pn 随着季节和气候的推进下降了，SCCT 最高的 Pn 出现在第一阶段，随后下降了。不同的是，ILSP 的 Pn 先上升后又下降了，并且 ILSP 的最高值比 SCCT 高（表 2 - 1）。在初期阶段，两种架式的 Pn 和最大 Pn 存在显著差异（$P<0.05$），而在其他阶段，两种架式的 Pn 和最大 Pn 都不显著。

表 2 - 1　不同时期不同架式爱格丽葡萄的光合指标[a]

Pn(μmol/(m^2 · s))		Cs(mmol/(m^2 · s))		Tr(mmol/(m^2 · s))		WUEi(μmol/mmol)		Ci(μmol/mol)	
SCCT	ILSP	SCCT	ILSP	SCCT	ILSP	SCCT	ILSP	SCCT	ILSP
13.4404 ± 1.132	5.4388 ± 1.122	0.2317 ± 0.145	0.1033 ± 0.011	3.5201 ± 1.236	3.5034 ± 1.132	3.8405 ± 1.231	1.5116 ± 0.125	265.8133 ± 2.116	216.4933 ± 2.311
12.4500 ± 1.425	14.168 ± 1.452	0.2981 ± 0.112	0.3222 ± 0.101	2.3853 ± 1.452	2.7128 ± 1.003	5.1959 ± 1.436	5.2226 ± 0.876	288.6933 ± 2.117	288.4677 ± 2.412
6.8369 ± 1.236	7.3187 ± 1.436	0.1030 ± 0.126	0.0953 ± 0.012	2.4603 ± 1.322	2.2865 ± 1.123	2.8133 ± 1.114	3.2001 ± 0.456	270.7200 ± 2.105	251.7267 ± 2.111
32.7273 ± 2.213	26.926 ± 2.315	0.6328 ± 0.145	0.5208 ± 0.136	8.3657 ± 2.368	8.5027 ± 1.546	11.850 ± 2.568	9.9343 ± 1.111	825.2266 ± 3.876	756.6877 ± 3.233
16.3637 ± 1.426	13.463 ± 1.425	0.3164 ± 0.125	0.2604 ± 0.111	4.1829 ± 1.452	4.2514 ± 1.236	5.9249 ± 2.346	4.9672 ± 1.223	412.6133 ± 1.322	378.3439 ± 3.132

[a]表中的数据为三个生长阶段的平均值。前三行分别表示的是三个阶段的平均值。这三个阶段的总和显示在第四行，而整个实验的平均值列在最后一行。显示的值是平均值±标准差（$n=5$）。

前人常用发生在较低补偿辐照度下的光补偿点（LCP）来判断低光适应[9]。有趣的是，本实验中 SCCT 叶片比 ILSP 叶片早达到 LCP。先前的关于植物适应高光环境的报道表明了呼吸速率和 LCP 的增加，本实验中午的 LCP 与之相似，这意味着不同生长阶段的光照会影响葡萄每个部位的生长。

光饱和点（LSP）水平体现了葡萄叶片对强光的适应性[10]。LSP 越低，光合速率越容易达到最高值,并保持较高水平。反之,高 LSP 的 Pn 不容易达到光饱和点。因此,光合作用通常需要较低的 LSP 水平。与不同的光响应曲线相比,高光合速率显示在 600 μmol/(m^2 · s)PAR 下。因此,光合作用的产物主要依靠高光强度的光合积累。我们根据观察和实验跟踪记录推测,实验结果除了与叶龄、季节和架式结构等因素有关之外,生理功能的退化也是一个重要因素。一方面,SCCT 叶片的功能进入了生长期和衰退期,另一方面,生长末期低的光强度降低了 Pn。我们的结果表明,前期 8:00 的光照降低了 LSP 而在生长期又升起来了。与此同时,在成熟期,中午的光照增加了 SCCT 的 LSP(图 2-1a,c)。ILSP 的 LSP 随着 LCP 变化(图 2-2a、c)。

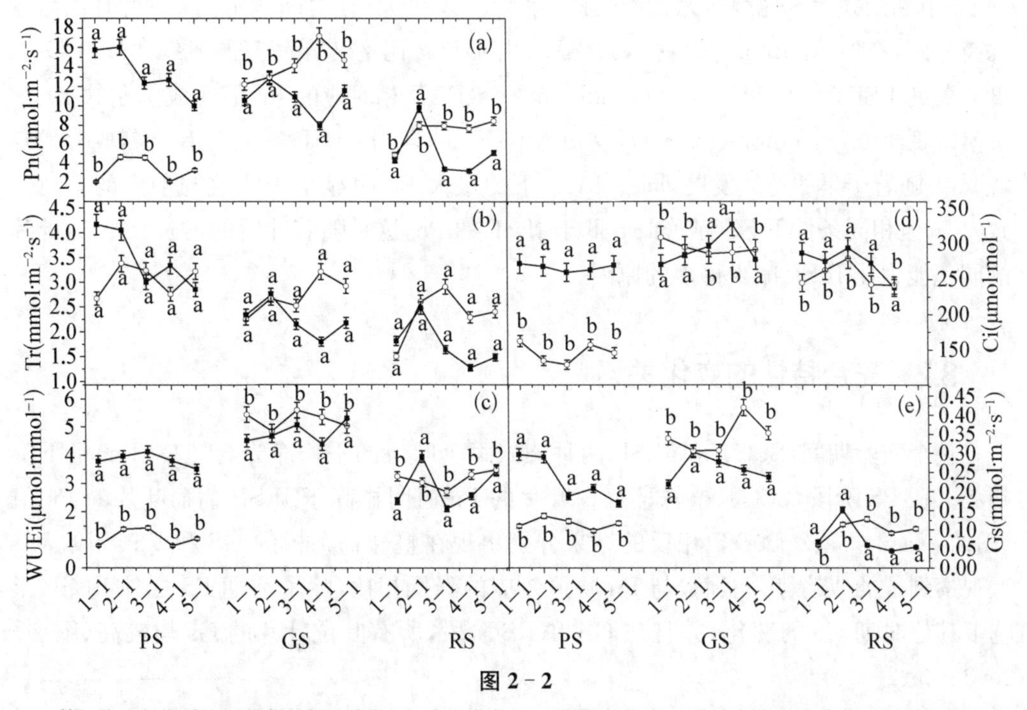

图 2-2

第二次生长期爱格丽葡萄基部叶片的(a) 净光合率、(b) 蒸腾速率、(c) 瞬时水分利用效率、(d) 胞间 CO_2 浓度和(e) 气孔导度的变化

注:显示的值是平均值±标准差(n=5)。生长初期 PS 和生长期 GS 的测量时间为8:00到 10:00;而成熟期 RS 的测量时间为 13:00 到 15:00。(○) ILSP;(■) SCCT。每个新梢的编号从基部开始分别为 1、2、3、4 和 5;每个新梢基部、中部和上部的序列号分别为 1、2 和 3。这样,基部叶位编号分别为 1-1、2-1、3-1、4-1 和 5-1;中部叶位编号分别为1-2、2-2、3-2、4-2 和 5-2;上部叶位编号为分别 1-3、2-3、3-3、4-3 和 5-3。下同。

与 SCCT 相比,ILSP 葡萄叶片的光强在初期降低了很多,这是由于 ILSP 葡萄叶片较低的 Pn(图 2-2a、2-3a、2-4a),类似的 Pn 能通过中期无差异的光强度形成。而在成熟阶段,ILSP 叶片接受光的角度和叶龄导致了 ILSP 叶片比 SCCT 叶片更高的 Pn(图 2-2a、2-3a、2-4a)。因此这两种架式三个叶位的 Pn 与 PAR 模式一致。这表明,叶片光合速率的变化不仅源于改善的微气候,而且源于季节和叶幕控制,这与前人的结果不一致。图 2-1 也明显显示了一天中各个时刻光合作用与增加的 PAR 之间的响应关系。

根据 Smart[11]，净光合速率(Pn)取决于叶表面的直射光或漫射光引起的光合有效辐射(PAR)。因此，SCCT 和 ILSP 葡萄树叶幕位置的 Pn 在全天中都显著随着 PAR 变化($p<0.05$)(图 2-1a、c、d、f)。除了成熟期之外的其他生长时期的 SCCT 葡萄叶片光合光响应曲线的日变化模式表明，在大多数情况下，Pn 和 PAR 之间显示了正相关关系，并且这些叶片都适应了高光环境。由于 PS 和 GS 这两个阶段在 8:00 和 18:00 类似的环境因素(如叶片温度和湿度)下，SCCT 葡萄叶片的 PS 光合光响应曲线几乎与 GS 光合光响应曲线完全相同(图 2-1a、b)。PS 叶片在 200 μmol/(m^2 · s)PAR 下的光收获为 5 μmol/(m^2 · s)，而在 200 μmol/(m^2 · s)PAR 以上有明显差异，与测定时间、季节和架式等其他因素无关。同样，除了 8:00 外，其他时间测定的 GS 叶片的数据保持一致，在 2～3 μmol/(m^2 · s)。然而，由于与参比室和样品室的光线角度、CO_2浓度有关的 LSP 和 LCP[10-12]，100 μmol/(m^2 · s)PAR 相对应的 Pn 值在成熟期的 19:00 突然降低了 0.737 μmol/(m^2 · s)，这更有利于 SCCT 比 ILSP 适应含有营养成分的环境[13]。随着干旱的持续发展，同一 PAR 下的最大 Pn 明显小于 1，这与前人的报道一致[14]。但相同条件下 SCCT 的 Pn 低于 ILSP 的 Pn，这是随着叶龄的增长，SCCT 叶片的同化能力比 ILSP 减少得多的原因。

3.2 光合特性的变化关系

整个实验期间，SCCT 和 ILSP 两种架式每个叶位的平均净光合速率(Pn)呈下降趋势。在 PS 阶段，SCCT 整株葡萄树叶片的 Pn 值明显高于 ILSP 葡萄叶片的 Pn 值(图 2-2a、2-3a、2-4a)。相反的结果分别出现在整株葡萄树的 GS 和 RS 阶段。Gs 上观察到了类似趋势。然而，与 Pn 胁迫效应的降低相比，除了前期 PS 之外，ILSP 影响了其他时期 Gs 的变化，并且在 GS 和 RS 阶段，所有叶位叶片的 Gs 均较高(图 2-2e、2-3e、2-4e)。

实验期间，除了前期的基部叶片之外，尽管其他部位叶片的 Pn 和 Gs 随着季节明显降低了(图 2-2a、2-3a、2-4a；图 2-2e、2-3e、2-4e)，但是胞间 CO_2浓度(Ci)的变化较小(图 2-2 d、2-3 d、2-4 d)。与 ILSP 相比，SCCT 每个生长阶段和叶位的 Ci 值都显著增加了。

实验中不同架式的葡萄树叶片净光合速率(Pn)和蒸腾速率(Tr)的变化表明，不同生长阶段和叶位的 SCCT 和 ILSP 葡萄叶片的 Pn 和 Tr 分别保持相似趋势，因而导致了瞬时水分利用效率(WUEi)相似的变化趋势。然而，除了很少一部分外，SCCT 葡萄叶片 Pn 和 Tr 在大多数情况下的总趋势分别呈下降趋势。相反，ILSP 葡萄叶片的 Pn 快速上升后又轻微下降，而 Tr 在除了叶位之外的实验期间变化很少，这导致了与 ILSP 葡萄叶片 Pn 类似的结果(图 2-2a、2-3a、2-4a；图 2-2b、2-3b、2-4b)。

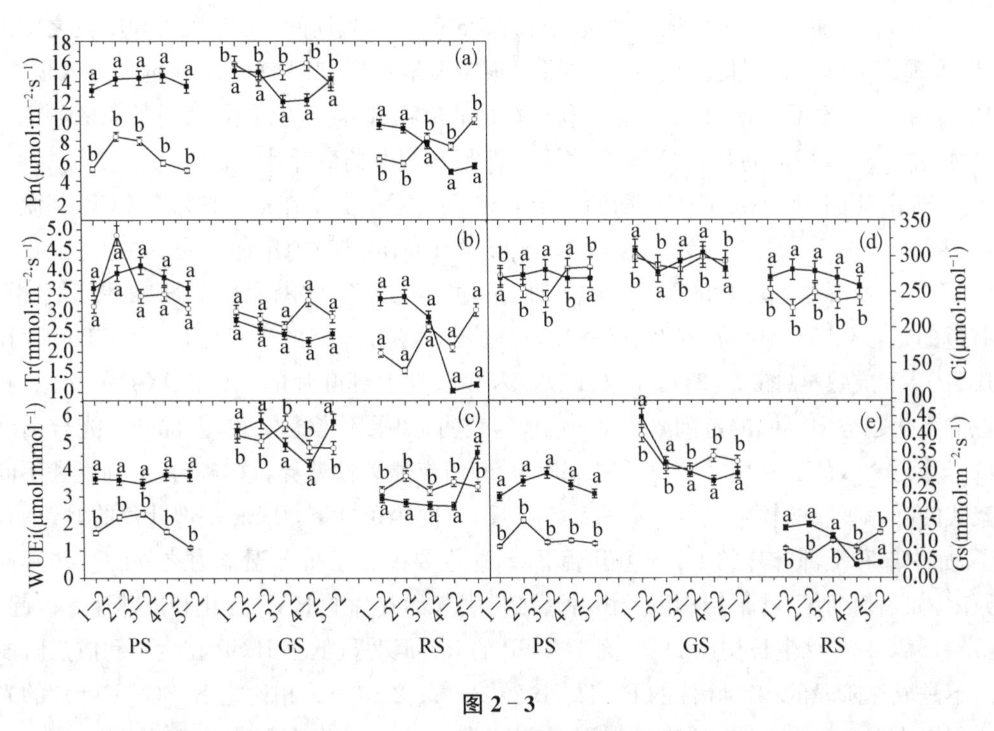

图 2-3

第二次生长期爱格丽葡萄中部叶片(a) 净光合率、(b) 蒸腾速率、(c) 瞬时水分利用效率、(d) 胞间 CO_2浓度和(e) 气孔导度的变化

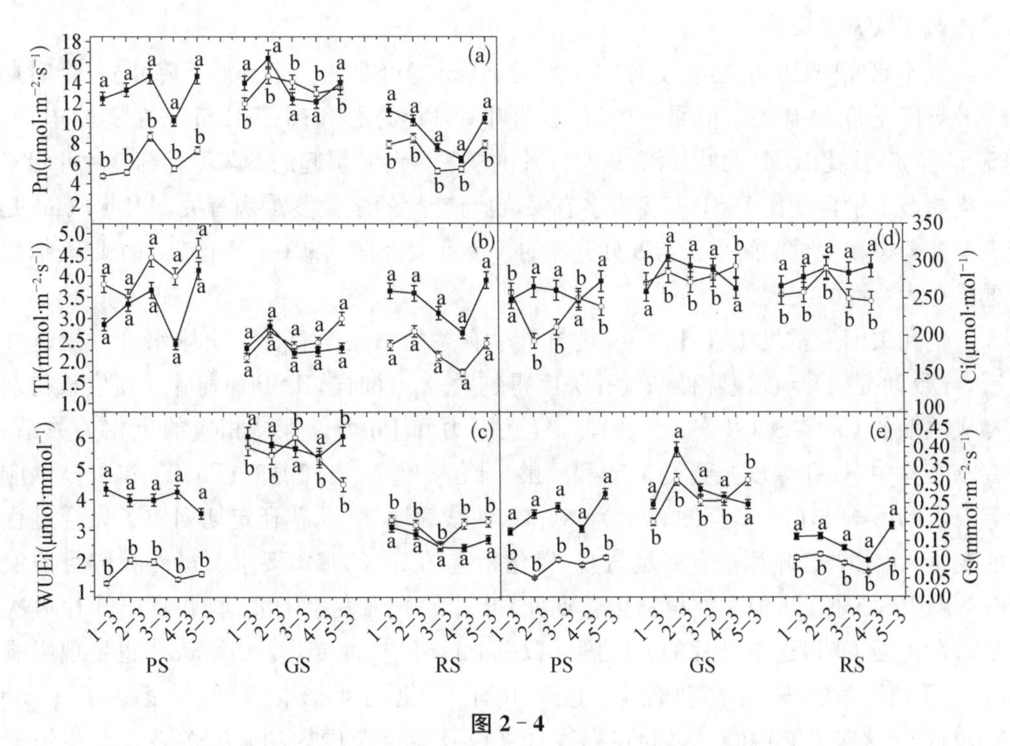

图 2-4

第二次生长期爱格丽葡萄上部叶片(a) 净光合率、(b) 蒸腾速率、(c) 瞬时水分利用效率、(d) 胞间 CO_2浓度和(e) 气孔导度的变化

Zhang et al.[10]报道了成熟葡萄树叶片 Pn 值。实验期间，所有架式和叶位之间的 Pn 展现出了巨大的变化。从表 2－1 可以很明显地看出，叶片总的 Pn 越早进入顶峰，Pn 下降越早（SCCT vs ILSP），这有利于新梢的成熟和养分的积累（通过枝条的颜色和木质化观测）。幸运的是，这种现象也出现在了 SCCT 葡萄叶片上。

与 ILSP 相比，SCCT 生长期的三个叶位的数据相似。在第一阶段，SCCT 刺激了 Pn（图 2－2a、2－3a、2－4a），这与 Hodgkinson et al.[15] 的结论一致。在生长初期，SCCT 和 ILSP 中间叶片的图形相似，口向下，并且 SCCT 的图形比 ILSP 的图形平滑。有趣的是，第二和三个阶段的结果相反，这暗示着经过前期的生长之后，SCCT 叶片比 ILSP 叶片成熟早（图 2－3a）。SCCT 初期和生长期上部叶片的 Pn 和 ILSP 的相似（相似的变化趋势但不同的范围）（图 2－4a），这表明，如果不考虑架式，上部叶片光合活动的行为是一致的。然而，SCCT 和 ILSP 的 Pn 值有显著性差异，这与叶片的高度和不同架式的叶片吸收的辐射量有一些联系。相反，在同等条件下，ILSP 基部叶片的 Pn 上升了，而中部和上部叶片的 Pn 先上升后下降，这主要由除了抗低温能力之外的一些其他原因，如辐射角度、叶幕结构以及由叶幕结构引起的叶片的 PAR 变化和成熟速率引起。虽然，SCCT 叶片生长初期的 Pn 高于 ILSP 的 Pn，但明显低于 ILSP 在生长和成熟阶段而不是成熟阶段的中部叶位的 Pn（图 2－2a、2－3a、2－4a）。相比之下，SCCT 叶片的光合积累比 ILSP 好。而在所有情况下，SCCT 每一个点的光合贡献均与 ILSP 一致，因为它们的叶幕垂直暴露在阳光下，广大的叶面积获得了足够的光照，而 ILSP 的倾斜叶幕隐蔽了大量光束。

在本研究中，Pn 的逐渐波动（SCCT 的下降与 ILSP 的先上升后下降）与三个时期气孔导度的变化有关。但是，SCCT 葡萄叶片 Pn 的总和高于 ILSP。在实验末期，SCCT 的叶片比 ILSP 的叶片深，这与叶片的成熟（叶龄）引起的 SCCT 葡萄叶片叶绿素和类胡萝卜素含量比 ILSP 减少得多有关，也与叶片的轻微萎黄病有关。因此，架式是调节葡萄树在生长期间生长与养分分配的一个重大因素。SCCT 应该是一个以光捕获的优化为特性的架式。

气孔关闭通常发生在叶片上，是与干旱有关的第一个事件。土壤水分亏缺越严重，导致葡萄树 Cs 快速降低的气孔关闭得越紧[16]。同样，ILSP 葡萄叶片在生长初期和成熟期的 Cs 比 SCCT 的低。因此，气孔阻力和 Pn 可以保持相应的负相关关系。在本实验中，气孔导度主要受季节和叶龄、叶位、叶温、空气温度、Pn、Tr 和水分供应等因素的影响（图 2－2 至图 2－4）。Pn-Cs 曲线表明，气孔孔径定期回应了光合过程的变化，这意味着叶片没有满足与 Cs 变化相应的 Pn 的基本要求。虽然我们目前没有解释 Pn-Cs 曲线，但是在植物生长期间，叶片的光强发生了波动，并且当叶片再次暴露在光强下时，这个叶片的光强度导致了 Pn 持续性的变化。Cowan[17] 也发现影响 Pn 和 Tr 比率的气孔波动现象，这优化了同化与生长之间的关系。Tan and Buttery[18] 发现了 Pn 和 Cs 之间在光线水平以及温度范围内的亲密关系。这些结论补充了本实验的新内容。

SCCT 和 ILSP 曲线表明，Cs 的降低或提高伴随着 WUEi 的增加或减少。在成熟期，ILSP 叶片的 WUEi 随着叶龄急剧增加了，并且超过了 SCCT，从根本上讲，这由交替的季节变化引起的连续改变的光线角度来维持(图 2－2c、2－3c、2－4c)。

在光合作用期间，Ci 通常是受空气 CO_2 浓度、气孔导度和二氧化碳同化效率的影响。而在本研究中，叶片 Ci 的增加除了受以上因素的影响外，还受架式、叶位和叶龄的影响(表 2－1；图 2－2 至图 2－6)。在 ILSP 生长初期的基部叶片上和 SCCT 成熟期的中部叶片上发现了最低的 Ci，所有 ILSP 叶片的 Ci 在生长初期最高(图 2－2 d、2－3 d、2－4 d)。这种现象可以解释为叶片对环境的选择和适应。此外，实验期间，SCCT 叶片的 CO_2 能比 ILSP 叶片的 CO_2 更有效地同化(图 2－2 d、2－3 d、2－4 d)。因此，一个更好的 CO_2 释放源于成熟或衰老叶片的栅栏组织和叶肉组织更开放的结构，也源于由架式和季节决定的成熟叶片的选择性渗透膜的减小[19]。

3.3　干旱条件下架式对光合作用的调节

使用 Cs 作为干旱程度的综合参数将光合反应分成三个阶段[20]。然而，在这个研究中，修剪技术，如 SCCT 和 ILSP 也是一个至关重要的因素。因此，根据 Flexas et al.[21]，本实验中，SCCT 的 PS 和 GS 及 ILSP 的 GS 被定义为轻度水分胁迫阶段($0.5\sim0.7>Cs>0.15$ mmol/(m^2 · s))，而适度的水分胁迫阶段出现在了 ILSP 的 PS 和 RS 阶段，及 SCCT 的 RS 阶段($0.15>Cs>0.05$ mmol/(m^2 · s))。轻度水分胁迫以 Pn 和 Ci 相对轻微的下降、WUEi 的增加为特征。在温和的水分胁迫阶段，由于 Pn 和 Ci 的进一步减少和 WUEi 的增加，光合作用效率明显下降了[20]。值得注意的是，此时非气孔限制已经开始了[20-21]。

第二阶段恰恰处于轻度水分胁迫阶段，气孔关闭是光合作用的唯一限制因素。因此，根据在果园里的观察，不同叶位的 Pn 由除了叶龄和结构以外的 Cs 的轻微波动决定。中度水分胁迫也控制着最后阶段。因此，当 Cs 很低($Cs<0.05$ mmol/(m^2 · s))时，非气孔限制起作用了[20-21]。从图 2－2e、2－3e 和 2－4e 可以看出，SCCT 大量的基部叶片和少量的中部叶片已由非气孔限制决定。因此，光合过程不再受气孔活动的影响。换句话说，它们已经步入了成熟阶段。尽管如此，SCCT 的上部叶片和 ILSP 的所有叶片依旧在温和的水分胁迫下生长。ILSP 的 WUEi 诱导气孔关闭比 SCCT 的 WUEi 更明显，因此，它没有限制光合作用，这个架式的叶幕与其他架式的叶幕生长的季节性动力学相联系，因为较低的光合特征常常伴随着隐蔽叶幕的增加[22]。Poni et al.[23]通过调查发现，与葡萄树的对称生长相比，不对称生长引起的叶幕密度增加后，平均叶层数出现了重叠。在本实验中，SCCT 的规则叶幕战胜了 ILSP 的不对称叶幕。

因此，在第二次生长期(除了成熟阶段)，SCCT 光合光响应曲线的日变化曲线比 ILSP 的平滑。SCCT 创造的稳定生态环境弥补了由叶片成熟和季节变化引起的不协调的营养生长。

显然，在第二次生长期间，SCCT 的光照比 ILSP 渗透的多。因此，与 ILSP 相比，SCCT 对葡萄树营养生长的影响对整株葡萄树的光合特性有利。一天中 SCCT 的光饱和反应比 ILSP 发生的早，SCCT 是调节 PAR 不对称分布对一些生理参数影响的一个较好方式。

参考文献

[1] Dos Santos T, Lopes C M, Rodrigues M L, Souza C R, Maroco J P, Pereira J S, Silva J R, Chaves M M. Partial rootzone drying: effects on growth, and fruit quality of fieldgrown grapevines (*Vitis vinifera* L.)[J]. *Functional Plant Biology*, 2003,30: 663 - 671.

[2] Intrigliolo D S, Chirivella C, Castel J R. International Symposium on Advances in Grapevine and Wine Research: Response of grapevine cv. Tempranillo to irrigation amount and partial rootzone drying under contrasting crop load levels[M]. Congress ISHS, Venosa, 2005.

[3] De la Hera M L, Martínez-Cutillas A, López-Roca J M, Gómez-Plaza E. Effects of moderate irrigation on vegetative growth and productive parameters of Monastrell vines grown in semiarid conditions[J]. *Spanish Journal of Agricultural Research*, 2004,2: 273 - 281.

[4] Romero P, Botia P, Garcia F. Effects of regulated deficit irrigation under subsurface drip irrigation conditions on vegetative development and crop yield in mature almond trees[J]. *Plant Soil*, 2004,260: 169 - 181.

[5] Romero P, Navarro J M, García F, Botía P. Effects of regulated deficit irrigation during the preharvest period on gas exchange, leaf development and crop yield on mature almond trees[J]. *Tree Physiology*, 2004,24: 303 - 312.

[6] Li H, Fang Y L. Study on the mode of sustainable viticulture: quality, stability, longevity and beauty[J]. *Science and Technology Review*, 2005,23(9): 20 - 22.

[7] Düring H, Dry P R, Botting D G, Loveys B. Effects of partial root-zone drying on grapevine vigour, yield, composition of fruit and use of water[C]. In Proceedings of the Ninth Australian Wine Industry Technical Conference: Adelaide, South Australia: 1996:128 - 131.

[8] 陶宇翔，刘晔，张军贤，张振文. 酿酒葡萄多主蔓扇形不同结果部位果实品质的研究[J]. 北方园艺，2012,13: 1 - 4.

[9] Rena A B, Barros R S, Maestri M, Söndahl M R. Sub-Tropical and Tropical Crops (vol. II.) [M]. *in*: Schaffer, B. and P. C. Andersen (*Eds.*) Handbook of environmental physiology of fruit crops. CRC Publishers, Boca Raton, 1994,101 - 122.

[10] Zhang Z W, Zhang B Y, Tong H F, Fang L. Photosynthetic LCP and LSP of different grapevine cultivars[J]. *Journal of Northwest Forestry University*, 2010,25: 24 - 29.

[11] Smart R E. Photosynthesis by grapevine canopies[J]. *Journal of Applied Ecology*, 1974,11: 997 - 1006.

[12] Aminim B, Ezhiann N. Photoinhibition of photosynthesis in mature and young leaves of grapevine (*Vitis vinifera* L.)[J]. *Plant Science*, 2003,164(4): 635 - 644.

[13] Mierowska A, Keutgen N, Huysamer M, Smith V. Photosynthetic acclimation of apple spur leaves to summer-pruning[J]. *Scientia Horticulturae*, 2002,92: 9 - 27.

[14] Escalona J M, Flexas J, Medrano H. Stomatal and non-stomatal limitations of photosynthesis

under water stress in field-grown grapevines[J]. *Australian Journal of Plant Physiology*, 1999,26: 421-433.

[15] Hodgkinson K C. Influence of partial defoliation on photosynthesis, photorespiration and transpiration by Lucerne leaves of different ages[J]. *Australian Journal of Plant Physiology*, 1974,1: 561-578.

[16] Chaves M M, Zarrouk O, Francisco R, Costa J M, Santos T, Regalado A P, Rodrigues M L, Lopes C M. Grapevine under deficit irrigation: hints from physiological and molecular data[J]. *Annals of Botany*, 2010,105: 661-676.

[17] Cowan L R. Oscillations in stomatal conductance and plant functioning associated with stomatal conductance: Observations and a model[J]. *Planta*, 1972,106: 185-219.

[18] Tan C S, Buttery B R. Photosynthesis, stomatal conductance, and leaf water potential in response to temperature and light in peach[J]. *HortScience*, 1986,21: 1180-1182.

[19] Kriedemann P E, Kliewer W M, Harris J M. Leaf age and photosynthesis in *Vitis vinifera* L[J]. *Vitis*, 1970,9: 97-104.

[20] Flexas J, Bota J, Escalona J M, Sampol B, Medrano H. Effects of drought on photosynthesis in grapevines under field conditions: an evaluation of stomatal and mesophyll limitations[J]. *Functional Plant Biology*, 2002,29: 461-471.

[21] Flexas J, Escalona J M, Evain S, Gulías J, Moya I, Osmond C B, Medrano H. Steady-state chlorophyll fluorescence (Fs) measurements as a tool to follow variations of net CO_2 assimilation and stomatal conductance during water-stress in C_3 plants[J]. *Plant Physiology*, 2002,114(2): 231-240.

[22] Smart R E. Influence of light on composition and quality of grapes[J]. *Acta Horticulturae*, 1987,206: 36-47.

[23] Poni S, Rebucci B, Magnanini E, Intrieri C. Preliminary results on the use of a modified point-quadrat method for estimating canopy structure of grapevine training systems[J]. *Vitis*, 1996, 35: 23-28.

第三章　葡萄营养生长部位碳的固定和分配

第一节　概　　述

光合作用是地空间碳循环的主要驱动力，也是土壤有机碳的重要来源[1]。每年全球碳固定量中农产品占47%，森林占43%、草原占10%[2-4]。显然，农产品的固碳量最高，农产品的光合碳固定是大气碳汇的重要途径。但农产品吸收大气CO_2产生的有机物又以各种方式氧化释放到大气中，成为大气碳源。果园生态系统的碳循环是受人类干扰的碳流动过程。因此，在一定时空范围内，果树能否成为温室气体汇或源在很大程度上取决于人类对生态系统的干扰与管理。因而，研究果树碳固定、运转和分配规律对于科学评价和寻求提高碳固定与分配的果园管理措施意义重大。

植物体内的养分含量受到植物生活型、植物生长状况、功能群以及环境等生物和非生物因素影响[5-6]。不同器官的养分积累量反映了植物体内养分的收支平衡及植物体和土壤中的养分状况[7]。水稻的光合碳固定是水稻产量形成的物质基础，随着水稻生长发育的进行，水稻的光合碳在不同时间的固定量和不同器官的分配比例会有所变化[8-9]。展茗[9]的研究表明，水稻茎、叶、穗及全株表观净固碳量的积累过程类似"S"型增长曲线。稻穗含碳量最高，根的含碳量最低；各器官的含碳量和分配比例随着水稻生长发育进程而变化。水稻吸收的CO_2量在不同生长发育阶段的分配比例与净固碳量相似。两年的水稻实验表明，从放鸭至齐穗时净固碳量占总净固碳量的72%～80%，拔节期和齐穗期可达总固碳量的40%～51%，齐穗到收获期只有18%～27%。

吴志丹等[10]2006年9月的研究数据表明，柑桔果树各器官有机碳储量的大小顺序为树干＞树根＞树枝＞果实＞树叶。王月[11]在不同磷处理条件下CO_2浓度升高对番茄组织碳含量的影响的研究中发现，叶片＞根＞茎。刘雪云等[12]对紫穗槐不同部位有机碳含量特征的研究表明，不同月份的有机碳具有不同的分布特征：6月和8月根的含量顺序为小径级＞中间径级＞粗径级，7月和9月根的含量顺序为中间径级＞小径级＞粗径级；茎的含碳量6至7月和8至9月具有不同的分布特点，分别为粗径级和中间径级的茎含量最高;碳含量最高的部位,6 月为粗径级的茎,其他月均为叶。

果园生态系统碳循环过程受地理、气候条件,特别是周期性经营活动的影响,因而十分复杂。果品是果园生态系统中一个重要的流动性碳库,周期性的修剪、施肥、套种牧草和翻耕等增加了该系统碳循环研究的复杂性和不确定性。在果园生产过程中,为了获得高产,高密度的架式被广泛采用[13]。尽管目前不同农业的经营模式对 CO_2 排放影响不尽一致,但已有研究认为,与一年生草本植物相比,果园生态系统 CO_2 固定量或许更高[14-15]。目前,国外在果园生态系统碳循环方面的研究取得了一定成果[16-21]。

碳是生态系统最丰富最重要的营养元素之一。葡萄是我国重要的果树之一,种植面积在世界前列。葡萄在生长过程中通过光合作用固定大气中的 CO_2,同时通过根系沉淀和凋亡及叶片凋亡等途径不断将有机物转入植物—土壤系统,最终经根系呼吸、微生物的分解作用等反馈到环境,形成碳循环。葡萄的固碳作用是果树生态系统碳循环的重要环节。因此,通过对合阳产区葡萄园生态系统碳储量及其分布特点进行研究,探讨不同架式下葡萄叶片的固碳作用、碳在葡萄各器官中的分配特征和动态规律,以深入认识不同架式对葡萄碳固定的影响,可为合理评价葡萄生态系统的碳收支平衡及不同葡萄架式对葡萄固碳潜力的影响提供和补充基础数据。

第二节 葡　　萄

2.1 实验材料

同第二章。

2.2 采样与植株碳的测定

参照那守海等[22]的方法，略有修改。在 10 月上旬，分别取木质化的新梢和相应叶片分装带回实验室，各材料杀青(105 ℃，30 min)，烘干(85 ℃)至恒重。粉碎机粉碎，用直径为 300 目的细筛进一步进行筛分，测定碳含量。

用德国 ELEMENT 公司生产的 Varioel-Ⅲ 元素分析仪测定各样品碳含量。

2.3 碳的分配及相关计算公式

同一个枝条的新梢和叶片的总有机碳含量之和$=Cs+Cf$

同一个枝条的新梢和叶片的总有机碳之比$=Cs/Cf$

式中，Cs 为该枝条新梢的碳总含量，g/kg；Cf 为该枝条叶片的碳总含量，g/kg。

不同架式的新梢或叶片的总有机碳之比$=C_{SCCT}/C_{ILSP}$

式中，C_{SCCT}为 SCCT 的新梢或叶片的碳总含量，g/kg；C_{ILSP}为 ILSP 的新梢或叶片的碳总含量，g/kg。

第三节　碳的分配

3.1　成熟期不同架式爱格丽葡萄新梢和叶片有机碳含量

从表 3-1 可以看出，在 10 月上旬，随新梢部位的变化，SCCT 和 ILSP 的 5 个新梢或叶片的有机碳积累总量依次为 1 505.56 g/kg、1 593.3 g/kg、1 449.79 g/kg 和 1 668.34 g/kg，而 SCCT 和 ILSP 的 5 个新梢和叶片的有机碳积累总量依次为 2 955.37 g/kg和 3 261.64 g/kg，SCCT 和 ILSP 的 5 个新梢和叶片的有机碳积累总量之比依次为 5.41 和 4.89，五个新梢或叶片在 SCCT 和 ILSP 两种架式下的有机碳积累总量比值依次为 4.86 和 4.51。

表 3-1　爱格丽葡萄新梢和叶片有机碳含量

新梢编号 Shoot number	新梢 Shoot(g/kg)		叶片 Foliage(g/kg)		新梢+叶片 Shoot+Foliage(g/kg)		新梢/叶片 Shoot/Foliage		SCCT/ILSP	
	SCCT	ILSP	SCCT	ILSP	SCCT	ILSP	SCCT	ILSP	新梢 Shoot	叶片 Foliage
1	302.63±2.72	344.30±9.66	301.83±1.72	310.77±8.97	604.47±4.11	655.07±18.24	1.00±0.07	1.11±0.15	0.94±0.35	1.03±0.29
2	293.50±8.17	365.90±3.52	297.06±6.90	351.97±8.95	590.57±7.13	.717.87±9.28	1.04±0.42	1.09±0.33	0.80±0.19	0.86±0.14
3	246.00±8.25	260.03±2.90	221.90±0.88	378.27±5.82	467.90±7.38	638.30±6.71	1.12±0.42	0.70±0.12	0.98±0.42	0.59±0.08
4	326.03±2.77	327.07±2.34	244.90±2.48	323.10±1.35	570.93±0.42	650.17±1.57	1.35±0.24	1.01±0.11	1.00±0.06	0.76±0.05
5	337.40±10.42	296.00±4.55	384.10±4.36	304.23±2.47	721.50±7.69	600.23±2.46	0.90±0.38	0.98±0.22	1.14±0.28	1.27±0.16

续　表

新梢编号 Shoot number	新梢 Shoot(g/kg)		叶片 Foliage(g/kg)		新梢＋叶片 Shoot ＋Foliage(g/kg)		新梢/叶片 Shoot/Foliage		SCCT/ILSP	
	SCCT	ILSP	SCCT	ILSP	SCCT	ILSP	SCCT	ILSP	新梢 Shoot	叶片 Foliage
平均值 Average	301.11 ± 35.48	318.66 ± 41.56	289.96 ± 62.68	333.67 ± 30.93	591.07 ± 90.51	652.33 ± 42.48	1.08 ± 0.17	0.98 ± 0.17	0.97 ± 0.12	0.90 ± 0.26
总和 Total	1 505.56	1 593.3	1 449.79	1 668.34	2 955.37	3 261.64	5.41	4.89	4.86	4.51

注：表中数据为平均值±标准差。下同。

1、2、3、4 和 5 分别表示同一葡萄植株从基部开始的 5 个新梢或相应叶片的编号。每一种架式的新梢或相应叶片的有机碳含量为该新梢的上、中和下三个部位有机碳含量的平均值，其值反映了有机碳含量在该新梢或相应叶片上的分配状况；每一种新梢上叶片的有机碳含量为该新梢上、中和下三个部位叶片的有机碳含量的平均值，其值反映了有机碳含量在对应新梢上的叶片的分配状况；新梢＋叶片表示同一植株每一种架式的地上部分各器官(新梢及相应叶片)有机碳含量的总和，其值反映了该架式的葡萄植株地上部分的固碳能力；新梢/叶片表示每一种架式的新梢与相应叶片的有机碳含量之比，其值反映了有机碳含量在该新梢与相应叶片的分配比例；SCCT/ILSP 分别表示 SCCT 与 ILSP 的新梢或叶片的有机碳含量之比，其值反映了两种架式对同一株葡萄新梢或叶片中有机碳含量分配的影响。这与架式影响环境中有机碳的可利用性以及植物对有机碳的吸收和运输能力有关。

10 月上旬，不同架式的新梢和叶片中有机碳含量存在较大的差别。就新梢而言，SCCT 的 5 个新梢有机碳积累量平均为 301.11 g/kg，而 ILSP 的 5 个新梢有机碳积累量平均为 318.66 g/kg；就叶片而言，SCCT 的 5 个新梢相应叶片的有机碳积累量平均为 289.96 g/kg，而 ILSP 的 5 个新梢相应叶片的有机碳积累量平均为 333.67 g/kg。综合比较，同一器官不同架式间的有机碳积累量差异明显，以 SCCT 叶片的有机碳含量最低(221.9 g/kg)，ILSP 叶片的有机碳含量最高(378.27 g/kg)；各器官的有机碳含量随着部位而变化，SCCT 叶片和新梢的有机碳含量均是从基部第一个新梢开始降低，在第三个新梢降到最低，之后开始升高；而 ILSP 的 5 个新梢量的有机碳含量呈“M”型变化，SCCT 的 5 个新梢量的有机碳含量呈“Λ”型变化。

比较 10 月上旬 SCCT 和 ILSP 两种架式的爱格丽五个新梢有机碳含量发现(表 3－1)，除了第五个新梢外，爱格丽葡萄的 SCCT 的其余新梢的有机碳含量明显低于 ILSP 新梢的有机碳含量；SCCT 新梢的有机碳含量中，第五个新梢的有机碳含量最高，为 337.40 g/kg，占整个植株新梢有机碳含量的 22.41%，其次依次为第四个新梢、第一个新梢、第二个新梢和第三个新梢。ILSP 各新梢的有机碳含量中，第二个新梢的有机碳含量最高，为 365.90 g/kg，占整个植株新梢有机碳含量的 22.96%，其次依次为第一个新梢、第四个新梢、第五个新梢和第三个新梢的有机碳含量。两种架式的第三个新梢的有机碳含量均为最低，但是 ILSP 第三个新梢的有机碳含量仍大于 SCCT 第三个新梢的有机碳含量。这与架式影响环境中有机碳的可利用性以及植物对有机碳的吸收和运输能力有关。

比较 10 月上旬 SCCT 和 ILSP 两种架式的爱格丽葡萄五个新梢叶片的有机碳含量发现(表 3 - 1)，除了第五个新梢上的叶片外，SCCT 其余新梢上的叶片的有机碳含量明显低于 ILSP 新梢上的叶片的有机碳含量。SCCT 各新梢上的叶片的有机碳含量中，第五个新梢上的叶片的有机碳含量最高，为 384.10 g/kg，占整个植株新梢上叶片有机碳含量的 26.49%，其次依次为第一个新梢、第二个新梢、第四个新梢和第三个新梢上的叶片。ILSP 各新梢上的叶片的有机碳含量中，第三个新梢上叶片的有机碳含量最高，为 378.27 g/kg，占整个植株新梢上的叶片有机碳含量的 22.67%，其次依次为第二个新梢、第四个新梢、第一个新梢和第五个新梢上的叶片。SCCT 第三个新梢上的叶片的有机碳含量为最低，而 ILSP 第五个新梢上的叶片的有机碳含量为最低，但是 ILSP 第五个新梢上的叶片的有机碳含量仍大于 SCCT 第三个新梢上的叶片的有机碳含量。这与架式影响环境中有机碳的可利用性以及植物对有机碳的吸收和运输能力有关。

比较 10 月上旬 SCCT 和 ILSP 两种架式的爱格丽葡萄的地上部分各器官(新梢＋叶片)有机碳含量发现(表 3 - 1)，与新梢或叶片相似，除了第五个新梢＋叶片外，SCCT 的其余新梢＋叶片的有机碳含量明显低于 ILSP 新梢＋叶片的有机碳含量。SCCT 各新梢＋叶片的有机碳含量中，第五个新梢＋叶片的有机碳含量最高，为 721.50 g/kg，占整个植株新梢＋叶片有机碳含量的 24.41%，其次依次为第一个新梢＋叶片、第二个新梢＋叶片、第四个新梢＋叶片和第三个新梢＋叶片。ILSP 各新梢＋叶片的有机碳含量中，第二个新梢＋叶片的有机碳含量最高，为 717.87 g/kg，占整个植株新梢＋叶片有机碳含量的 22.01%，其次依次为第一个新梢＋叶片、第四个新梢＋叶片、第三个新梢＋叶片和第五个新梢＋叶片的有机碳含量。SCCT 第三个新梢＋叶片的有机碳含量为最低，而 ILSP 第五个新梢＋叶片的有机碳含量为最低，但是 ILSP 第五个新梢＋叶片的有机碳含量仍大于 SCCT 第三个新梢＋叶片的有机碳含量。这与架式影响环境中有机碳的可利用性以及植物对有机碳的吸收和运输能力有关。

比较 10 月上旬 SCCT 和 ILSP 两种架式的爱格丽葡萄五个新梢与叶片的有机碳含量比值发现(表 3 - 1)，除了 SCCT 的第四个和第三个新梢与叶片的有机碳含量的比值大于相应的 ILSP 新梢与叶片的有机碳含量比值外，爱格丽葡萄的 SCCT 的其余三个新梢与叶片的有机碳含量比值明显低于 ILSP 新梢的有机碳含量比值。SCCT 各新梢与叶片的有机碳含量比值中，第四个新梢与叶片的有机碳含量比值最高，为 1.35，其次依次为第三个新梢、第二个新梢、第一个新梢和第五个新梢与叶片的有机碳含量比值。ILSP 各新梢与叶片的有机碳含量比值中，第一个新梢的有机碳含量最高，为 1.11，其次依次为第二个新梢、第四个新梢、第五个新梢和第三个新梢与叶片的有机碳含量比值。SCCT 第五个新梢与叶片的有机碳含量比值为最低，而 ILSP 第三个新梢与叶片的有机碳含量比值最低，而且 SCCT 第五个新梢与叶片的有机碳含量比值仍大于 ILSP 第三个新梢与叶片的有机碳含量比值。这与架式影响环境中有机碳的可利用性以及植物对有机碳的吸收和运输能力有关。

分别比较 10 月上旬爱格丽葡萄的五个新梢或叶片在 SCCT 和 ILSP 两种架式下的有机碳含量比值发现(表 3-1)，除了第四个和第三个新梢在 SCCT 和 ILSP 两种架式下的有机碳含量比值大于相应叶片在 SCCT 和 ILSP 两种架式下的有机碳含量比值外，爱格丽葡萄的其他部位新梢在 SCCT 和 ILSP 两种架式下的有机碳含量比值小于相应叶片在 SCCT 和 ILSP 两种架式下的有机碳含量比值。不同部位新梢在 SCCT 和 ILSP 两种架式下的有机碳含量比值中，第五个新梢在 SCCT 和 ILSP 两种架式下的有机碳含量比值最高，为 1.14，其次依次为第四个新梢、第三个新梢、第一个新梢、第二个新梢在 SCCT 和 ILSP 两种架式下的有机碳含量比值。不同部位新梢对应的叶片在 SCCT 和 ILSP 两种架式下的有机碳含量比值中，第五个新梢对应的叶片在 SCCT 和 ILSP 两种架式下的有机碳含量比值最高，为 1.27，其次依次为第一个新梢、第二个新梢、第四个新梢和第三个新梢对应的叶片在 SCCT 和 ILSP 两种架式下的有机碳含量比值。第二个新梢在 SCCT 和 ILSP 两种架式下的有机碳含量比值最低，而第三个新梢对应的叶片在 SCCT 和 ILSP 两种架式下的有机碳含量比值最低，而且第二个新梢在 SCCT 和 ILSP 两种架式下的有机碳含量比值仍大于第三个新梢对应的叶片在 SCCT 和 ILSP 两种架式下的有机碳含量比值。这与架式影响环境中有机碳的可利用性以及植物对有机碳的吸收和运输能力有关。

通常，新梢与叶片的有机碳含量比值大于 1 时，表明新梢中吸收或贮存的有机碳含量大于叶片吸收或贮存的有机碳含量；值越大，新梢中吸收或贮存的有机碳含量比叶片吸收或贮存的有机碳含量多；反之亦然。新梢与叶片的有机碳含量比值小于 1 时，表明新梢中吸收或贮存的有机碳含量小于叶片吸收或贮存的有机碳含量；值越小，新梢中吸收或贮存的有机碳含量比叶片吸收或贮存的有机碳含量少；反之亦然。新梢与叶片的有机碳含量比值等于 1，新梢中吸收或贮存的有机碳含量与叶片吸收或贮存的有机碳含量相当。这个比值在植株不同生长期反映了植株不同器官对有机碳含量的吸收或贮存状况，也反映了植株所处的不同生长期及植株的成熟状况。

同理，不同处理的植株某一器官的有机碳含量比值大于 1 时，这种处理对某一器官吸收或贮存有机碳含量的能力占优势；值越大，这种处理对某一器官吸收或贮存有机碳含量的能力越优越；这种处理的某一器官吸收或贮存有机碳的含量越多；反之亦然。不同处理的植株某一器官的有机碳含量比值小于 1 时，表明这种处理对某一器官吸收或贮存有机碳含量的能力不占优势；值越小，这种处理对某一器官吸收或贮存有机碳含量的能力越不明显；这种处理的某一器官吸收或贮存有机碳的含量越少；反之亦然。不同处理的植株某一器官的有机碳含量比值等于 1 时，这种处理对某一器官吸收或贮存有机碳含量的能力相当，采用何种处理都不会影响某一器官对有机碳含量的吸收或贮存。

这个比值在植株不同生长期反映了不同处理对植株某一器官有机碳含量的吸收或贮存能力的影响,也反映了这一处理对植株在不同生长期的成熟状况的影响。

植物的形态结构和生理机制对环境的适应,能使植物最有效地利用环境资源,从而趋于最佳生长状态[23]。架式影响了植物的生长环境和生长状况,所以,影响着葡萄植株新梢和叶片有机碳含量的分配特征。SCCT 与 ILSP 两种架式的架型不同,前者的架型较矮,且主干高度极短,一条平行生长的龙干上着生的新梢垂直于龙干生长,而后者的架型较高,且主干较长,一条倾斜于地面的主干上着生的新梢在距地面 50 cm 的高度呈"V"型生长。植物器官本身的结构和功能差异影响着营养元素在植物器官中的分配。所以,两种架式的葡萄植株的新梢和叶片中,有机碳含量都是 ILSP 的最高(新梢为 365.90 g/kg,叶片为 378.27 g/kg),SCCT 的最低(新梢为 246.00 g/kg,叶片为 221.90 g/kg)。SCCT 新梢和叶片中的有机碳含量多低于 ILSP 相应的新梢和叶片中的有机碳含量。通常,植物在生长期会将大部分营养元素转移到地上部分各器官中[25],不同组织器官中的营养元素分配为叶中最大,其次为新梢[26],本研究结论与之不完全一致。叶作为光合作用的主要器官,其光合产物主要集中在叶肉细胞中,因此,葡萄叶片中的有机碳含量较高是正常的。由于本实验中的样品采于 10 月上旬,植物的生理活动主要表现贮存养分,一方面,叶片的光合产物由叶片向新梢和根系转移,叶片吸收和固定碳的能力减弱;另一方面,植物根系从土壤获得的有机碳向新梢转移,以促进新梢的木质化,导致了新梢中积累或贮存了大量的有机碳。新梢中积累或贮存的有机碳含量大于叶片中积累或贮存的有机碳含量(如 SCCT 第四枝和 ILSP 的头两枝),或者新梢中积累或贮存的有机碳含量与叶片中积累或贮存的有机碳含量持平(表 3-1)。叶片中的有机碳含量高于新梢中的有机碳含量(SCCT 第五枝与 ILSP 第三枝和第五枝),主要是由于此类叶片仍处于光合作用的高峰期,其吸收和固定碳的能力较强,同时又由于叶片不断向新梢和根系转移碳,所以,叶片中固定的有机碳和相应新梢转移的有机碳含量均高,而且叶片中固定的有机碳仍然高于叶片向相应新梢中转移的有机碳(如 SCCT 第五枝)(表 3-1),这也是同一植株不同部位新梢和相应叶片有机碳含量不一致的原因之一。

3.2 不同架式新梢和叶片有机碳的分配关系

架式引起了葡萄叶面积指数的变化,进而引起了的净光合速率、气孔导度和蒸腾速率等指标的改变[27-28],从而影响了植物对养分的运输。

本实验中,对于两种架式的新梢和叶片的有机碳含量来说,除了第五个新梢和叶片外,SCCT 其他新梢和叶片的有机碳含量均少于相应的 ILSP 新梢和叶片的有机碳含量。由于 SCCT 五个新梢直立的架式,其生长期每个新梢的叶片接受光照的面积比 ILSP 大,每个新梢的叶片接受的光照强度比 ILSP 强,所以 SCCT 的叶片比 ILSP 的叶片成熟早,SCCT 的新梢比 ILSP 木质化快,SCCT 叶片中的有机碳大部分通过新梢转移到了根系或龙干中贮存起来。SCCT 的叶片和相应的新梢有机碳含量分配较均衡;

而在生长期，ILSP 的五个新梢倾斜向上直立生长，其每个叶片接受光照的面积比 SCCT 小且不均匀，每个叶片接受的光照强度比 SCCT 弱且不一致，所以 ILSP 的叶片比 SCCT 的叶片成熟晚且不均衡，ILSP 的新梢比 SCCT 木质化慢且不协调，导致了 ILSP 的叶片和相应的新梢有机碳含量分配不均衡。同时，由于 ILSP 的叶片成熟较晚，此时其吸收和固定有机碳的能力仍较强，所以，其叶片的有机碳含量比 SCCT 丰富，其叶片运输或转移到相应新梢上的有机碳含量也比 SCCT 丰富。因此，ILSP 新梢和叶片内的有机碳含量比 SCCT 相应新梢和叶片内的有机碳含量多，且 ILSP 新梢和叶片内的有机碳含量分配不均衡。

活有机体的元素组成相对比较稳定，与植物细胞自身的缓冲性有关[29]。所以，不同架式的同一植物体内生长期碳元素含量之间存在相对稳定的比值关系，不同架式的新梢和叶片碳元素间比例关系的变化可以反映植物体生长的状况，进一步反映植物体不同器官的营养状况和碳元素分配供应情况。两种架式葡萄的生长环境（主要是水分供应、光照和温度）的差异影响营养元素碳的可利用性[30]以及植物对养分的吸收[31]和运输，进而导致不同架式不同器官间碳碳比的差异。不同生长时期，植物各器官碳碳比的变化均具有时间性。在生长末期，植物不同部位的叶片光合作用发生了变化，植物下部的叶片因为过早衰败而导致了光合作用效率降低，上部叶片因为生长较旺盛，光合速率较高而具有较高的有机碳含量，中部叶片因为光合产物有机碳含量不但供给自己进行生理活动的需要，还要向植株其他部位输送，所以其有机碳含量最低（表 3－1）。这与不同时期各器官对碳在各器官的转移和分配状况有关[32-33]。生长末期，从基部开始，ILSP 新梢与叶片的碳碳比总体上呈现下降趋势，而 SCCT 新梢与叶片的碳碳比总体上呈现上升趋势，但是第五个新梢与叶片的碳碳比降低了，这与架式的变化有关。

10 月上旬爱格丽葡萄两种架式不同器官的有机碳含量平均值见表 3－1。两种架式的葡萄新梢和叶片的有机碳都表现为新梢大于叶片，这是植物对养分的一种分配策略。在本实验中，第一至第四个新梢的有机碳含量大于相应叶片的有机碳含量。叶片作为植物同化作用的主要器官，新陈代谢旺盛，植物将养分更多输送到叶片中，以满足快速生长的需求[34]。但是在采收后、生长末期或者在新梢木质化过程中，叶片中同化的有机碳不断向新梢转移，促进新梢的木质化和成熟，直至新梢和叶片中的有机碳含量达到平衡。第一至第四个新梢和叶片的碳碳比大于 1（除了 ILSP 的第三个新梢和叶片的碳碳比小于 1），而第五个新梢和叶片的碳碳比小于 1。等于 1，新梢和叶片中的有机碳含量达到平衡；大于 1，表明叶片向新梢转移的有机碳含量超过了叶片自身固定的有机碳含量，或处于成熟期，新梢成熟较好，而且，值越大，新梢成熟度越好；小于 1，表明叶片向新梢转移的有机碳含量低于叶片自身固定的有机碳含量，新梢还未成熟，处于生长期，而且，值越小，新梢成熟度越差。通过这种方式，也可以间接判断植株或新梢的生长阶段，或者同一植株不同部位新梢或叶片的生长状况，有利于对植株采取正确的管理措施。SCCT 第三和第四个新梢和叶片的碳碳比高于 ILSP 新梢和叶片的碳碳比，而 SCCT 第一、第二和第五新梢和叶片的碳碳比低于 ILSP 新梢和叶片的碳碳比，表明 SCCT 第三和第四个新梢和叶片的成熟比 ILSP 的好，SCCT 第一、第二和第五个新梢和叶片的成熟没有 ILSP 的好，但是第五个新梢和叶片的碳碳比小于 1，表明其成熟度最差。按照新梢和叶片碳碳比的大小，可以将 SCCT 五个新梢的成熟程度排列为：第四、第三、第二、第一和第五个新梢，其碳碳比的变化围在 0.90～1.35，反映了 SCCT 的同一个植株的五个新梢的成熟程度；ILSP 五个新梢的成熟程度排列为：第一、第二、第四、第五和第三个新梢，其碳碳比的变化围在 0.70～1.11，反映了 ILSP 的同一个植株的五个新梢的成熟程度。同理，按照 SCCT 和 ILSP 新梢的有机碳之比，可以将五个新梢的成熟程度排列为：第五、第四、第三、第一和第二个新梢，其碳碳比的变化围在 0.80～1.14，反映了 SCCT 的五个新梢分别比 ILSP 相应的五个新梢的成熟程度；按照 SCCT 和 ILSP 新梢上的叶片的有机碳之比，可以将五个新梢上的叶片的成熟程度排列为：第五、第一、第二、第四和第三个新梢上的叶片，其碳碳比的变化围在 0.59～1.27，反映了 SCCT 的五个新梢上的叶片分别比 ILSP 相应的五个新梢上的叶片的成熟程度。综合分析，每个架式的葡萄树留 4 个新梢较为合适。

碳是植物体中含量最高的元素之一，它源于植物通过光合作用固定大气中的二氧化碳，并以有机物形式作为能量贮存起来。植物体的碳含量平均为 45%左右，主要以糖类、氨基酸、蛋白质、脂肪等有机物的形式存在，植物碳含量高低受品种、器官、生长期以及生境条件等因素的影响，探讨葡萄生长过程中碳含量的动态变化可为全面了解有机物在葡萄中的转运和分配提供科学借鉴，这对维持葡萄植株不同器官的碳平衡、推动葡萄植株不同器官间的物质循环和能量流动至关重要。

碳是植物体的基本框架元素，葡萄成熟过程中积累的碳在各个器官的转运与分配对葡萄新梢和叶片的成熟影响很大。本实验对葡萄不同器官有机碳含量的初步研究表明，碳在葡萄植株不同器官中的分配受架式和物候期的影响。葡萄地上部分不同器官积累有机碳的能力存在差异，这主要与架式导致的葡萄不同器官的功能差异有关。葡萄主要的光合器官是叶片，葡萄叶片光合同化的有机碳通过碳代谢和转运过程分配到各个器官。在葡萄叶片自然衰老和新梢自然休眠或木质化过程中，由于其生理功能衰退，叶片中的有机碳输出，必然造成叶片中有机碳含量的下降，所以，造成了同一植株不同部位有机碳含量的差异，这与 Yang et al.[34] 和 Lin et al.[35] 对水稻叶片的研究得到的结论一致。架式引起了葡萄植株结构的差异，必然导致葡萄植株不同部位叶片光照的差异，进而引起叶片光合有机碳分配的差异及叶片自然衰老程度的差异。光照充分，叶片成熟快且早，反之亦然。这与物候期也有关系。所以，本实验中，SCCT 叶片中的有机碳含量比 ILSP 叶片中的少。新梢中也得到了相似的结果，主要是 SCCT 新梢中的有机碳较快转移到了根部贮存起来。但是，SCCT 第五个新梢的叶片中的有机碳含量比 ILSP 的多，主要是由于第五个新梢距离根部太远，叶片同化碳合成、积累、运输和分配较慢，进而导致了 SCCT 相应新梢的有机碳含量比 ILSP 的多。所以，架式及架式引起的光照变化影响了葡萄新梢和叶片的有机碳运输与分配，这与 Lin et al.[35] 在不同水稻品种上的研究结论一致。进一步的研究应在架式引起的物候期变化，或者在不同的物候期，架式对葡萄植株不同部位有机碳的影响。

因此，两种架式的葡萄新梢和叶片的有机碳含量存在着显著的架式和器官间差异。10 月上旬，ILSP 的第一、第二、第三和第四个新梢和叶片的有机碳含量均分别大于 SCCT 新梢和叶片的有机碳含量，而 ILSP 的第五个新梢和叶片的有机碳含量分别小于 SCCT 新梢和叶片的有机碳含量。但是 SCCT 第一、第二、第三和第四个新梢成熟较好，而 ILSP 第一、第二和第四个新梢成熟较好。总体上，ILSP 新梢和叶片积累的有机碳含量高于 SCCT 新梢和叶片积累的有机碳含量，但是 SCCT 新梢的成熟度比 ILSP 好，这与两种架式对葡萄生长环境的影响有关。

参考文献

[1] Dannenberg S, Conrad R. Effect of rice plants on methane production and rhizospheric metabolism in paddy soil[J]. *Biogeochemistry*, 1999,45(1): 53-71.

[2] Black T A, Chen J M, Lee X, Sagar R M. Characteristics of shortwave and longwave irradiances under a Douglas-fir forest stand[J]. *Canadian Journal of Forest Research*, 1991,21(7): 1020-1028.

[3] Chen J M, Leblanc S G, Miller J R, Freemantle J, Loechel S E, Walthall C L, White H P. Compact airborne spectrographic imager (CASI) used for mapping biophysical parameters of boreal forests[J]. *Journal of Geophysical Research: Atmospheres*, 1999,104(D22): 27945-27958.

[4] Friedl M A, McIver D K, Hodges J C, Zhang X Y, Muchoney D, Strahler A H, Schaaf C. Global land cover mapping from MODIS: algorithms and early results[J]. *Remote Sensing of Environment*, 2002,83(1): 287-302.

[5] Han W, Fang J, Guo D, Zhang Y. Leaf nitrogen and phosphorus stoichiometry across terrestrial plant species in China[J]. *New Phytologist*, 2005,168(2): 377-385.

[6] 任书杰，于贵瑞，陶波，王绍强. 中国东部南北样带654种植物叶片氮和磷的化学计量学特征研究[J]. 环境科学，2007,28(12): 2665-2673.

[7] 刘大勇，陈平，范志平，于占源. 氮、磷添加对半干旱沙质草地植被养分动态的影响[J]. 生态学杂志，2006,6: 612-616.

[8] 林瑞余，蔡碧琼，柯庆明，蔡向阳，林文雄. 不同水稻品种产量形成过程的固碳特性研究[J]. 中国农业科学，2006,12: 2441-2448.

[9] 展茗. 不同稻作模式稻田碳固定、碳排放和土壤有机碳变化机制研究[D]. 武昌：华中农业大学，2009.

[10] 吴志丹，王义祥，翁伯琦，蔡子坚，温寿星. 福州地区7年生柑橘果园生态系统的碳氮储量[J]. 福建农林大学学报(自然科学版)，2008,37(3): 316-311.

[11] 王月. CO_2浓度升高对不同供磷番茄根系生长和根系分泌物的影响[D]. 杭州：浙江大学，2008.

[12] 刘雪云，周志宇，郭霞，王瑞，梁坤伦. 紫穗槐植株的养分含量及分布特征[J]. 草业学报，2012,5: 264-273.

[13] Grossman Y L, DeJong T M. Training and pruning system effects on vegetative growth potential, light interception, and cropping efficiency in peach trees[J]. *Journal of the American Society for Horticultural Science*, 1998,123(6): 1058-1064.

[14] Robertson G P, Paul E A, Harwood R R. Greenhouse gases in intensive agriculture: contributions of individual gases to the radiative forcing of the atmosphere[J]. *Science*, 2000, 289(5486): 1922-1925.

[15] Janssens I A, Freibauer A, Ciais P, Smith P, Nabuurs G J, Folberth G, Dolman A J. Europe's terrestrial biosphere absorbs 7 to 12% of European anthropogenic CO_2 emissions[J]. *Science*, 2003,300(5625): 1538-1542.

[16] Proctor J T A, Watson R L, Landsberg J J. The carbon budget of a young apple tree[J].

Journal of the American Society for Horticultural Science, 1976,101: 579 - 582.

[17] Ebert G, Lenz F. Annual course of root respiration of apple trees and its contribution to the CO_2-balance[J]. *Gartenbauwissenschaft*, 1991,56: 130 - 133.

[18] Wibbe M L, Blanke M M, Lenz F. Effect of fruiting on carbon budgets of apple tree canopies [J]. *Trees*, 1993,8(1): 56 - 60.

[19] Blanke M M. Contribution of soil respiration to the carbon balance of an apple orchard[J]. In VI International Symposium on Integrated Canopy, Rootstock, Environmental Physiology in Orchard Systems, 1996,451: 337 - 344.

[20] Sekikawa S, Kibe T, Koizumi H, Mariko S. Soil carbon budget in peach orchard ecosystem in Japan[J]. *Environmental Science*, 2003,16(2): 97 - 104.

[21] Sofo A, Nuzzo V, Palese A M, Xiloyannis C, Celano G, Zukowskyj P, Dichio B. Net CO_2 storage in mediterranean olive and peach orchards[J]. *Scientia horticulturae*, 2005,107(1): 17 - 24.

[22] 那守海，郝铁钢，阎秀峰. 供氮水平对落叶松根系碳、氮积累与分配的影响[J]. 东北林业大学学报，2007,11：17 - 19+22.

[23] Pessarakli M. Handbook of photosynthesis [M]. 2nd (Ed). London: CRC Press, 2005, 169 -451.

[24] 管东生，罗琳. 海南热带植物叶片化学元素含量特征[J]. 林业科学，2003,39(2)：28 - 32.

[25] 莫江明，张德强，黄忠良，余清发，孔国辉. 鼎湖山南亚热带常绿阔叶林植物营养元素含量分配格局研究[J]. 热带亚热带植物学报，2000,3：198 - 206.

[26] 张大鹏，娄成后. 北京地区葡萄三种主要栽培方式的叶幕微气候和植物水分关系的研究[J]. 中国农业科学，1990,23(02)：73 - 82.

[27] Iacono F, Sommer K J. Photoinhibition of photosynthesis and photorespiration in *Vitis vinifera* under field conditions-effects of light climate and leaf position[J]. *Australian Journal of Grape and Wine Research*, 1996,2(1): 1 - 11.

[28] 曾德慧，陈广生. 生态化学计量学：复杂生命系统奥妙的探索[J]. 植物生态学报，2005,29(6)：1007 - 1019.

[29] 杨继松，刘景双，于君宝，王金达，李新华，孙志高. 三江平原沼泽湿地枯落物分解及其营养动态[J].生态学报，2006,26(5)：1297 - 1302.

[30] Rubio G, Lavado R S. Acquisition and allocation of resources in two waterlogging-tolerant grasses[J]. *New Phytologist*, 1999,143(3): 539 - 546.

[31] 孙志高，刘景双，王金达，秦胜金. 三江平原不同群落小叶章种群生物量及氮、磷营养结构动态[J]. 应用生态学报，2006,2：221 - 228.

[32] 孙志高，刘景双，于君宝. 三江平原不同群落小叶章氮素的累积与分配[J]. 应用生态学报，2009,2：277 - 284.

[33] 郑淑霞，上官周平. 黄土高原地区植物叶片养分组成的空间分布格局[J]. 自然科学进展，2006,16(8)：965 - 973.

[34] Yang J C, Zhang J H, Wang Z Q, Zhu Q S, Wang W. Remobilization of carbon reserves in response to water deficit during grain filling of rice[J]. *Field Crops Research*, 2001,71(1): 47 - 55.

[35] Lin X Q, Wang Y F, Zhu D F, Luo Y K. The no-structural carbohydrate of stem and sheath in relation to panicle characteristics in rice[J]. *Chinese Journal of Rice Science*, 2001,15(2): 155 -157.

第四章　新梢韧皮部汁液的分配和贮存

第一节　概　　述

光合同化物的运输和分配是决定植物产量和品质的重要因素，因而一直是植物生理学研究的焦点。在光合产物从叶片运输到果实的过程中，韧皮部后运输是糖运输途径中的限速阶段。Ruan and Patrick[1]研究发现，果实含糖量差异不是由叶片输出糖的速率（或总量）决定，而是由果实自身（品种果实特有的己糖运输能力）决定，高含糖量品种果实中的己糖运输载体的跨膜运输能力远高于低糖品种的，这表明果实中糖载体的跨膜运输能力是决定果实含糖量高低的重要因素之一，但是这些也影响着糖分在不同器官的分配和贮存。

在大多数情况下，任何一种植物光合作用的最初产物磷酸丙糖会经过一系列反应生成各种碳同化物。所以，碳在绝大多数植物体内的同化、分配过程和分配格局与碳在植物体内的运输有关[2]。韧皮部是植物同化产物输出的主要途径，负责植物体内糖等有机养料向库器官的运输[3]。因此，在植物体内，韧皮部是输送有机物的重要组织。

韧皮部的长距离运输是在筛管中进行的，可以双向运输，运输方向取决于不同器官或组织对养分的需求。在韧皮部汁液中，占韧皮部汁液 10%～50%的矿质养分是筛管中溶质流动的主要驱动力。其中韧皮部里钾的浓度常可达 50～150 mmol/L，如此高浓度的钾就保证了光合产物（如蔗糖）从库向源（包括根系）的顺利运输。

经韧皮部运输到根中的矿质养分，除了向根系提供地上部分的同化产物外，在特定条件下还提供了地上部分对养分需求的信息，作为重要的反馈调节信号来调节根系对相应矿质养分的吸收速率。当植物地上部对养分的需求量增大时，经韧皮部向根系循环的相应养分浓度下降，作为反馈信号促进了根系对离子的吸收速率。同样，当地上部养分需求量减小时，韧皮部中循环的养分浓度升高，则抑制了根系对相应离子的吸收。

韧皮部运输与木质部运输息息相关。木质部的主要作用是向上运输水和无机盐，而韧皮部是向下运输光合作用产生的有机物。Fujimaki et al.[4]研究表明，Cd 从根转运到籽粒的过程中，木质部到韧皮部转运中的节点是关键位置。Hart et al.[5]用^{109}Cd 同位素标记研究了硬粒小麦 Cd 的吸收与运转，发现 Cd 主要通过韧皮部运输进入籽粒，籽粒中 Cd 含量取决于 Cd 在韧皮部内的移动性以及木质部向韧皮部的再转移能力。茎环割、环境湿度等对大麦籽粒 Cd 含量影响的研究表明，茎环割阻碍韧皮部运输。同时，高湿显著降低了大麦籽粒 Cd 含量。由此推断，Cd 主要通过木质部运输到大麦穗部，并辅以韧皮部运输。

Zn 被根吸收并通过根表皮层进入导管后，随蒸腾流沿木质部迅速向地上部转移[6]。Zn 沿木质部向上运输的同时，也存在向韧皮部的横向运输。木质部运输以及由木质部向韧皮部的转移是决定籽粒中 Zn 浓度的主要因素，这一过程受到众多因素的影响[7]。较高的环境湿度会降低植株的蒸腾强度，从而减弱木质部运输，以及木质部向韧皮部的转移能力。同时，水分蒸发的减弱也会降低韧皮部的运输能力，从而降低 Zn 在籽粒中的浓度。Pearson et al.[7]利用穗培实验证实高湿减少了 Zn 向穗部的转移。架式能够调节这些因素的变化。在木薯中，蔗糖通过韧皮部从叶片长途运输到达块根韧皮部，进而卸载至木质部中贮藏起来，在细胞中再进一步分解、利用、合成淀粉，从而制约着光合产物向块根的分配，直接影响了产量和品质。由此可见，在这个整体中，叶片光合同化物蔗糖在块根韧皮部及木质部库器官中的代谢转化是调节块根产量和品质的关键因素之一。

不同的架式会使植株的结构发生变化，进而引起植株不同部位韧皮部结构的变化。因此，阐明葡萄韧皮部汁液的运输机理有助于改进栽培措施，调节和改造养分的积累过程。生长过程中新梢内韧皮部汁液的变化是阐明同化物卸出途径的基础。

第二节　韧皮部

2.1　韧皮部汁液的收集及计算

葡萄树的架式同第一章(图 1-1 和图 1-2)。

韧皮部汁液的收集:参照 King and Zeevaart[8]的方法,略作修改。准备 30 个刻度试管。晴天的上午 8:00～10:00,在事先选取好(挂牌)的葡萄树上,从果穗以上第一个节点以上 2 cm 左右剪取新梢,用去离子水洗净茎切口并用脱脂棉吸干表面水分,将其插入装有 15 mL 25 mmol/L 的 EDTA-Na_2溶液的 25 mL 刻度试管中(每个试管插一个新梢,8 月份生长旺盛期将 EDTA-Na_2 体积增加到 25 mL),放置于遮光密室中保存 24 h,称量。计算单位时间葡萄韧皮部渗出养分的量。重复 3 次。

计算:

$$V=\frac{(V_1-V_2)-(V_3-V_2)}{24}$$

V——单位时间葡萄韧皮部渗出养分量,g/h;

V_1——装有 15 mL 或 25 mL EDTA-Na_2溶液后的刻度试管质量,g;

V_2——空刻度试管质量,g;

V_3——培养 24 h 后刻度试管质量,g;

24——培养时间,h。

2.2　新梢韧皮部的透射电镜制样步骤

前固定:植物组织用 4%的戊二醛固定,固定时间长于 6 h;

漂洗:用 0.1M/L,pH6.8 的磷酸缓冲液(PBS)进行冲洗,5 min、10 min、15 min、20 min、25 min、30 min 各冲洗一次;

后固定:用 1%锇酸固定 2 h(需放入 4 ℃冰箱中);

漂洗:重复步骤 2;

脱水:用 30%、50%的乙醇各脱一次,每次 15 min,之后放在 70%的乙醇中过夜,再用 80%、90%的乙醇各脱一次,每次 20 min,然后用 100%的乙醇脱水两次,每次 30 min,最后用 100%的丙酮脱水两次,每次 30 min;

渗透:胶∶丙酮=1∶3,渗透2 h;胶∶丙酮=1∶1,渗透5 h;胶∶丙酮=3∶1,渗透12 h(即封上封口膜放入摇床过夜);然后,再用纯胶渗透两次,每次24 h;

包埋:放入30 ℃的烘箱进行烘干;

调换温度:将温度由30 ℃调换成60 ℃再烘24 h;

抠出胶粒,样品制备完毕。上透射电镜观察。

合阳当年的降雨情况如表4-1(数据来源于葡萄园的气象站)。

表4-1　2012年合阳产区降雨时间及降雨量

采样日期(月～日)	降雨时间(月.日,时:分钟～时:分钟)	降雨量(mm)
6～17		0
7～21	7.21,16:00～17:00	1.15
8～8	8.5,5:00～7:00	0.1
	10:00～10:30	0.1
	14:30～15:30	9.0
8～15	8.13,13:30～15:00	1.0
8～25	8.17-23:00-8.18-12:00	7.8～0.1
	8.19,10:30～17:30	0.7
9～4	8.31,4:30～14:30,16:30～17:00,22:30～0:30	0.1
	9.1,4:30～9:00	0.5
	10:00～22:30	0.6
	9.2,0:00～0:30	0.15
9～24	9.20,16:30～04:30	0.3
	9.22,00:00～04:00	0.1
11～4	11.3,1:30～6:00	0.4

注:7.21,16:00～17:00指7月21日16:00至17:00,下同。

第三节 养分分配

3.1 幼果期不同架式的爱格丽新梢韧皮部汁液含量和分配

6 月 17 日,不同架式对爱格丽新梢韧皮部汁液含量和分配存在显著的差异(图 4-1)。

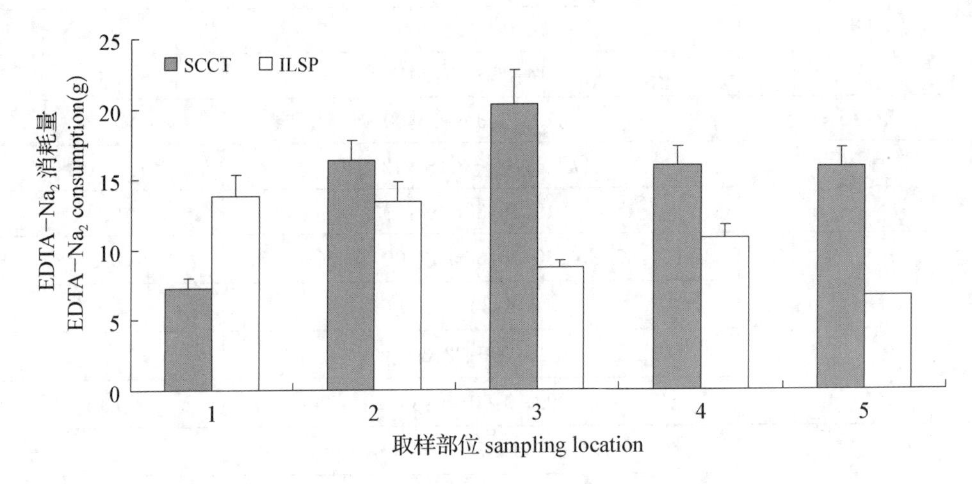

图 4-1 6 月 17 日架式对同一植株不同部位新梢物质运输的影响

注:横坐标 1、2、3、4 和 5 分别表示从基部开始的结果枝位置,下同。

不同新梢中韧皮部汁液的含量不同,刚达到成熟阶段的正常发育叶片,是树体同化代谢功能最活跃的部位。SCCT 第一个新梢的 EDTA-Na_2 消耗量低,表明第一个新梢韧皮部的汁液少。由于 6 月 17 日正值幼果膨大期,果实需养量不断增加;此时无降雨,干旱胁迫较为严重,蒸腾作用强烈,水分损失较多,叶片光合作用受阻。第一个新梢的果实吸收的养分多,生长较快,而光合作用的同化物大部分供给果实生长,新梢韧皮部保存少,导致新梢韧皮部汁液的 EDTA-Na_2 消耗速率下降。另外,由于 SCCT 的主干较短,龙干平行生长,且每个新梢均垂直龙干生长,重力对新梢养分运输的影响一致。所以,从根系向新梢运输的养分(主要是矿物质)除了供应给果实外,其余大部分均匀供给新梢生长;而 ILSP 主干较长(50 cm 左右),倾斜向上生长,且其上每个新梢均阶梯式向上生长。因此,从根系向新梢运输的养分(主要是矿物质)除了供应给果实外,其余一部分被主干吸收,另一部分阶梯式供给新梢生长,由于重力和运输距离的影响,离根系越近的新梢，吸收的养分越多，离根系越远的新梢，吸收的养分越少。所以，ILSP 新梢的 EDTA-Na_2消耗量从基部开始呈下降趋势，且比 SCCT 新梢的 EDTA-Na_2消耗量少。在干旱胁迫条件下，这种现象更明显。

3.2　转色前期不同架式的爱格丽新梢韧皮部汁液含量和分配

7 月 21 日，架式对爱格丽新梢韧皮部汁液含量和分配存在显著的差异(图 4－2)。

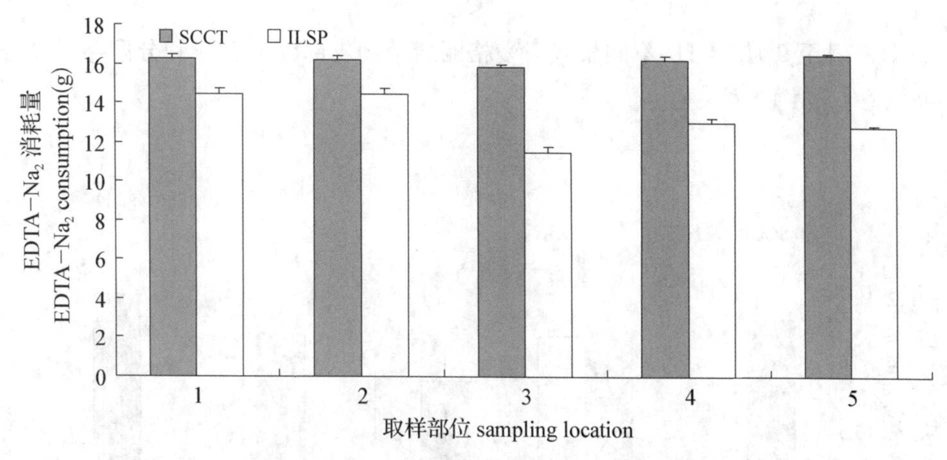

图 4－2　7 月 21 日架式对同一植株不同部位新梢物质运输的影响

如图所示，7 月 21 日 SCCT 各个新梢韧皮部汁液 EDTA-Na_2消耗量基本一致，而 ILSP 各个新梢韧皮部汁液 EDTA-Na_2消耗量呈轻微下降趋势，且第三个新梢韧皮部汁液 EDTA-Na_2消耗量下降较明显。不同新梢中 EDTA-Na_2消耗量不同，这与架式导致的树形结构的变化有关。植物的形态结构和生理机制对环境的适应，能使植物最有效地利用环境资源，从而趋于最佳生长状态[9]。SCCT 各个新梢韧皮部汁液 EDTA-Na_2消耗量基本一致，因为光合作用是植物生长发育、产量与品质形成的基础[10-11]。所以幼果膨大期结束后，SCCT 各个结果枝果实的需养量降低，从叶片供给各个新梢的果实生长的光合同化物的量降低并趋于一致。同时，从根系供给各个新梢生长的果实生长的矿质元素也趋于一致，即两者同时供给果实生长的光合同化物和矿质元素的比例趋于一致，进而分配到新梢的营养物质趋于一致。所以，此时的营养物质主要用于新梢生长，另外，由于 SCCT 各个新梢的取样位置在同一高度，分配到各个新梢的养分趋于一致，所以导致各个新梢中 EDTA-Na_2消耗量降低且趋于一致。这也与各个新梢叶片本身的生长代谢状况和节尖长度有关。而对 ILSP 而言，在幼果膨大期结束后，与 SCCT 相似，各个结果枝果实的需养量趋于一致，根系和新梢向果实输送的养分趋于一致；由于 ILSP 较长的倾斜主干(50 cm 左右)延长了养分的运输距离，离根系越近的新梢，吸收的养分越多，离根系越远的新梢，吸收的养分越少，所以，ILSP 各个新梢的 EDTA-Na_2消耗量从基部开始呈下降趋势，又由于干旱胁迫的影响，ILSP 各个新梢的 EDTA-Na_2消耗量低于 SCCT 相应各个新梢的 EDTA-Na_2消耗量。至于第三个新梢的 EDTA-Na_2消耗量最低，是与这个新梢的叶片本身的生长代谢状况有关，或者受“V”型叶幕隐蔽的影响。第四和第五个新梢的 EDTA-Na_2消耗量呈现上升趋势，主要是受光合作用的影响，但是最终低于第一和第二个新梢的影响。

3.3 成熟期不同架式的爱格丽新梢韧皮部汁液含量和分配

8 月 8 日至 9 月 24 日，不同架式对爱格丽新梢韧皮部汁液含量和分配存在显著的影响(图 4－3 至 4－7)。

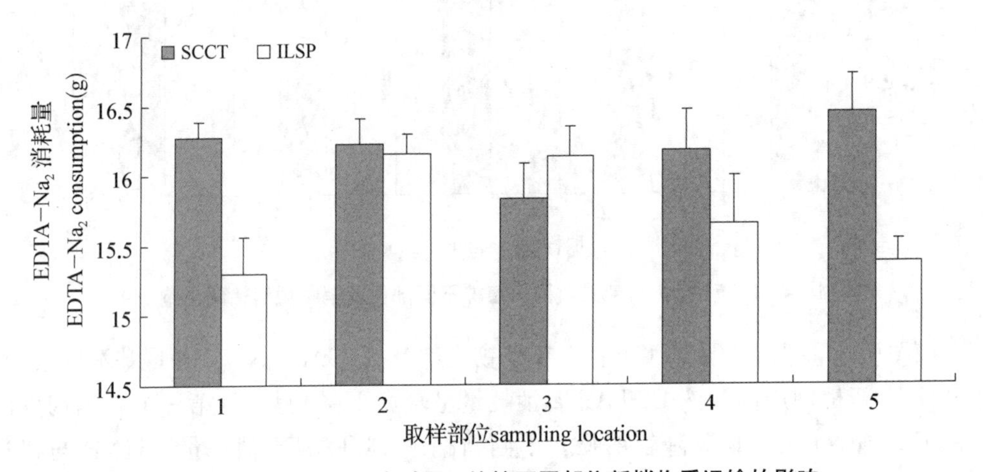

图 4－3 8 月 8 日架式对同一植株不同部位新梢物质运输的影响

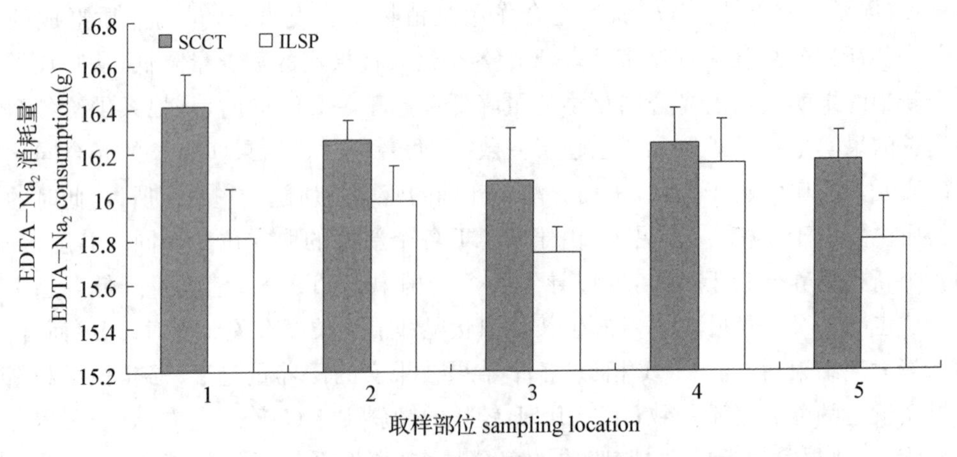

图 4－4 8 月 15 日架式对同一植株不同部位新梢物质运输的影响

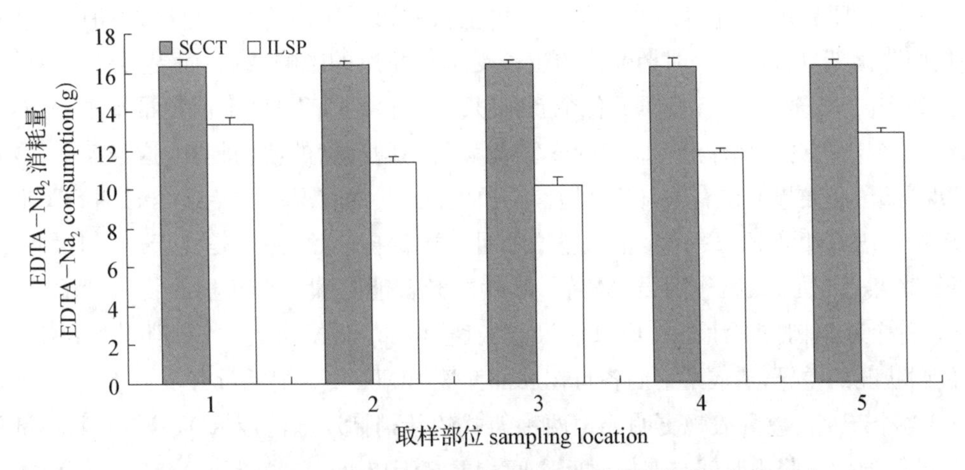

图 4－5　8 月 25 日架式对同一植株不同部位新梢物质运输的影响

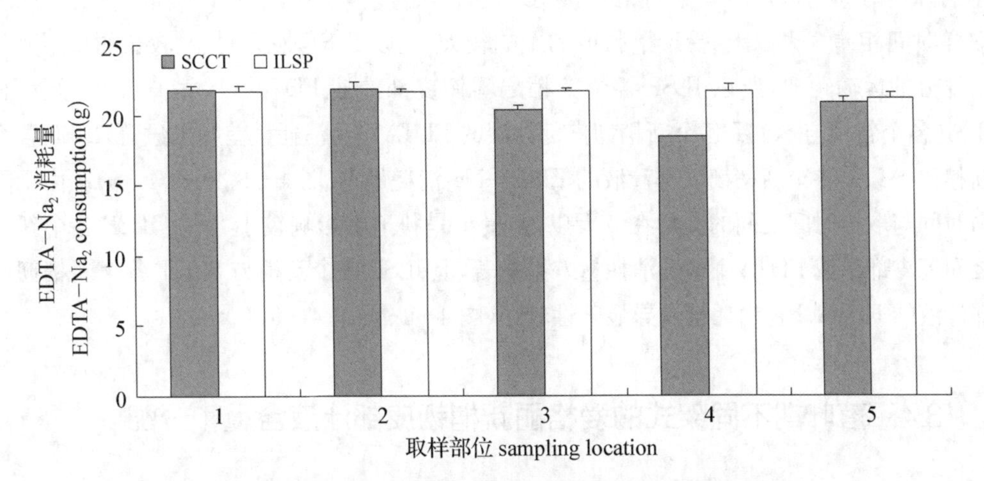

图 4－6　9 月 4 日架式对同一植株不同部位新梢物质运输的影响

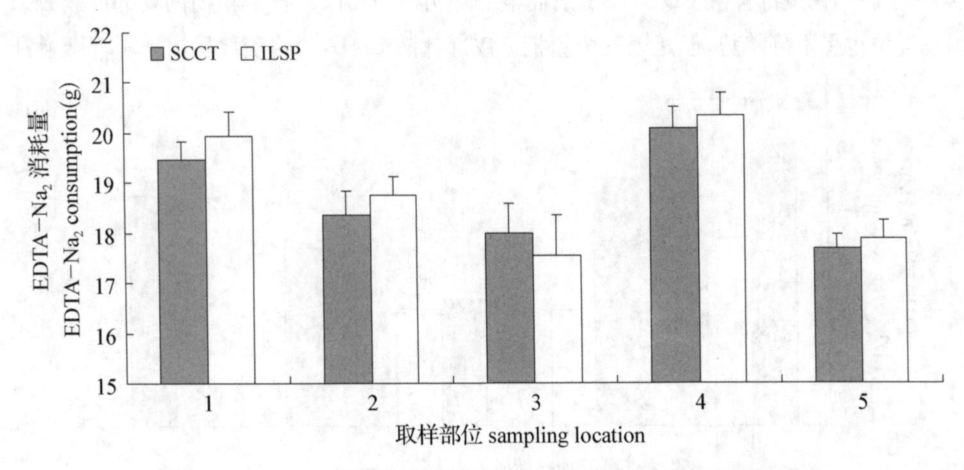

图 4－7　9 月 24 日架式对同一植株不同部位新梢物质运输的影响

8月8日至9月24日是葡萄及其植株生长的第二个高峰期。这个时期恰逢合阳的集中降雨期，所以，这个时期葡萄的生长受干旱胁迫的影响减弱，而受架式的影响明显。如图4-3至图4-7，SCCT各个新梢韧皮部汁液EDTA-Na_2消耗量基本一致，而ILSP各个新梢韧皮部汁液EDTA-Na_2消耗量有不同程度的波动趋势，这与架式、取样（截取）部位和结果部位有关，也与叶片本身的生长代谢状况有关。这个时期SCCT各个新梢韧皮部汁液EDTA-Na_2消耗量增加且基本保持一致，主要是由于这个时期降雨充足，光照也充足，蒸腾作用强，提高了叶片的光合能力和各个新梢的物质运输能力。所以，各个新梢韧皮部汁液的EDTA-Na_2消耗量增加。尽管如此，各新梢叶片本身的生长代谢状况的差异，造成了它们各自韧皮部汁液EDTA-Na_2消耗量有个别差异，尤其是ILSP各个新梢的差异表现更明显。两种架式的新梢韧皮部汁液EDTA-Na_2消耗量差异显著的原因是降雨时间与取样时间之间相差3天以上（图4-1、4-4、4-5），而差异小的降雨时间与取样时间之间相差3天以内（图4-1、4-3、4-6、4-7）。降雨时间与取样时间相差3天以上，受干旱胁迫的影响较大，尤以ILSP最为明显，较长的主干延长了养分的运输距离，所以ILSP各个新梢之间韧皮部汁液EDTA-Na_2消耗量差异显著，ILSP各个新梢与SCCT各个新梢韧皮部汁液的EDTA-Na_2消耗量差异也显著，ILSP各个新梢比SCCT各个新梢韧皮部汁液的EDTA-Na_2消耗量少（图4-1、4-4、4-5）。由于降雨时间与取样时间之间的差异在3天以内，受干旱胁迫的影响较小，所以ILSP各个新梢之间韧皮部汁液EDTA-Na_2的消耗量差异显著，但ILSP各个新梢与SCCT各个新梢韧皮部汁液的EDTA-Na_2消耗量差异显著性较小（图4-1、4-3、4-6、4-7）。

3.4 落叶期不同架式的爱格丽新梢韧皮部汁液含量和分配

如图4-8所示，11月4日，SCCT各个新梢韧皮部汁液EDTA-Na_2消耗量呈下降趋势，但第三个新梢韧皮部汁液EDTA-Na_2消耗量下降明显，而ILSP各个新梢韧皮部汁液EDTA-Na_2消耗量也呈下降趋势，但是第三个新梢韧皮部汁液EDTA-Na_2消耗量出现了轻微上升。

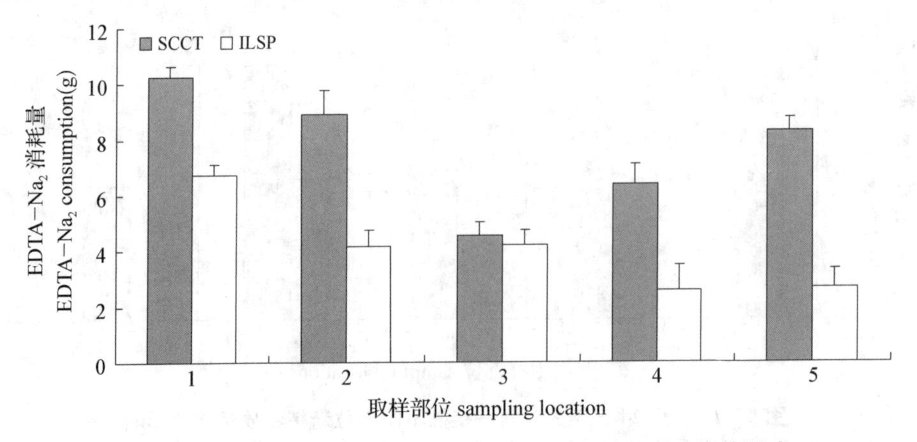

图4-8 11月4日架式对同一植株不同部位新梢物质运输的影响

SCCT 第三个新梢韧皮部汁液的 EDTA-Na_2消耗量明显下降，主要是前期(6 月 17 日)SCCT 第三个新梢生长旺盛，韧皮部汁液的 EDTA-Na_2消耗量明显最高，生理活动(光合作用)旺盛，导致冬剪前(11 月 4 日)第三个新梢成熟最好，叶片光合生理降低，韧皮部运输能力减弱，EDTA-Na_2消耗量也随之降低。所以，葡萄前期的生长状况决定了后期的生长结果。ILSP 第三个新梢韧皮部汁液的 EDTA-Na_2消耗量最高，主要是整个生长期第三个新梢韧皮部汁液的 EDTA-Na_2消耗量较低，叶片光合生理较低，导致冬剪前(11 月 4 日)第三个新梢成熟最差，叶片光合生理仍较强，还处于生长最旺盛的时期，所以这个时期，第三个新梢韧皮部汁液的 EDTA-Na_2消耗量仍较高。这与架式和取样(截取)部位和结果部位也有关，需要进一步的研究。尽管这个时期新梢受干旱胁迫的影响严重，但是已经到了生理衰弱期，所以，干旱胁迫已经对其不构成影响了。换句话说，干旱胁迫只有在植物生长的旺盛期，生理活动较强的时期才起作用。对于进入休眠期的植物来说，其生理活动已经基本停止，不再受外界因素的影响。

另外，相对于前几个时期的新梢韧皮部汁液的 EDTA-Na_2消耗量，这个时期各个新梢韧皮部汁液 EDTA-Na_2消耗量最低，表明新梢的生理活动(光合作用)随着季节在减弱，新梢进入了成熟期和休眠期，有利于新梢的木质化和贮存养分。从图 4－8 可以看出，尽管进入成熟期，SCCT 各个新梢韧皮部汁液 EDTA-Na_2消耗量仍然高于 ILSP 各个新梢韧皮部汁液 EDTA-Na_2消耗量，表明这个时期 SCCT 的光合同化物仍比 ILSP 的多。因为在这个时期，根系通过木质部向新梢运输矿质元素极少，只有叶片通过韧皮部向新梢和根系输送光合同化物，这有利于新梢和根系贮存更多的养分，有利于新梢的越冬和保证下一年的葡萄产量和品质。

3.5　不同架式的爱格丽新梢韧皮部汁液的变化情况

架式对新梢韧皮部汁液含量的影响十分显著。图 4－9 展示的是幼果膨大期开始的整个生长期新梢韧皮部汁液含量的变化情况。

8 月 15 日之前，新梢的韧皮部汁液 EDTA-Na_2的消耗量缓慢上升，SCCT 新梢的韧皮部汁液 EDTA-Na_2消耗量比 ILSP 的多，并且两者的差值不断缩小，主要是因为两种架式受高温胁迫的影响不同。长期的高温胁迫导致光合速率和蒸腾速率的降低。所以，尽管 EDTA-Na_2的消耗量在上升，但是上升缓慢。SCCT 受高温胁迫的影响较小，而 ILSP 受高温胁迫的影响较大，所以，SCCT 新梢的韧皮部汁液的 EDTA-Na_2消耗量比 ILSP 多，SCCT 物质运输能力受高温胁迫的影响小。8 月 15 日至 9 月 4 日，新梢韧皮部汁液的 EDTA-Na_2的消耗量先突然下降再加速上升，并最终达到最大。这种大幅度的下降与叶片光合速率与蒸腾速率的迅速下降密切相关。这段时间主要以阴雨天气为主，较高的环境湿度减弱了光照强度，导致了光合速率和蒸腾速率的大幅度降低，减弱了木质部运输以及木质部汁液向韧皮部的转移能力，同时也降低了韧皮部的运输能力及韧皮部汁液的 EDTA-Na_2消耗量在植株不同部位的分配。这与 Pearson et

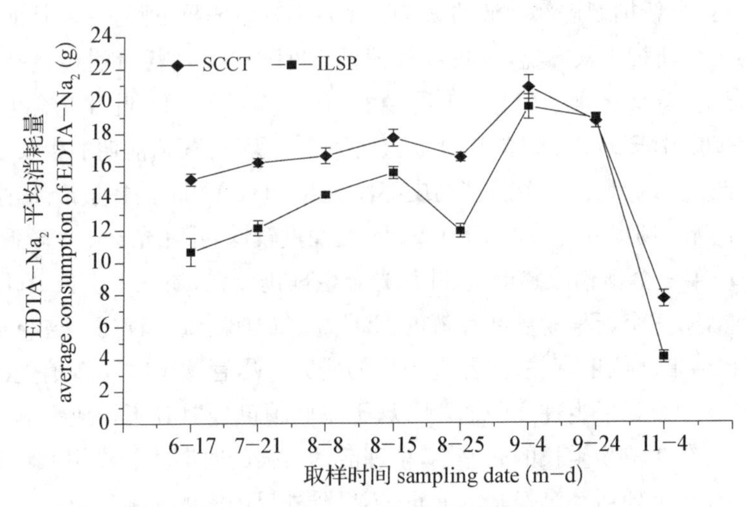

图 4-9　生长期间不同架式的物质运输的变化

al.[7]和陈飞等[12]在大、小麦籽粒中的研究相吻合。之后的加速上升与果实采收有关，主要是由于8月24日果实采收后，供给果实生长与成熟的光合产物与根系吸收的矿质元素全部为新梢的生长提供养分，加速了新梢的生长与成熟和 EDTA-Na_2的消耗。SCCT 新梢的韧皮部汁液含量比 ILSP 多，表明 SCCT 新梢的生长与成熟比 ILSP 快。之后，两者的新梢韧皮部汁液 EDTA-Na_2的消耗量开始降低，在9月24日接近一致，随后继续下降，并且 ILSP 新梢的韧皮部汁液 EDTA-Na_2的消耗量比 SCCT 降低快(图 4-9)。尽管9月20日至9月22日的降雨(表 4-1)缓解了干旱胁迫，但是也降低了适宜葡萄生长的环境温度，叶片的生理活动开始降低。所以，9月24日的葡萄新梢韧皮部 EDTA-Na_2的消耗量下降到了一致水平，之后随着干旱胁迫的进行和叶片的生理活动的不断下降，叶片的光合能力迅速下降，新梢韧皮部 EDTA-Na_2的消耗量不断降低。但是 SCCT 新梢受干旱胁迫的影响比 ILSP 的小，并且根系向 SCCT 新梢运输的矿质元素比 ILSP 的多，所以，其新梢韧皮部 EDTA-Na_2的消耗量比 ILSP 的高(图 4-9)。由此可见，架式在不同的生长期内对新梢韧皮部 EDTA-Na_2的消耗量均产生不同的影响。

3.6　韧皮部汁液在植物体营养器官间的运输

植物韧皮部汁液主要来自光合产物和木质部的运输。韧皮部是植物同化产物输出的主要途径，负责植物体内有机碳向库器官的运输[1]。而木质部是有机物和矿质养分输出的主要途径，有机物主要由根部代谢形成，而矿质养分来自土壤或营养液[13-14]。但前人研究表明，营养物质进入果实有几个途径。首先，土壤中的矿质元素和有机物被根系吸收后，通过以下途径进入果实：(1) 通过根表皮层进入导管，随蒸腾作用沿木质部迅速向地上部分转移到果实中；(2) 随着同化物一起从韧皮部运输到果实中。其次，在地上部分，木质部中的矿质元素和有机物被横向运输到韧皮部，然后通过韧皮部在新梢中运输或通过韧皮部运回根系，从而形成了一个循环。由韧皮部返回到根中的养分不能被根系完全利用，其中一部分经木质部再次转运到地上部分，这一过程称为养分的再循环。因此，韧皮部的作用是向下运输糖、酸、氨基酸、蛋白质等光合同化物[1]，以及随着同化物一起从韧皮部运输到植株各个部位的来源于土壤的矿质元素；木质部的主要作用是由根系向上运输水和无机盐，及由根部代谢形成的有机物[13]。运转进入木质部的韧皮部汁液既可顺蒸腾方向向上运输，也可逆蒸腾方向向下运输。向上运输主要进入上部的嫩叶和嫩茎，进入老茎、老叶的较少。向下运输则主要进入主干韧皮部，进入主干木质部的较少。

此外，矿质元素的循环和再循环在植物正常生长发育阶段还有其他作用：

(1) 为木质部和韧皮部的物质运输提供动力：韧皮部的长距离运输是在筛管中双向进行的。运输方向取决于不同器官或组织对养分的需求。在韧皮部汁液中，矿质养分(包括还原态氮)是筛管中溶质流动的主要动力，而其中高浓度的钾保证了光合产物(如蔗糖)从库向源(包括根系)的顺利运输。矿质养分在木质部导管中从根系向地上部分长距离运输的动力是蒸腾和根压。当蒸腾量很小时，根压就成为木质部质流的主要驱动力。根压的大小取决于根系中矿质养分浓度的高低。当来自外部溶液的矿质养分很少甚至耗竭时，尤其是在植物生长后期，根周围可获得的养分减少，或由于根系的吸收活性下降，这时矿质养分的循环对木质部质流的形成就起着关键作用。

(2) 调节根系对矿物质的吸收：经韧皮部运输到根中的矿质养分，除了向根系提供地上部分的同化产物外，还提供了地上部分对养分需求的信息，以此作为重要的反馈调节信号来调节根系对相应矿质养分的吸收。当植物地上部分对养分的需求量增大时，经韧皮部向根系循环的相应养分浓度下降，作为反馈信号促进了根系对离子的吸收速率。同样，当地上部养分需求量减小时，韧皮部中循环的养分浓度升高，则抑制了根系对相应离子的吸收。

应注意的是，矿质养分的再循环在植物生长发育的特定时期，如种子萌发期，由营养生长阶段向生殖生长阶段转变，以及多年生植物落叶前期等均非常重要。当然，经过再循环活化出来的矿质养分还必须经过长距离运输过程才能到达植物生长所需的部位。

3.7　不同时期韧皮部汁液的含量

韧皮部是植株体内物质向库器官运输的主要途径，其组分的构成在很大程度上反映了库器官的生理活性。对高温胁迫条件(6 月 17 日至 8 月 8 日)下新梢韧皮部汁液含量的研究表明，高温胁迫后，新梢韧皮部汁液中 EDTA-Na_2的消耗速率下降，这表明了叶片光合作用受阻，光合同化物降低。在正常条件下，新梢韧皮部汁液的含量随植株的发育过程而变化。6 月 17 日与 8 月 8 日相比，新梢韧皮部汁液含量缓慢提高，这与干旱胁迫导致的葡萄浆果的成熟密切相关。

尽管葡萄浆果在生长过程中需要通过韧皮部输送大量的光合产物，但是在高温干旱胁迫条件下，新梢韧皮部汁液含量的上升幅度较慢，而且随胁迫时间的增加其上升程度也逐渐降低。本实验中，新梢截取的位置在果穗以上第一个节位，所以，新梢韧皮部向果穗运输同化物的速率也逐渐减少。SCCT 新梢韧皮部汁液含量的上升幅度比 ILSP 慢，但是 SCCT 新梢韧皮部汁液的含量比 ILSP 多，表明 SCCT 新梢韧皮部汁液的上升幅度始终处于较高水平，在接近极限时上升幅度降到最低，而 ILSP 新梢韧皮部汁液的初始上升幅度较慢，但是接近极限时上升幅度加快并接近 SCCT 在接近极限时的上升幅度。与 6 月 17 日的高温干旱胁迫相比，8 月 8 日 SCCT 新梢韧皮部 EDTA-Na_2的消耗量上升了 8.3%，而 ILSP 新梢韧皮部汁液的含量却上升了 35.2%。

由图 4－9 可以看出，两种架式的新梢韧皮部的 EDTA-Na_2平均消耗量的总趋势为，在整个生长期间先上升后下降。8 月 25 日以前上升比较缓慢，8 月 25 日之后快速上升，至 9 月 14 日后急速下降。SCCT 新梢 EDTA-Na_2的消耗量始终高于 ILSP，表明 SCCT 物质运输和贮存养分的能力高于 ILSP，SCCT 合成光合同化物的能力和从根系输送矿物质的能力强于 ILSP，从而说明 SCCT 更有利于葡萄养分的积累；从 6 月 17 日至 8 月 15 日，SCCT 和 ILSP 的新梢消耗 EDTA-Na_2的速率缓慢增加，而且两者消耗 EDTA-Na_2的差值在缩小，表明 SCCT 在抵抗干旱胁迫方面由优于 ILSP 向接近 ILSP 发展。因为 6 月 17 日是当地最干旱的时期，而 8 月 15 日已经进入了当地的阴雨季节，干旱胁迫现象已经不存在了，此时果实也进入了成熟期。8 月 25 日，EDTA-Na_2平均消耗量突然出现了下降趋势，主要是这一时期是爱格丽葡萄的成熟期。在成熟过程中，葡萄果实要吸收大量的光合同化物和矿物质，所以，这个时期新梢的 EDTA-Na_2平均消耗量突然出现了下降趋势，同时，这段时间降雨较多，影响了葡萄光合作用和呼吸作用，进而抑制了物质运输，新梢中的 EDTA-Na_2消耗量开始下降。在葡萄采收后，叶片的光合同化物和根系输送的矿物质主要用于新梢的第二次生长和新梢的成熟和木质化，对植株的越冬和下一年葡萄产量和品质的稳定提供了有力保障。所以，从这个时候开始，新梢积累的光合同化物和矿物质不断增加，新梢韧皮部消耗的 EDTA-Na_2的量开始增加。9 月上中旬以后，新梢韧皮部的 EDTA-Na_2平均消耗量开始下降，主要是由于进入这个时期后，新梢的生理活动开始减慢，叶片的光合能力开始减弱，叶片制造的光合同化物渐渐减少，向新梢和根系输送的光合同化物也渐渐减少，根系向新梢输送矿物质的能力减弱，所以新梢韧皮部的 EDTA-Na_2平均消耗量呈下降趋势。这个时期 SCCT 新梢韧皮部的 EDTA-Na_2平均消耗量大于 ILSP 新梢韧皮部的 EDTA-Na_2平均消耗量，主要是由于这个时期的降雨较多，由根部向新梢运输的矿物质增多，SCCT 短的龙干和平行的新梢吸收的矿物质多，而 ILSP 长的主干和新梢相对于 SCCT 新梢吸收的矿物质较少。另外，ILSP 的叶片还没有充分成熟，还要消耗一部分光合同化物，而这个时期的光合作用减弱，所以，向新梢输送的光合同化物较少。具体机理还需要进一步的研究。

3.8 架式与不同新梢韧皮部汁液的吸收和分配

检测到的韧皮部汁液是植物体内移动性较强的营养物质,种类丰富。由图 4-1 至图 4-8 可以看出,同一个葡萄品种,两种架式不同部位新梢韧皮部汁液中的 EDTA-Na_2的消耗量表现为(从基部第一个新梢至第五个新梢):6 月 17 日,SCCT 呈上升趋势,ILSP 呈下降趋势;7 月 21 日,SCCT 几乎保持不变,ILSP 呈轻微下降趋势;8 月 8 日,SCCT 几乎保持不变,ILSP 呈先上升后下降趋势;8 月 15 日,SCCT 呈轻微下降趋势,ILSP 呈"M"型趋势;8 月 25 日,SCCT 保持不变,ILSP 呈先下降后上升趋势;9 月 4 日,SCCT 第一、第二和第五枝新梢保持不变,而第三和第四枝新梢呈下降趋势,ILSP 第一至第四枝新梢保持不变而第五枝新梢呈下降趋势;9 月 24 日,SCCT 和 ILSP 含量保持不变而呈较缓的"S"型变化趋势;11 月 4 日,SCCT 呈"V"型趋势,ILSP 呈明显的降低趋势。

本实验发现了葡萄不同架式的不同新梢韧皮部间存在着汁液含量的差异,不同架式不同采样时间的新梢韧皮部间的 EDTA-Na_2 消耗量差异显著。Ge et al.[14] 研究认为,造成这种现象的原因是幼苗期实验材料自身糖的转运较活跃。本实验所取材料是不同架式的同一植株果穗第一个节点以上的 5 个新梢,葡萄果实幼果期大小不一致,造成自身养分消耗不一致,从而引起了新梢韧皮部自身吸收或运输的汁液不一致,这是造成 EDTA-Na_2消耗量差异的直接原因。由于 SCCT 的果实几乎在同一结果带上,养分吸收较均匀且较快,另外,其垂直的架式使得不同果穗的光合作用保持一致,光合同化产物基本一致,因此成熟度很快达到基本一致,之后消耗的养分很快达到一致。因此,随着果实的成熟,新梢 EDTA-Na_2的消耗量趋于一致,差异渐渐缩小。ILSP 的 5 个新梢长在距地面 50 cm 的第一道钢丝的由低到高的不同高度位置,其果实幼果期大小不一致,造成自身养分消耗不一致,从而引起了新梢韧皮部自身吸收或运输的汁液不一致,是造成 EDTA-Na_2消耗量差异的直接原因,其"V"型架光照不一致,使得不同果穗的光合作用和光合同化产物不一致,因此其成熟度达不到一致,这是造成 ILSP 的 5 个新梢 EDTA-Na_2的消耗量在整个生长期间保持差异的主要原因。

一般水分胁迫会诱导气孔关闭,防止叶片水分过度散失[17-18],阻止外界 CO_2 向叶绿体运输。因而,会降低叶片中 CO_2 浓度和叶片的光合速率,限制植物的光合作用[17-19]。另外,气孔的关闭不能完全阻止叶片水分的散失,水分胁迫下叶片水势和叶片含水量还是存在不同程度的降低[20]。所以,本实验中 8 月 15 日前的水分胁迫使物质运输减慢(图 4-9)。但是,SCCT 新梢的 EDTA-Na_2消耗量较 ILSP 多,表明 SCCT 新梢受水分胁迫的影响较小,SCCT 的光合作用比 ILSP 强,韧皮部的物质运输能力比 ILSP 强,即使是在 8 月中旬至 9 月中旬的降雨季节及以后的水分胁迫条件下,SCCT 仍表现出较强的物质运输能力。可见,架式能够调节葡萄植株的物质运输能力,提高其抗旱性。

3.9 架式与不同新梢韧皮部的超微结构

架式的变化能够改变植物体的生理结构，进而改变韧皮部的结构。韧皮部卸载与物质运输密切相关，是决定产量和品质的重要因素。通常，结构是相应功能的体现。因此，通过微结构观察，可以从架式变化的角度揭示植物体生理生态发生变化的本质原因。

杨晓盆等[21]的研究结果发现，棚架和篱架在弱光胁迫环境中表现出明显不同的光合结构特征。枝条水平分布的棚架叶幕各部位受光充足而均匀，叶片的光合组织结构和叶绿体超微质膜结构发育正常；而篱架下部因受光不足使叶片光合组织结构和叶绿体超微质膜结构明显退化。研究还发现，干旱胁迫同样能改变茎的微结构。茎的组织变化与叶柄、叶脉的组织变化大体相一致。在相同胁迫时间里，胁迫程度与导管直径和韧皮部截面积成反比。因此，架式可以通过调节植株茎的微结构来控制植株的生理活动。同样，植株的生理活动也可以通过架式调节茎的微结构来实现。

本实验中，图 4 - 10a、b、e 和 f 均有形状相似的 SE；图 4 - 10c 和 d 有形状相似的 LC，表明 SCCT 的三个新梢有相似结构的 SE，这就是 SCCT 各个新梢韧皮部 EDTA-Na_2消耗量一致的直观原因；图 4 - 10c、e 和 f 中的 PD 比图 4 - 10 g 和 h 中的 PD 连接紧密，这就导致 SCCT 物质运输的速率高于 ILSP 物质运输的速率；而图 4 - 10a、b、e 和 f 的 SE 近似马蹄形、方形和圆形，而图 4 - 10 g 和 h 的 SE 近似楔形，这是由葡萄不同架式导致的新梢韧皮部超微结构差异的结果①。

图 4 - 10a 和 c 为 SCCT 的第一个新梢的韧皮部超微结构图，图 4 - 10b 和 d 为 SCCT 的第三个新梢的韧皮部超微结构图，图 4 - 10e 和 f 为 SCCT 的第五个新梢的韧皮部超微结构图；图 4 - 10 g 和 h 为 ILSP 的第一个新梢的韧皮部超微结构图(Bar=1 μm)。

比较不同架式的爱格丽新梢韧皮部汁液的固定和分配的变化，结果表明：

(1) 两种架式的新梢韧皮部的 EDTA-Na_2平均消耗量的总趋势为，在整个生长期间以 9 月 4 日为界，SCCT 新梢 EDTA-Na_2消耗量高于 ILSP，表明 SCCT 物质运输和贮存养分的能力高于 ILSP，从而 SCCT 更有利于葡萄养分的积累。

(2) 从 6 月 17 日至 8 月 15 日，SCCT 和 ILSP 的新梢消耗 EDTA-Na_2的速率缓慢增加，表明 SCCT 和 ILSP 的新梢物质运输的能力不断增强，抵抗干旱胁迫的能力不断增强；SCCT 新梢 EDTA-Na_2消耗量始终高于 ILSP，表明干旱胁迫对 ILSP 的影响比 SCCT 明显。所以，架式能够有效调节葡萄植株的物质运输能力，提高其抗旱性。

(3) 同一个葡萄品种，两种架式不同部位新梢韧皮部汁液中 EDTA-Na_2的消耗量表现为(从基部第一个新梢至第五个新梢)：除了幼果膨大期，其他时期 SCCT 各个新梢韧皮部汁液中 EDTA-Na_2消耗量几乎保持一致，表明 SCCT 能够平均分配各个新梢中的韧皮部汁液含量，这在图 4 - 10 中得到了证实；而 ILSP 各个新梢韧皮部汁液中 EDTA-Na_2消耗量在

① 胞间连丝(plasmodesma，PD)；乳汁道(Latieiferous canals，LC)；筛分子(sieve element，SE)。

整个生长期间有较大差异，表明 ILSP 不能够平均分配各个新梢中的韧皮部汁液含量。

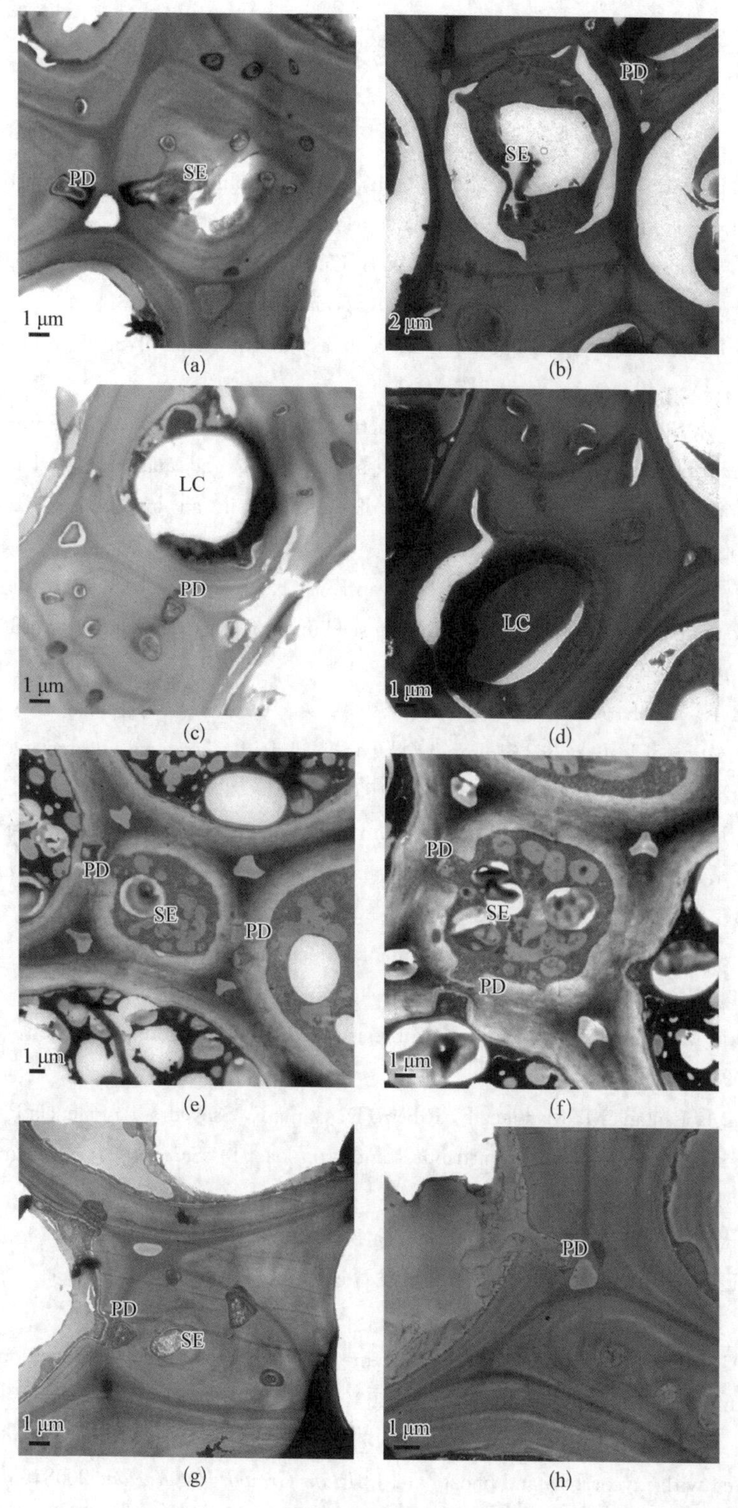

图 4－10　爱格丽新梢韧皮部超微结构图

参考文献

[1] Ruan Y L, Patrick J W. The cellular pathway of postphloem sugar transport in developing tomato fruit[J]. *Planta*, 1995,196(3): 434 - 444.

[2] Kühn C, Barker L, Bürkle L, Frommer W B. Update on sucrose transport in higher plants[J]. *Journal of Experimental Botany*, 1999,50(Special Issue): 935 - 953.

[3] Mitchell D, Selman B, Levesque H. Hard and easy distributions of SAT problem [J]AAAIX. 1992,92: 459 - 465.

[4] Fujimaki S, Suzui N, Ishioka N S, Kawachi N, Ito S, Chino M, Nakamura S I. Tracing cadmium from culture to spikelet: noninvasive imaging and quantitative characterization of absorption, transport, and accumulation of cadmium in an intact rice plant [J]. *Plant Physiology*, 2010,152(4): 1796 - 1806.

[5] Hart J J, Welch R M, Norvell W A, Sullivan L A, Kochian L V. Characterization of cadmium binding, uptake, and translocation in intact seedlings of bread and durum wheat cultivars[J]. *Plant Physiology*, 1998,116(4): 1413 - 1420.

[6] Cakmak I, Welch R M, Hart J, Norvell W A, Oztürk L, Kochian L V. Uptake and retranslocation of leaf-applied cadmium (^{109}Cd) in diploid, tetraploid and hexaploid wheats[J]. *Journal of Experimental Botany*, 2000,51(343): 221 - 226.

[7] Pearson J N, Rengel Z, Jenner C F, Graham R D. Manipulation of xylem transport affects Zn and Mn transport into developing wheat grains of cultured ears[J]. *Physiologia Plantarum*, 1996,98(2): 229 - 234.

[8] King R W, Zeevaart J A D. Enhancement of phloem exudation from cut petioles by chelating agents[J]. *Plant Physiology*, 1974,53(1): 96 - 103.

[9] Pessarakli M. Handbook of photosynthesis [M]. 2nd (Ed). London: CRC Press, 2005,169 - 451.

[10] Correia P J, Pestana M, Martinez F, Ribeiro E, Gama F, Saavedra T, Palencia P. Relationships between strawberry fruit quality attributes and crop load[J]. *Scientia Horticulturae*, 2011,130(2): 398 - 403.

[11] Bjorkman O. Carnegie Inst. Washington Yearbook. 1978,71: 107 - 135, 74: 94 - 102.

[12] 陈飞，汪芳，许金婕，董静. 大、小麦籽粒发育过程中锌、镉的转移与积累[J]. 浙江农业科学，2007,2: 189 - 192.

[13] Buhtz A, Kolasa A, Arlt K, Walz C, Kehr J. Xylem sap protein composition is conserved among different plant species[J]. *Planta*, 2004,219(4): 610 - 618.

[14] Ge, L, Sun, SB, Chen, AQ, Kapulnik, Y, Xu, GH. Tomato sugar transporter genes associated with mycorrhiza and phosphate[J]. *Plant Growth Regulation*. 2008,55(2): 115 - 123.

[15] 张玉秀，于飞，张媛雅，宋小庆. 植物对重金属镉的吸收转运和累积机制[J]. 中国生态农业学

报，2008,16(5)：1317－1321.

[16] Trejo C L, Davies W J. Drought-induced closure of *Phaseolus vulgaris* L. stomata precedes leaf water deficit and any increase in xylem ABA concentration[J]. *Journal of Experimental Botany*, 1991,42(12)：1507－1516.

[17] Fort C, Fauveau M L, Muller F, Label P, Granier A, Dreyer E. Stomatal conductance, growth and root signaling in young oak seedlings subjected to partial soil drying[J]. *Tree Physiology*, 1997,17(5)：281－289.

[18] Lauteri M, Scartazza A, Guido M C, Brugnoli E. Genetic variation in photosynthetic capacity, carbon isotope discrimination and mesophyll conductance in provenances of Castanea sativa adapted to different environments[J]. *Functional ecology*, 1997,11(6)：675－683.

[19] Bota J, Medrano H, Flexas J. Is photosynthesis limited by decreased Rubisco activity and RuBP content under progressive water stress[J]. *New Phytologist*, 2004,162(3)：671－681.

[20] Li Y, Gao Y, Xu X, Shen Q, Guo S. Light-saturated photosynthetic rate in high-nitrogen rice (*Oryza sativa* L.) leaves is related to chloroplastic CO_2 concentration[J]. *Journal of Experimental Botany*, 2009,60(8)：2351－2360.

[21] 杨晓盆,翟秋喜,张国强,王跃进.不同架式温室葡萄冠位叶片及叶绿体结构的变化[J].中国农学通报,2007,23(3):332－335.

第五章　葡萄果实的蔗糖代谢相关酶

第一节　概　　述

在大多数情况下，光合作用的最初产物是磷酸丙糖。磷酸丙糖被运输到细胞质中，经过一系列反应生成各种碳同化物。所以，碳在绝大多数植物体内的同化、分配过程和分配格局与碳在植物体内的运输有关，而碳的运输与分配是以糖（尤其是蔗糖）的形式进行的[1]。蔗糖具有以下独特的物理化学特性：(1) 为非还原性双糖，由一分子葡萄糖和一分子果糖聚合而成，因而对碳的运载量相对较大；(2) 化学性质稳定，在运输途中不与蛋白质或其他化合物发生非酶反应，即具有所谓的“保护”特性[2-4]；(3) 蔗糖每个碳原子产生较高的渗透势，有利于蔗糖在筛管中迅速转运。因此，糖在植物体内的运输与分配显得非常重要。

1.1　果实糖积累的类型

按照糖积累的类型及特点，果实分为淀粉转化型、糖直接积累型和中间类型[5]。葡萄光合产物仅在果实生长发育早期有极少量用于淀粉积累，其余均以可溶性糖的形式贮藏于液泡中，在成熟过程中呼吸与乙烯释放速率没有显著变化，为非跃变型果实，符合糖直接积累型的特点，属于糖直接积累型。

果实内糖的种类和数量决定果实品质，果实中积累的糖主要为蔗糖、果糖和葡萄糖，这些糖不仅是果实品质、维生素、色素和芳香物质等风味物质合成的来源，还是植物生长发育的基础物质[5]，能为果实膨大提供渗透动力[6]。

1.2　果实中糖分的运输

叶片合成的光合产物通过韧皮部运输进入果实的过程即果实积累糖分的过程受诸多因素调控。研究表明，控制糖分积累的关键步骤位于正在发育的果实内部，而不是源叶输出光合产物的能力或者韧皮部路径的运输效率[7]。库细胞中韧皮部后运输效率，糖代谢酶的种类与活力和糖的跨膜运输能力等决定了果实糖分的积累。

来自源叶的光合产物以蔗糖形式运输，从叶内合成到进入果实要经历复杂的过程：(1) 叶绿体同化 CO_2 生成磷酸丙糖；(2) 磷酸丙糖经磷酸丙糖转运蛋白(triose phosphate translocator，TPT)介导运到叶肉细胞的细胞质中；(3) 在细胞质中合成蔗糖；(4) 合成的蔗糖经短距离运输运到韧皮部装载区；(5) 蔗糖装载入韧皮部；(6) 蔗糖在筛管中长距离运输；(7) 蔗糖从韧皮部卸出；(8) 蔗糖经韧皮部后运输(postphloem transport)进入果实代谢和贮藏[8-9]。这些步骤相互关联，互为协调。阐明果实糖分积累的机理及其控制步骤，有助于改进栽培措施或者利用分子手段调节和改造糖分积累过程。

1.3　果实糖积累与糖代谢相关酶

控制蔗糖积累的关键因素是蔗糖代谢相关酶的活性和蔗糖的跨膜运输能力，而不是作为源叶中输出光合产物的能力和韧皮部运输蔗糖的效率[10-11]。在甜柠檬(Citrus limmetioides)和甘蔗中的蔗糖代谢相关酶均证明了这一点[12-14]。蔗糖合成酶(sucrose synthase，SS)、蔗糖磷酸合成酶(sucrose phosphate synthase，SPS)和转化酶(invertase，Ivr)是果实糖积累与代谢的关键酶。

虽然几个蔗糖代谢酶在细胞中定位不同，但它们之间在细胞内有严格的联系。Nguyen-Quoc and Foyer[15]认为，果实中的蔗糖代谢主要由下列几个蔗糖合成与分解的无效循环①(futile cycles)组成：(1) 细胞质中的蔗糖快速持续降解和重新合成循环，在这一循环中，蔗糖降解由 SS 催化，蔗糖合成由 SS 和 SPS 催化。SS 起主要的调节作用。(2) 在液泡中 Ivr 催化蔗糖水解成己糖，但部分己糖在运输到细胞质后又被重新用于合成蔗糖，这一循环的功能主要是增加糖在区室中的贮存效率，提供贮存态的蔗糖等价物(己糖)。(3) 在质外体中，由细胞壁转化酶催化水解韧皮部卸出的蔗糖，生成的己糖大部分在细胞质中又重新用于合成蔗糖。(4) 在成熟期或早期积累淀粉的果实中，其造粉体中还存在淀粉合成与降解的循环，在这一循环中，合成与降解的相对速率决定淀粉积累的量。上述蔗糖合成与分解代谢循环的协同作用调控了果实糖积累进程[16]。

蔗糖代谢酶决定果实中积累的糖分。在蔗糖积累型果实如温州蜜柑(Citrus unshiu Marc)[17]、本地早(Citrus succosa Hort)[18]、梨[19]等中，蔗糖积累与 SPS 活力的上升一致，可溶性酸性转化酶活力在蔗糖的快速积累后接近零。而以积累己糖为主的

---

① 无效循环(futile cycle)也称底物循环(substrate cycle)。一对由不同的酶催化的方向相反且代谢上不可逆的、在中间代谢物之间循环的反应。有时该循环通过 ATP 的水解导致热能的释放。例如，葡萄糖＋ATP→葡萄糖-6-磷酸＋ADP 与葡萄糖-6-磷酸＋H_2O→葡萄糖＋Pi 反应组成的循环反应，其净反应实际上是 ATP＋H_2O→ADP＋Pi。

果实如葡萄中,在果实发育全过程中其酸性转化酶活力均维持较高水平[20]。

不同种果实蔗糖代谢酶在糖积累中的作用也有差异。甜瓜、芒果、草莓和香蕉果实中的蔗糖由SPS而不是由SS合成的[21-22]。日本梨蔗糖含量的增加与成熟过程中SS和SPS的上升有关,但SS的贡献更大[19]。但桃果实成熟过程中SS活力的上升对蔗糖积累起主导作用[23]。此外,糖代谢酶活力水平高低还影响果实含糖量,如对梨的研究发现,高糖的日本梨品种"chojuro"比低糖的中国鸭梨品种具有更高的SS和SPS活性[19]。

架式对葡萄光合作用的影响明显,光合作用有利于糖的积累。因此,不同的架式必然会引起葡萄果实糖积累的变化。而葡萄果实糖的积累与相关代谢酶活性有关,因此,探讨架式对相关代谢酶活性的影响,并明确其与植株糖积累和分配的关系显得尤为重要。

第二节　葡　　萄

2.1　材　料

实验材料、修剪及设计同第一章。

在7月31日、8月10日和8月24日，每小区选取5株树，从每株上随机选取1穗发育较为一致的果穗，每穗取15～20粒果实作为1个重复。取样时间为上午8:00～10:00。然后立即液氮速冻－80℃保存，用于酶活性的测定。

2.2　酶的提取

酶的提取在0～4℃条件下进行。参考Nielsen and Veierskov[24]的方法加以改进。取混合后的果实组织2 g左右，用4倍体积的提取缓冲液冰浴研磨。提取缓冲液中包含50 mmol/L的Hepes—NaOH（pH 7.5），10 mmol/L的$MgCl_2$，1 mmol/L的EDTA，0.1%（*w*/*v*）BSA，0.5%（*w*/*v*）PVP，0.05%（*v*/*v*）Triton X-100，2.5 mmol/L DTT。提取液在高速冷冻离心机中用14 000 rpm的转速离心20 min，上清液即酶的粗提取液。

2.3　酶活性的测定

SPS活性测定参照Lowell et al.[25]、Natalie et al.[26]、Islam et al.[27]和Komatsu et al.[17]的方法，并改进。在70 μL反应体系中含50 mmol/L Hepes—NaOH缓冲液（pH 7.5）、15 mmol/L $MgCl_2$、16 mmol/L UDP-Glucose、4 mmol/L Fru-6-P、20 mmol/L Glc-6-P、1 mmol/L EDTA、5 mmol/L NaF、20 μL脱盐后酶液。30℃反应30 min，加入70 μL 5 mol/L NaOH终止反应，沸水浴10 min，冷却后加入1 mL 0.14%的蒽酮，40℃反应20 min，冷却后测定A_{620}值。对照在反应体系中加入杀死的酶液。

SS合成方向活性的测定参照Natalie et al.[26]和Islam et al.[27]的方法，并改进。在70 μL反应体系中含50 mmol/L Hepes—NaOH缓冲液（pH 7.5）、15 mmol/L $MgCl_2$、10 mmol/L UDP-Glucose、10 mmol/L果糖，40 μL脱盐后酶液。30℃反应30 min，加入70 μL 5 mol/L NaOH终止反应，沸水浴10 min，冷却后加入1 mL 0.14%的蒽酮，40℃水浴中反应20 min，冷却后，测定A_{620}值。对照在反应体系中加

入杀死的酶液。

SS分解方向的活性测定参照 Lowell et al.[25]和赵智中等[18]等方法，略有改动(反应体系由 25 mL 改为 15 mL，其他步骤不变)。

酸性转化酶(AI)活性测定参照 Natalie et al.[24]和 Lowell et al.[25]的方法，并改进。在 0.8 mL 反应体系中含 100 mmol/L 柠檬酸-磷酸缓冲液(pH 4.8)、100 mmol/L 蔗糖、0.2 mL 脱盐后酶液。30 ℃反应 30 min，加入 0.8 mL DNS 试剂终止反应，沸水浴 5 min，冷却后测定 A_{520}值。对照在反应体系中加入杀死的酶液。

2.4 标准曲线的制作

蔗糖(1 mg/mL)标准曲线：称取 100 mg 蔗糖标准品到 100 mL 容量瓶定容，摇匀，然后分别吸取 1 mL、2 mL、3 mL、4 mL、5 mL 和 6 mL 该标液至 10 mL 容量瓶中定容，摇匀，此时，标准品的浓度分别为 0.1 mg/mL、0.2 mg/mL、0.3 mg/mL、0.4 mg/mL、0.5 mg/mL和 0.6 mg/mL，再分别在 620 nm 下测定其吸光值，蔗糖浓度(mg/mL)或蔗糖含量(mg)为横坐标，吸光度为纵坐标，即绘制出蔗糖标准曲线。

葡萄糖(1 mg/mL)标准曲线：称取 100 mg 葡萄糖标准品到 100 mL 容量瓶定容，摇匀，然后分别吸取 1 mL、2 mL、3 mL、4 mL、5 mL 和 6 mL 该标液至 10 mL 容量瓶中定容，摇匀，此时，标准品的浓度分别为 0.1 mg/mL、0.2 mg/mL、0.3 mg/mL、0.4 mg/mL、0.5 mg/mL 和 0.6 mg/mL，再分别在 520 nm 下测定其吸光值，葡萄糖浓度(mg/mL)或葡萄糖含量(mg)为横坐标，吸光度为纵坐标，即绘制出葡萄糖标准曲线。

2.5 精密度的确定

从提取的葡萄果实溶液中精密吸取 0.5 mL 5 份到 50 mL 容量瓶中，依照标准曲线方法操作，加空白对照，分别测定吸光值，并计算 RSD。

2.6 相关计算公式

蔗糖合成酶类(SPS 和 SS 合成方向)活性计算公式：

$$\text{酶活力}(\mu\text{mol 蔗糖}/(\text{h}\cdot \text{g}FW)) = C/MW * Vt * n/(FW * Vs/Vr * t)$$

式中：C 是从标准曲线中查得的蔗糖量(mg)；MW 是蔗糖分子量(g/moL)；FW 是样品鲜重(g)；t 是反应时间(h)；Vt 是提取酶液总体积(mL)；Vs 是测定时取用酶液体积(mL)；Vr 是反应液总体积(mL)；n 是提取液测定中的稀释倍数。

蔗糖分解酶类(AI 和 SS 分解方向)活性计算公式：

酶活力(μmol 葡萄糖 /(h · gFW)) = $C/MW * Vt * n/(FW * Vs/Vr * t)$

式中:C 是从标准曲线中查得的葡萄糖量(mg);MW 是葡萄糖分子量(g/moL);FW 是样品鲜重(g);t 是反应时间(h);Vt 是提取酶液总体积(mL);Vs 是测定时取用酶液体积(mL);Vr 是反应液总体积(mL);n 是提取液测定中的稀释倍数。

第三节　酶活性

3.1　蔗糖标准曲线及精密度实验

3.1.1　蔗糖标准曲线

蔗糖标准曲线如图 5 - 1，得线性回归方程为：$A_1 = 0.004\,3x + 0.037\,7$，$R^2 = 0.998\,9$，结果表明在线性范围 0 ～ 0.60 mg/mL 内，蔗糖浓度和吸光值呈现较好的线性关系。

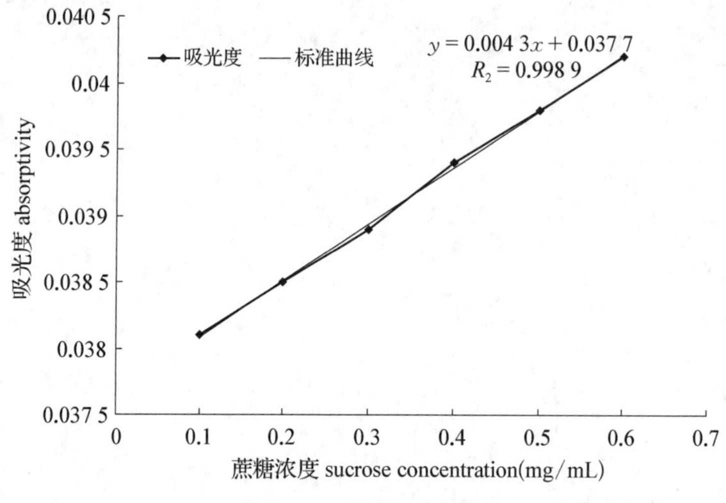

图 5 - 1　蔗糖标准曲线

3.1.2　蔗糖精密度实验

由表 5 - 1 可知，蒽酮反应测定葡萄果实 SPS 或 SS 合成方向(SS-synthetic，SS-s)的平均吸光值为 0.038 5，RSD 为 0.83%<3%(n=5)，表明该方法精密度高，重复性好，能够用于葡萄果实中 SPS 或 SS-s 活性的测定。

表 5 - 1　葡萄果实中 SPS 或 SS 合成方向(SS-synthetic)提取液的精密度实验测定结果(n=5)

实验号	1	2	3	4	5	平均值	RSD(%)
吸光值	0.038 1±0.000 1	0.038 5±0.001 2	0.038 8±0.001 4	0.038 4±0.001 5	0.038 9±0.001 2	0.038 5	0.83

3.2　葡萄糖标准曲线及精密度实验

3.2.1　葡萄糖标准曲线

葡萄糖标准曲线如图 5－2，得线性回归方程为：$A_2 = 0.013\,1x + 0.032\,3$，$R^2 = 0.999\,1$，结果表明在线性范围 0 ～ 0.60 mg/mL 内，蔗糖浓度和吸光值呈现较好的线性关系。

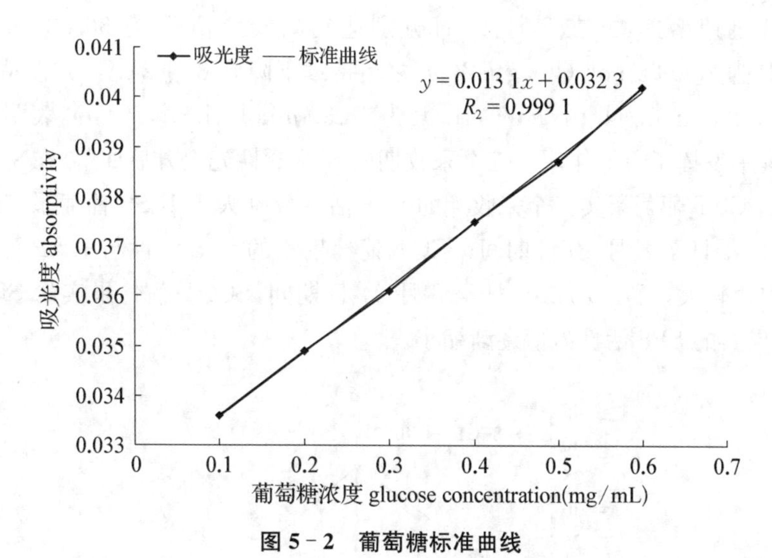

图 5－2　葡萄糖标准曲线

3.2.2　葡萄糖精密度实验

由表 5－2 可知，DNS 显色反应测定葡萄果实 AI 和 SS 分解方向（SS-cleavage，SS-c）的平均吸光值为 0.035 0，RSD 为 0.83％＜3％（n＝5），表明该方法精密度高，重复性好，能够用于葡萄果实中 AI 和 SS-c 活性的测定。

表 5－2　葡萄果实中 AI、SS 分解方向（SS-cleavage）提取液的精密度实验测定结果（n＝5）

实验号	1	2	3	4	5	平均值	RSD(％)
吸光值	0.034 7±0.001 4	0.034 9±0.001 2	0.034 8±0.000 3	0.035 2±0.001 8	0.035 4±0.001 6	0.035 0	0.83

3.3　架式与葡萄果实成熟过程中蔗糖代谢相关酶活性的变化

整个实验期间，ILSP 的 AI 活性高于 SCCT 的 AI 活性。7 月 31 日，两种架式的葡萄果实内的 SPS 的活性都很低，但随着果实的进一步成熟，AI 的活性迅速增加，并在

8月10日分别达到高峰(SCCT为37.57 μmol/(h·g *FW*),ILSP的活性值为40.28 μmol/(h·g *FW*)),随后,SCCT的AI活性快速下降,一直到8月24日降到31.51 μmol/(h·g *FW*),而ILSP的AI活性持续上升到42.81 μmol/(h·g *FW*)。

3.3.1 蔗糖磷酸合成酶(sueorse phoshate synthase, SPS)活性

蔗糖磷酸合成酶(SPS)是植物体内调控蔗糖合成的一类关键酶[26]。

实验期间,SCCT葡萄果实的SPS活性高于ILSP葡萄果实的SPS活性(图5-3)。7月31日,两种架式的葡萄果实内的SPS的活性都很低,但随着果实的进一步成熟,SPS的活性迅速增加,并在8月10日分别达到高峰(SCCT为36.88 μmol/(h·g *FW*),ILSP为23.99 μmol/(h·g *FW*)),之后持续下降到8月24日,并保持较低水平(SCCT为19.28 μmol/(h·g *FW*),ILSP为18.32 μmol/(h·g *FW*)),表明SPS在蔗糖积累过程中发挥了重要作用。三个采收期的SPS活性先上升后回落,在8月10日达到最高,且SCCT葡萄果实三个采收期的SPS活性分别大于ILSP葡萄果实的SPS活性。在7月31日至8月10日期间,SCCT葡萄果实的SPS活性与ILSP葡萄果实的SPS活性差值较大,而在8月10日至8月24日期间,SCCT葡萄果实的SPS活性与ILSP葡萄果实的SPS活性差值逐渐缩小。

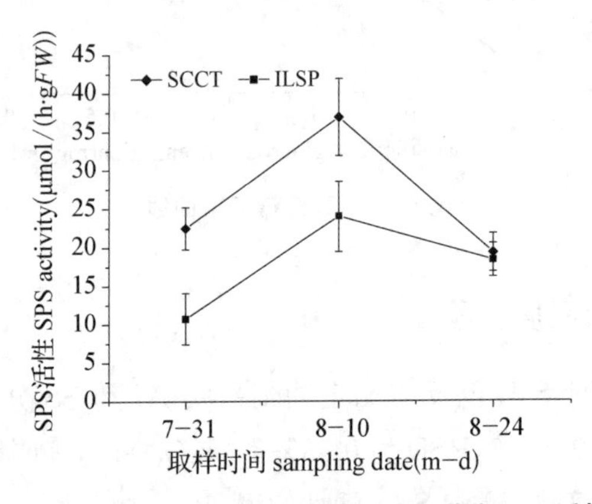

图5-3 两种架式的爱格丽葡萄果实三个采收期SPS活性的变化

糖是果实重要的品质指标之一。SPS活性在糖的积累和形成过程中非常重要,决定并影响着果实品质。果实采收前SPS活性影响光合产物的积累与运输。在果实生长发育初期和果实膨大期,表现出较高的AI活性。此时果实含有较多的果糖和葡萄糖,随着果实的发育,蔗糖不断积累,SPS的活性也逐渐提高,至果实完熟时,SPS下降。蔗糖代谢相关酶的综合作用(蔗糖代谢相关酶的净活性)是影响果实糖积累的重要因子之一[27-28]。

3.3.2 蔗糖合成酶(sucrose sysnhtase, SS)活性

蔗糖合成酶是蔗糖代谢过程中主要对蔗糖分解起关键作用的酶[26]。蔗糖合成酶

包括合成方向(SS-s)和分解方向(SS-c)两类。

分别对葡萄果实 SS-s 和 SS-c 的分析表明:SS-s 活性在果实成熟过程中的变化趋势差异很大,7 月 31 日,两种架式果实的 SS-s 活性均最高,SCCT 和 ILSP 分别达到 21.87 μmol/(h・g *FW*)和 19.87 μmol/(h・g *FW*),随果实的成熟而快速下降,但 8 月 10 日后 SCCT 果实的 SS-s 活性有所回升,直到 8 月 24 日上升到 11.31 μmol/(h・g *FW*),而 ILSP 果实的 SS-s 活性在成熟期间持续降低,在 8 月 24 日降到最低(8.28 μmol/(h・g *FW*))。SS-c 活性在果实成熟过程中的变化趋势与 SPS 相似。8 月 10 日,SCCT 和 ILSP 均较高,分别达到 47.47 μmol/(h・g *FW*)和 47.89 μmol/(h・g *FW*),随果实的成熟而快速下降,分别降低到 30.43 μmol/(h・g *FW*)和31.85 μmol/(h・g *FW*)。

三个采收期的 SS-s 活性一直明显分别小于 SS-c 活性,这是由于葡萄果实中蔗糖主要是由高活性的转化酶分解。不同的是,SCCT 葡萄果实的 SS-s 活性先下降后上升,但总的趋势是下降的;而 ILSP 葡萄果实的 SS-s 活性缓慢下降。另外,两种架式三个采收期的 SS-s 活性变化趋势一样,先上升后下降;与 ILSP 相比,SCCT 葡萄果实的 SS-s 活性下降较早(图 5-4),这说明 SS-c 活性和 SS-s 活性在蔗糖分解过程中共同起作用,且 SS-c 是关键酶。整个果实成熟过程中,SPS 活性远高于 SS-s 活性,说明参与蔗糖合成的酶中以 SPS 为主。

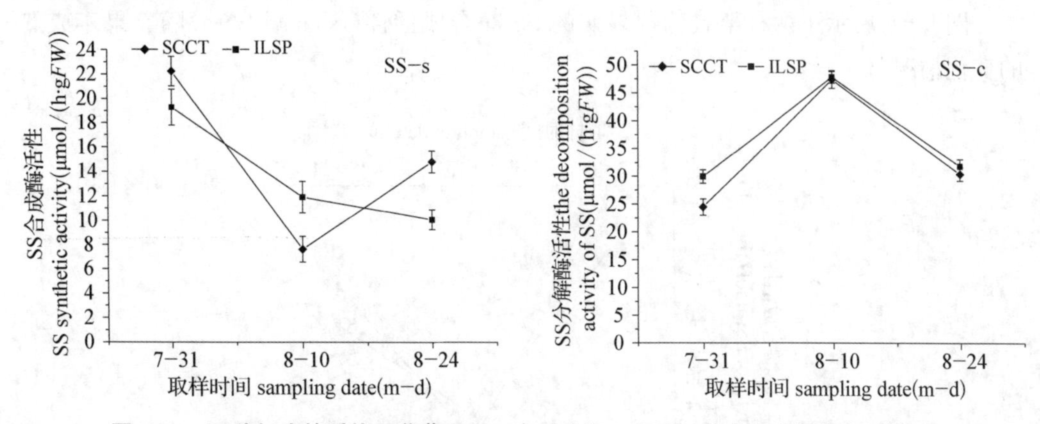

图 5-4　两种架式的爱格丽葡萄果实三个采收期 SS 活性(合成和分解方向)的变化

3.3.3　酸性转化酶(acid invertase, AI)活性

转化酶活性的上升是葡萄果实分解蔗糖的先决条件。图 5-5 表明了两种架式的爱格丽葡萄果实三个采收期 AI 活性的变化趋势。

三个采收期的 ILSP 葡萄果实的 AI 活性相对于 SCCT 果实一直分别保持较高水平,ILSP 的最大值是 SCCT 的 1.14 倍。

通常,AI 活性在未成熟果实中较高,成熟果实中活性很低[29]。本实验中,不同架式的 AI 活性差异明显:SCCT 的 AI 活性在 8 月 10 日达到最高,之后快速下降,直至成熟;而 ILSP 的 AI 活性变化不同,表现为在 8 月 10 日之前快速上升,之后降低了上升速度(图 5－5),表明 SCCT 果实在 8 月 10 日达到了成熟,ILSP 果实在 8 月 24 日仍未达到成熟。高蔗糖积累型比低蔗糖积累型 AI 活性下降要早。反之,AI 活性下降早的果实蔗糖含量高。所以,SCCT 果实的蔗糖含量比 ILSP 果实的高。

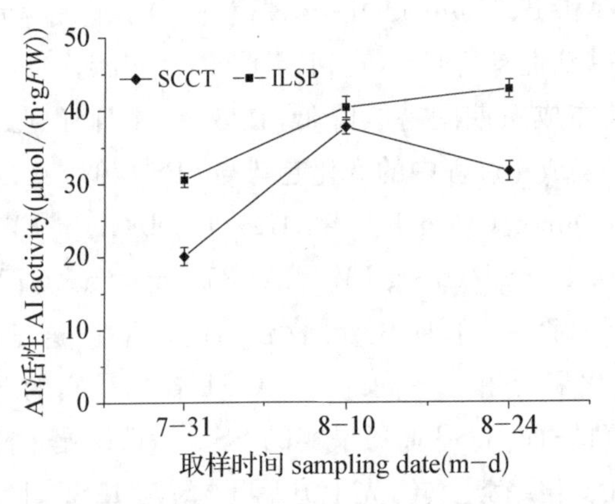

图 5－5　两种架式的爱格丽葡萄果实三个采收期 AI 活性的变化

3.3.4　葡萄果实中 SS 净合成活性

图 5－6 展示了两种架式葡萄果实的 SS 净合成活性(SS-s 减 SS-c)随着果实成熟的变化情况。

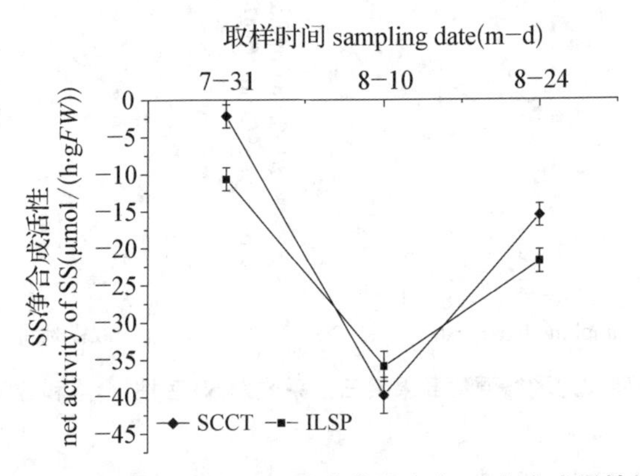

图 5－6　架式对不同取样时间的葡萄果实中 SS 净合成活性的影响

SS 净合成活性为正,表明 SS 以合成为主;SS 净合成活性为负,表明 SS 以分解为主。SS 净合成活性在 8 月 10 日下降到最低后开始快速上升。表明 SS 由分解蔗糖开始向合成蔗糖的方向转化,分解蔗糖的能力在减弱。随着果实的成熟,SS 净合成活性增加。6 个葡萄果实的 SS 净合成活性均为负值,表明葡萄果实中蔗糖的分解能力较强。SCCT 果实的 SS 净活性变化比 ILSP 的陡峭,表明 SCCT 果实的分解能力比 ILSP 强。

3.3.5　葡萄果实中蔗糖代谢参与酶的净合成活性

合成蔗糖的酶类包括 SPS 和 SS-s，分解蔗糖的酶类包括 AI 和 SS-c，前者活性减去后者活性即为蔗糖代谢参与酶的净合成活性。图 5-7 表明，蔗糖代谢参与酶的净合成活性为负时，蔗糖不积累或少量积累，以分解为主；蔗糖代谢参与酶的净合成活性为正时，积累蔗糖，净合成活性与蔗糖积累呈正相关性。

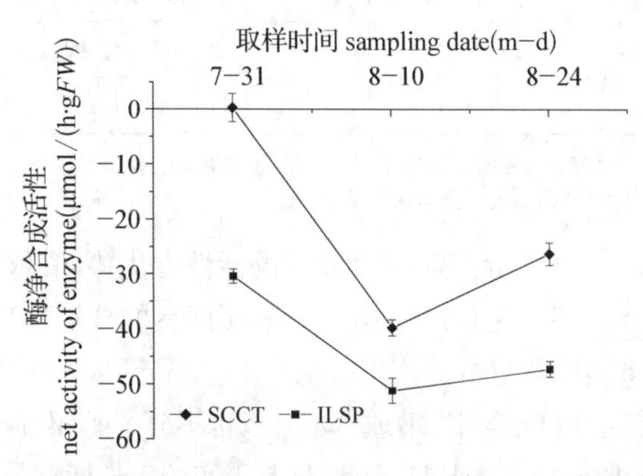

图 5-7　架式对不同取样时间的葡萄果实中蔗糖代谢参与酶净合成活性的影响

与 SS 净合成活性（图 5-6）相比，蔗糖代谢参与酶的净合成活性的变化较平缓，并且两种架式的蔗糖代谢参与酶的净合成活性曲线没有交叉。另外，由图 5-6 和 5-7 可知，两种架式葡萄果实的 SS 净合成活性和 ILSP 蔗糖代谢参与酶的净合成活性均为负值，而只有 SCCT 葡萄果实的蔗糖代谢参与酶的净合成活性由正值转为负值，并且正值较小。一方面表明蔗糖的积累主要依赖于 SPS 活性，另一方面表明随着采收的推迟，合成蔗糖的酶活性不断降低，分解蔗糖的酶活性在持续上升，同时还表明，SCCT 葡萄果实合成蔗糖的能力比 ILSP 葡萄果实的强，同等条件下，SCCT 葡萄果实的含糖量高。在 8 月 10 日至 8 月 24 日，SS 净合成活性和蔗糖代谢参与酶净合成活性均出现了上升趋势，表明合成蔗糖的酶活性在上升。SS 净合成活性对蔗糖代谢参与酶净合成活性也起着一定作用；两种架式分解蔗糖的酶活性均在下降，并且 SCCT 葡萄果实合成蔗糖的酶活性比 ILSP 葡萄果实的强，而分解蔗糖的酶活性比 ILSP 葡萄果实的弱。同时，SCCT 葡萄果实的蔗糖代谢参与酶的净合成活性均大于 ILSP 葡萄果实的蔗糖代谢参与酶的净合成活性（图 5-7），而 SCCT 葡萄果实的 SS 净合成活性只在 8 月 10 日低于 ILSP 葡萄果实的 SS 净合成活性（图 5-6）。总体表明，SPS 活性对蔗糖的积累起着重要作用，蔗糖代谢是各个相关酶共同作用的结果。SCCT 的作用明显。

3.3.6　葡萄果实中蔗糖分解酶类和蔗糖合成酶类活性

如表 5-3，与蔗糖分解酶类活性相比，两种架式葡萄果实的蔗糖合成酶类在三个采收期的活性均很低，且随着采收的推迟，SCCT 的 S_{-s}/S_{-c} 呈下降趋势，SCCT 的蔗糖合成酶类活性为蔗糖分解酶类活性的0.504～0.997倍，表明SCCT合成蔗糖的酶活性呈下降趋势；随着采收的推迟，ILSP的I_{-s}/I_{-c}也呈下降趋势，ILSP的蔗糖合成酶类活性为蔗糖分解酶类活性的0.357～0.511倍。

表5－3　三个采收期的爱格丽葡萄果实的蔗糖分解酶类和蔗糖合成酶类活性的比较

取样时间	$SCCT_{SPS+SS-s}$	$SCCT_{AI+SS-c}$	S_{-s}/S_{-c}	$ILSP_{SPS+SS-s}$	$ILSP_{AI+SS-c}$	I_{-s}/I_{-c}
7月31日	44.335±1.359	44.459±1.542	0.997	30.611±1.667	59.895±1.552	0.511
8月10日	44.752±1.478	85.033±1.037	0.526	36.067±1.294	88.166±1.461	0.409
8月24日	30.588±1.793	60.694±1.342	0.504	26.600±1.429	74.495±1.357	0.357

注：S_{-s}，SCCT葡萄果实的蔗糖合成酶类活性；S_{-c}，SCCT葡萄果实的蔗糖分解酶类活性；I_{-s}，ILSP葡萄果实的蔗糖合成酶类活性；I_{-c}，ILSP葡萄果实的蔗糖分解酶类活性。

S_{-s}/S_{-c}或I_{-s}/I_{-c}大于1，表明两者的合成酶活性占优势，值越大，表明合成活性越强，果实生长越旺盛；S_{-s}/S_{-c}或I_{-s}/I_{-c}小于1，表明两者的分解酶活性占优势，值越小，表明分解活性越强，果实成熟越快；S_{-s}/S_{-c}或I_{-s}/I_{-c}等于1，表明两者的合成酶活性与分解酶活性相等，果实处于旺盛生长期，或者不合成也不分解酶，没有酶活，或者酶活降到最低，果实处于生长初期或者生长末期，因此，这与果实的生长期有关。在本实验中，S_{-s}/S_{-c}或I_{-s}/I_{-c}小于1，而且随着采收的推迟，S_{-s}/S_{-c}或I_{-s}/I_{-c}越小，表明分解活性越强，果实越成熟。同时，每个采收期的S_{-s}/S_{-c}大于I_{-s}/I_{-c}，表明每个采收期的SCCT酶活均高与ILSP相应的酶活，每个采收期的SCCT合成蔗糖的能力比相应的ILSP强。

3.3.7　果实中蔗糖代谢相关酶的相互关系

常尚连等[30]在西瓜上的研究认为，转化酶活性降低是蔗糖积累的一个前提，SPS在蔗糖积累中起关键作用。蔗糖的积累与SPS活性变化相一致，主要是由于蔗糖的积累是SS和SPS两种酶共同作用的结果。倪照君等[33]对正在生长发育的枇杷果实的研究认为，其糖分的积累是受SS、SPS、NI和AI这4种代谢酶的共同作用，SS和SPS是调控枇杷果实糖分积累的关键酶。

从图5－3至图5－5可见，对于SCCT葡萄果实来说，SPS活性在7月31日之后迅速上升时，SS-s活性则较快下降，SPS活性在8月10日之后迅速下降时，SS-s活性则有所回升，但是仍然低于SPS活性；对于ILSP葡萄果实来说，8月10日之后的SPS活性变化趋势和SS-s相似，但是8月10日之前，SPS活性迅速上升，SS-s活性下降，果实内SPS的活性在整个发育期普遍比SS-s活性高，说明SPS在果实发育中对果实糖代谢起着重要作用，是葡萄果实中糖分积累的关键限制酶。两种架式的SS-c活性的变化趋势与SPS活性一致，表明SPS合成的蔗糖同时被SS-c分解。

如图5－4和图5－5，两种架式的爱格丽葡萄果实三个采收期AI和SS-c活性的变化趋势。三个采收期果实的AI和SS-c两种蔗糖分解酶类活性存在差异：就SCCT葡萄果实而言，SS-c活性由比AI活性稍高开始轻微上升，到下降至稍低，是AI活性的

0.96～1.26 倍；就 ILSP 葡萄果实而言，SS-c 活性由比 AI 活性稍低开始上升，然后明显下降，是 AI 活性的 0.74～1.18 倍。从上述分析可以看出，AI 是糖分积累的关键限制酶，不同架式 AI 活性增加是果实中糖分积累差异的一个重要原因。

以上结果说明，蔗糖积累是四种酶综合作用的结果。SCCT 和 ILSP 两种不同架式的葡萄果实蔗糖的合成与代谢机制存在明显差异，进而导致它们之间糖分积累的差异。

3.3.8 蔗糖相关酶的特点和功能

葡萄叶片制造的光合产物以蔗糖的形式通过韧皮部运入果实后被迅速转化为己糖——葡萄糖和果糖[34-35]和有机酸等有机物，从而保证了韧皮部正常运输及卸载的蔗糖浓度差，使蔗糖转化物源源不断向果实运输和积累。因此，果实是果树中主要的库器官。葡萄果实中糖代谢对于果实的生长和发育特别是糖积累至关重要。

葡萄果实中糖是评价葡萄品质的重要基础指标，决定了葡萄酒的最终酒度[36]。糖积累是果实品质形成的关键，而蔗糖代谢又是糖积累的关键环节，蔗糖代谢相关酶活力影响糖的积累。因此，要了解果实糖积累的机理，必须研究蔗糖代谢相关酶的活性变化。近年来，对葡萄[37]、香蕉[38]、芒果[20]、猕猴桃[39]、苹果[40-41]、柑橘[16]等果树的研究表明，蔗糖代谢相关酶与蔗糖积累之间关系密切，并认为 AI、SS 和 SPS 是果实糖分积累的关键酶。

1. 酸性转化酶(AI)

AI 是一种水解酶，它能将蔗糖裂解成果糖和葡萄糖[42-44]。此反应为不可逆反应，因此，AI 在蔗糖代谢中非常重要。研究显示，当 AI 活性较高时，蔗糖积累不可能发生[21,45]。Krishnan and Pueppke[46]的研究表明，高活性的转化酶与组织的快速生长相关。因此，AI 活性主要形成于不成熟或成熟不充分的植物器官中，在器官成熟过程中迅速降低，并伴随着蔗糖的积累[46]。在果实生长发育过程中，高渗透压可以保证水分的吸收。McCollum et al.[47]在对网纹甜瓜的研究中发现，转化酶通过将蔗糖水解为葡萄糖和果糖来保持细胞的渗透压。另外，AI 在调节韧皮部卸载、控制贮藏器官中糖组成、影响植物早期生长发育和参与植物对逆境胁迫的响应等方面至关重要。因此，人们期望通过调控碳水化合物的代谢与分配，特异地改变植物的生长和发育模式[48]。

2. 蔗糖合成酶(SS)

SS 是一种胞质酶，能够促使蔗糖进入植物的各种代谢途径[49]。SS 也是一种可逆酶，在植物蔗糖代谢过程中既可催化蔗糖合成又可催化蔗糖分解为果糖和 UDPG，是蔗糖进入果实并在果实中存在状态的调节因子。果糖和 UDPG 抑制 SS 的降解活性，而 UDP 抑制 SS 的合成活性，葡萄糖抑制合成和降解[49-50]。

蔗糖卸载在库细胞中的发生途径主要是通过共质体途径完成的，卸载的数量取决于 SS 的活性。在主要的无效循环中，蔗糖的合成由 SPS 或者 SS 催化，而蔗糖的降解依赖于 SS。从理论上讲，碱性 Inv 和 SPS 活性的增加能够补偿 SS 活性的降低[51]。SS 分解蔗糖产生的葡萄糖和果糖能够调节一些启动子或者转录因子的活性，SS 活性的下降降低了已糖含量,最终影响启动纤维发育相关基因的表达[49]。蔗糖作为植物体的信号通过 AI 和 SS 抑制或促进蔗糖水解,使转基因植株的正常生长发育机制受到不同程度的影响,例如,减小 AI 活性提高了果实蔗糖浓度,但是渗透作用降低了水分吸收,减小了果实体积,所以果实总糖水平并未改变[45]。

3. *蔗糖磷酸合成酶*(SPS)

SPS 是一种可溶性胞质酶,不稳定。SPS 系统是蔗糖合成的主要途径,其中的 SPS 是以复合体形式存在的关键限速酶,不可逆地催化蔗糖合成[52-53]。光合碳循环生成的磷酸丙糖主要以淀粉形式贮存在叶绿体中或在液泡中合成蔗糖。SPS 主要是通过影响源库强来调节蔗糖代谢,进而调节光合产物在蔗糖和淀粉之间的分配,参与细胞分化与纤维细胞壁合成[54]。在高等植物的光合细胞中,光合同化物最终以蔗糖形式运输到果实中,是许多果实糖积累的主要形式,也是"库"代谢的主要基质[55],所以叶片液泡中的磷酸丙糖应尽快转化为蔗糖,并运输至果实中,才有利于光合产物最终形成果实产量。Huber and Huber[52] 指出 SPS 调控着光合产物蔗糖在植株中的分配。Harbron et al.[56] 曾指出 SPS 是蔗糖合成途径中的一个重要控制点,是合成蔗糖的关键酶之一,它的活性反映蔗糖生物合成途径的能力。Huber[57] 认为蔗糖磷酸合成酶活性与蔗糖形成呈正相关。长期高光强能增强不同品种小麦叶片的 SPS 活性[56],诱导水稻叶片的 SPS 活性[59]。大棚栽培条件下梨果实 SPS 酶活性的下降和蔗糖积累的减少是低光照的结果。本研究得到相似结论(图 5-3)。

3.3.9 架式与蔗糖代谢相关酶

研究表明,果实糖积累与蔗糖代谢相关酶密不可分。Lv and Zhang[60] 研究认为,AI 是衡量果实库强的一个重要生化标志。Liu 和 Li[61] 在脐橙上研究发现,果实中 AI 活性随着糖的积累持续下降,至采收时几乎消失,而 SPS 和 SS 活性在采收时仍保持较高水平,说明脐橙的糖积累与 AI 活性下降有关。本研究发现,葡萄果实中不同酶对糖的积累不完全一致。在葡萄的三个采样期中,果实中 SPS 活性在 8 月 10 日达到高峰,随后持续下降,这与赵智中等[62] 关于温州蜜柑果实的研究中得到的进入转色期后 SPS 活性升高的结果一致。AI 活性和 SS-c 活性一直保持相对较高水平,这是葡萄果实中含糖量提高(主要是果糖和葡萄糖)的主要原因[34]。SCCT 和 ILSP 葡萄的 SS-c 活性从 7 月 31 日到 8 月 10 日的变化表明,两种架式的 SS-c 分解蔗糖的能力从 7 月 31 日的 ILSP 大于 SCCT 调整到 8 月 10 日趋于一致,且在 8 月 10 日最强。随后在 8 月 24 日下降至最低,这与成熟果实的新陈代谢减慢和细胞分裂消耗的能量和物质减少(主要是底物蔗糖的减少)有关,也是季节性气温促进了分解果糖、合成蔗糖的结果[63],低温抑制了酶的活性,使得 SS-c 分解蔗糖的能力和 SS-s 与 SPS 合成蔗糖的能力均降低,甚至 SS-c 分解蔗糖的能力超过了 SS-s 与 SPS 合成蔗糖的能力。另外,SCCT 和 ILSP 葡萄的 AI 活性从 7 月 31 日到 8 月 10 日上升,尽管 7 月 31 日的 ILSP 葡萄的 AI 活性比 SCCT 的高,但到 8

月10日时，两者的AI活性的差值缩小了，表明8月10日前，尽管SCCT葡萄的AI活性比ILSP的低，但是SCCT葡萄的AI分解蔗糖的速度却比ILSP的快。随后，ILSP葡萄的AI分解蔗糖的速度仍在缓慢上升，而SCCT葡萄的AI分解蔗糖的速度开始下降，受季节性气温的影响，7月31日到8月10日温度较高，SCCT受高温的影响比ILSP明显，导致了SCCT果实的AI转化蔗糖的能力比ILSP强，SCCT果实的蔗糖被较快转化成了葡萄糖和果糖，导致了8月10日至8月24日作为底物的SCCT果实的蔗糖大幅度减少，因而SCCT果实的AI活性开始降低，而ILSP果实由于保持较高蔗糖含量而使AI的活性保持轻微上升(图5-5)。同时，8月10日至8月24日温度的降低抑制了AI活性，对结果带较低的SCCT葡萄的AI的分解作用抑制明显。而SS-s活性和SPS活性也因受到低温的影响而降低。同时在此之前，绝大部分蔗糖从叶片到果实的运输过程或者在果实中已被水解转化成了还原糖。SCCT果实的SS-s活性降低较快，在8月10日降低到了最低，表明从叶片运输到果实的过程中或者在果实中，SCCT果实中的蔗糖分解的比ILSP快，分解速度比合成速度快。之后反而开始上升，并且在8月24日超过了ILSP，这与SCCT较低的结果带有关。较低的结果带受微环境的影响较明显，由于受低温的影响，8月10日至8月24日从叶片运输到果实的过程中或者在果实中，SCCT葡萄中SS-c和SS-s活性比ILSP的低，分解蔗糖的速度较慢；ILSP果实的SS-s和SS-c活性受低温的影响均较小，并且SS-c活性大于SS-s活性，所以，蔗糖分解能力最终大于蔗糖合成能力。尽管SCCT果实的SS-s活性在上升，但是仍然低于SS-c活性。就SPS活性而言，在8月10日上升到较高的水平，这与叶片的第二次生长高峰导致的光合高峰有关。SCCT果实的SPS活性高于ILSP，表明SCCT合成蔗糖的能力比ILSP强。黄东亮等[64]认为，胁迫作用影响SPS活性。当植物遇到低温、干旱或高盐等逆境条件时，植物体内的SPS活性会提高，使植物体内光合同化物分配变化，以增加植物体内蔗糖等可溶性糖含量，改变细胞渗透压来抵抗胁迫影响。这与本实验中SPS活性在干旱条件(7月31日至8月10日)的趋势一致，而在8月10日至8月24日出现下降趋势，主要是此期的降雨降低了干旱胁迫对SPS活性的影响，也与果实进入成熟期甚至完熟期，SPS底物不断减少，导致SPS活性开始下降有关。SCCT的表现比ILSP明显。

另外，与蔗糖分解相关的SCCT和ILSP果实的SS-c活性和AI活性均在7月31日至8月10日中随果实发育进程而增强，且均远大于与相应蔗糖合成相关的SS-s活性和SPS活性，主要是SCCT和ILSP两种不同架式的葡萄果实蔗糖的合成与代谢机制存在明显差异，进而导致它们之间糖分积累的差异。

由此看来，在葡萄果实糖积累过程中，SS-c、SS-s、SPS和AI活性均影响果实成熟，它们的合力(净活性)使果实内的糖保持一定的浓度梯度，以促进光合同化物源源不断由“源”(叶片)向“库”(果实)转移[34]。这与在枸杞上[65]的研究相似。从7月31日至8月10日，SS-c活性不断升高，表明葡萄果实趋于成熟。但在8月10日至8月24日，SCCT果实的SS-c活性出现下降趋势，这与果实含糖量及其种类有关，是作为SS-c底物的果糖和葡萄糖不断积累的结果。这个时期的SS-c和AI活性不断降低是底物蔗糖不断减少的结果。这个时期的SPS活性、SS-s活性(ILSP)、SS-c活性和AI活性(SCCT)的下降主要是由于光照强度的降低,供给葡萄果实的光合产物蔗糖的积累减少,导致葡萄果实中供给SS-c和AI的底物减少。AI活性和SS-c活性的升高意味着葡萄果实的成熟,但是SPS活性也在升高,这是葡萄第二次成熟期来临的标志。成熟期蔗糖积累与SPS活性呈显著正相关[66],所以,SPS决定蔗糖的累积,SPS活性的升高提高了果实含糖量[67][68],而本实验中SCCT果实的成熟及完熟与SS-s活性和SPS活性有关(图5-3、5-4)。SPS活性普遍比SS-s活性强,SPS活性先升后降,SS-s活性先降后升,表明SPS活性和SS-s活性对SCCT果实糖积累的作用具有阶段性(图5-3、5-4)。而在ILSP果实中,SPS活性同样普遍比SS-s活性强,SPS活性同样是先升后降,SS-s活性却持续下降(图5-3、5-4),表明ILSP果实糖的积累主要是SPS的作用。果实中较高的SPS活性和一定的SS-s活性,蔗糖积累却很少的原因主要是SS-c活性很高。Hubbard et al.[21]和Lester et al.[69]发现蔗糖积累与AI活性的下降和SPS活性的上升相关,认为SPS活性决定了蔗糖积累。因此,果实中糖的积累受多种代谢相关酶的共同影响:SS-c分解细胞质中的蔗糖,SPS重新合成蔗糖;AI分解液泡中的部分蔗糖,而SPS和SS-s重新合成被运输到细胞质的部分蔗糖;AI水解质外体中的蔗糖,生成的己糖在细胞质中大部分又合成蔗糖。这些合成与分解代谢循环共同调控着糖积累进程[5]。所以,蔗糖代谢相关酶的综合作用(蔗糖代谢相关酶的净活性)是影响果实糖积累的重要因子之一[29,70]。本实验中,架式影响蔗糖代谢相关酶的净活性,进而影响了果实糖的积累。

转化酶的高活性与组织生长的高速度相关,例如在幼苗[71]、幼叶[72]和幼果[46]中都发现有高的转化酶活性,因为蔗糖只有水解为己糖才能有利于组织的快速生长。Zhang et al.[29]对网纹甜瓜的研究认为,SS-c能为细胞壁构建提供UDPG,或分解蔗糖为糖酵解提供底物。本实验中,在7月31日至8月10日,无论是SCCT还是ILSP,果实AI活性和SS-c活性均依次增加,使酶分解蔗糖的能力大大增强,大量的蔗糖被分解。之后,SCCT果实AI活性和SS-c活性开始下降,表明8月10日应该是爱格丽葡萄的最佳成熟期,而ILSP果实的AI活性继续缓慢上升,主要是ILSP的果实还没有达到最佳成熟期,继续分解蔗糖。这些AI活性、高SS-c活性和低SS-s活性导致了果实中高的己糖含量,维持了细胞内高的渗透压,保证了充足的水分吸收,促进了组织的快速生长[47,73]。

通过对果实的蔗糖代谢参与酶的研究发现,当蔗糖的合成活性低于分解活性(净合成活性为负值)时,蔗糖没有积累或只有很少量积累,蔗糖的大量积累应发生在净合成活性为正值以后。本实验中,两种架式(SCCT和ILSP)的葡萄果实的AI和SS-c活性均明显高于SPS和SS-s活性(图5-3、5-4、5-5),即成熟葡萄果实蔗糖代谢酶的净合成活性均为负值,表明果实组织中的蔗糖呈现出了分解趋势。ILSP果实较低的酶净活性表明其蔗糖水解能力较强,这是导致此架式的葡萄果实蔗糖相对含量较低的重要原因。

果实中的糖种类及含量决定了果实品质的优劣，而糖积累的关键在于蔗糖代谢。许多研究表明，在果实发育过程中，果实中的糖代谢与相关酶调控密切相关，果实糖积累机制和关键酶种类及调控作用因品种而异。与蔗糖代谢有关的酶有 SPS、SS、AI，SPS 催化 UDPG 和 F-6-P 不可逆地合成蔗糖，SS 催化 UDPG 和果糖可逆地合成蔗糖，AI 不可逆地催化蔗糖分解为果糖和葡萄糖，SPS 被认为是催化蔗糖合成的关键酶。葡萄[37]、苹果[40]果实发育早期的蔗糖含量与 AI 活性呈负相关。本实验中，7 月 31 日至 8 月 10 日，葡萄果实中 AI 活性的变化趋势与之一致。虽然此期果实中的 SS-s 活性和 SPS 活性都很高，但是 SS-c 活性和 AI 活性也很高，所以果实中没有蔗糖合成或者只合成极少量。蔗糖分解的同时伴随着 AI、SS-c 和 SPS 活性的提高，AI 和 SS-c 保持较高的活性，果实中蔗糖积累少，说明 AI 是影响果实中蔗糖合成的限制性酶。与此同时，SCCT 和 ILSP 果实中的 AI 活性高，是因为此时果实第二次膨大生长需要能量和原料，AI 将多糖转化成单糖供给果实生长发育。8 月 10 日至 8 月 24 日，随着 SCCT 果实中 AI 和 SS-c 活性的降低，SPS 活性也随着下降，而 SS-s 活性轻微上升，所以，果实中有少量蔗糖积累而不分解蔗糖。可见 SCCT 果实中蔗糖的积累并非与 SS-s 或 SPS 直接相关，是由多种酶共同作用的结果。而 ILSP 果实中 AI 活性的继续升高和 SS-c 活性的降低伴随着 SS-s 活性和 SPS 活性的下降，果实中不积累蔗糖，只是不断分解蔗糖，但是由于净合成活性为负值，ILSP 果实的生长还没有结束，还没有达到最后成熟。可见，与 SCCT 一样，ILSP 果实中蔗糖的积累是由多种酶共同作用的结果。但是，架式影响酶活性的调控机理不同。

因此，糖积累对果实品质形成至关重要。果实糖积累水平最终由糖在果实中的代谢决定。蔗糖合成酶(SS)、蔗糖磷酸合成酶(SPS)和转化酶(AI)都与果实糖代谢有关。7 月 31 日至 8 月 10 日，两种架式的爱格丽葡萄果实 SS-s 活性呈下降趋势，而 SPS 活性、SS-c 活性和 AI 活性上升，致使蔗糖的量不断减少；8 月 10 日至 8 月 24 日，ILSP 和 SCCT 葡萄果实的 AI 活性、SPS 活性和 SS-c 活性随着成熟先升高后降低，呈倒“V”型变化趋势；SS-s 活性呈“V”型变化趋势。所以，葡萄果实糖积累是这四种酶共同作用的结果。尽管都是这四种代谢酶的合力最终导致了蔗糖的减少，但是这两种架式的蔗糖代谢机理不同：其一，SCCT 通过 SS-s 活性的上升调节净合成活性，而 ILSP 通过 AI 活性的上升调节净合成活性；其二，SCCT＞ILSP，即在大多数情况下，SCCT 的净合成活性高于 ILSP 的净合成活性，且 ILSP 净合成活性的变化比 SCCT 的平缓，这是导致不同架式的爱格丽葡萄果实糖积累差异，并最终导致二者果实品质形成差异的原因。因此，爱格丽葡萄果实糖代谢的差异是糖代谢酶的协同作用导致的，更重要的是架式的差异，架式的差异导致了蔗糖代谢的不同机理。代谢相关酶活性的变化还表明，爱格丽葡萄最佳的成熟时间应在 8 月 10 日。提前采收，不利于果实的成熟；推迟采收，反而降低葡萄的品质。

参考文献

[1] 李华. 葡萄栽培学[M]. 北京：中国农业出版社，2008.

[2] Kühn C, Barker L, Bürkle L, Frommer W B. Update on sucrose transport in higher plants[J]. *Journal of Experimental Botany*, 1999,50(Special Issue): 935 - 953.

[3] Arnold W N. The selection of sucrose as the translocate of higher plants[J]. *Journal of Theoretical Biology*, 1968,21(1): 13 - 20.

[4] Farra J F. The whole plant: carbon partitioning during development [A]. Oxford: Bios Scientific Publishers, 1992,163 - 179.

[5] Bates L M, Hall A E. Stomatal closure with soil water depletion not associated with changes in bulk leaf water status[J]. *Oecologia*, 1981,50(1): 62 - 65.

[6] 陈俊伟，张上隆，张良诚. 果实中糖的运输、代谢与积累及其调控[J]. 植物生理与分子生物学学报，2004,1: 1 - 10.

[7] Stadler R, Truernit E, Gahrtz M, Sauer N. The AtSUC1 sucrose carrier may represent the osmotic driving force for anther dehiscence and pollen tube growth in Arabidopsis[J]. *Plant Journal*, 1999,19(3): 269 - 278.

[8] Ruan Y L, Patrick J W, Brady C. Protoplast hexose carrier activity is a determinate of genotypic difference in hexose storage in tomato fruit[J]. *Plant, Cell and Environment*, 1997, 20 (3): 341 - 349.

[9] Frommer W B, Sonnewald U. Molecular analysis of carbon partitioning in *Solanaceous species* [J]. *Journal of Experimental Botany*, 1995,46(6): 587 - 607.

[10] Zamski E, Shaffer A A. (*Eds.*). Photoassimilate distribution in plants and crops: source-sink relationships [M]. CRC Press, 1996,48.

[11] Rohwer J, Botha F. Analysis of sucrose accumulation in the sugar cane culm on the basis of in vitro kinetic data[J]. *Biochem. J*, 2001,358: 437 - 445.

[12] Uys L, Botha F C, Hofmeyr J H S, Rohwer J M. Kinetic model of sucrose accumulation in maturing *sugarcane* culm tissue[J]. *Phytochemistry*, 2007,68(16): 2375 - 2392.

[13] Thom M, Komor E. Electrogenic proton translocation by the ATPase of sugarcane vacuoles[J]. *Plant physiology*, 1985,77(2): 329 - 334.

[14] Echeverria E, Gonzalez P C, Brune A. Characterization of proton and sugar transport at the tonoplast of sweet lime (Citrus limmetioides) juice cells[J]. *Physiologia Plantarum*, 1997,101 (2): 291 - 300.

[15] Nguyen-Quoc B, Foyer C H. A role for 'futile cycles' involving invertase and sucrose synthase in sucrose metabolism of tomato fruit[J]. *Journal of Experimental Botany*, 2001,52(358): 881 - 889.

[16] Maeshima M. Tonoplast transporters: organization and function[J]. *Annual Review of Plant*

Biology, 2001,52(1): 469 - 497.

[17] Komatsu A, Takanokura Y, Moriguchi T, Omura M, Akihama T. Differential expression of three sucrose-phosphate synthase isoforms during sucrose accumulation in citrus fruits (*Citrus unshiu Marc.*)[J]. *Plant Science*, 1999,140(2): 169 - 178.

[18] 赵智中，张上隆，陈俊伟，陶俊，吴延军. 柑橘品种间糖积累差异的生理基础[J]. 中国农业科学，2002,5: 541 - 545.

[19] Moriguchi T, Abe K, Sanada T, Yamaki S. Levels and role of sucrose synthase, sucrose-phosphate synthase, and acid invertase in sucrose accumulation in fruit of Asian pear[J]. *Journal of the American Society for Horticultural Science*, 1992,117(2): 274 - 278.

[20] Davies C, Robinson S P. Sugar accumulation in grape berries (cloning of two putative vacuolar invertase cDNAs and their expression in grapevine tissues)[J]. *Plant Physiology*, 1996,111(1): 275 - 283.

[21] Hubbard N L, Huber S C, Pharr D M. Sucrose phosphate synthase and acid invertase as determinants of sucrose concentration in developing muskmelon (*Cucumis melo* L.) fruits[J]. *Plant Physiology*, 1989,91(4): 1527 - 1534.

[22] Hubbard N L, Pharr D M, Huber S C. Sucrose phosphate synthase and other sucrose metabolizing enzymes in fruits of various species[J]. *Physiologia Plantarum*, 1991,82(2): 191 - 196.

[23] Moriguchi T, Yamaki S. Purification and characterization of sucrose synthase from peach (*Prunus* persica) fruit[J]. *Plant and Cell Physiology*, 1988,29(8): 1361 - 1366.

[24] Nielsen T H, Veierskov B. Distribution of dry matter in sweet pepper plants (*Capsicum annuum* L.) during the juvenile and generative growth phases[J]. *Scientia Horticulturae*, 1988, 35(3): 179 - 187.

[25] Lowell C A, Tomlinson P T, Koch K E. Sucrose-metabolizing enzymes in transport tissues and adjacent sink structures in developing citrus fruit[J]. *Plant Physiology*, 1989,90(4): 1394 - 1402.

[26] Natalie L H, Steven C H, Pharr D M. Sucrose phosphate synthase and acid invertase as determinants of sucrose concentration in developing muskmelon (*Cucumis melo* L.) fruits[J]. *Plant Physiology*, 1989,91(4): 1527 - 1534.

[27] Islam S, Matsui T, Yoshida Y. Carbohydrate content and the activities of sucrose synthase, sucrose phosphate synthase and acid invertase in different tomato cultivars during fruit development[J]. *Scientia Horticulturae*, 1996,65(2): 125 - 136.

[28] 郑国琦，宋玉霞，郭生虎，马红爱，牛东玲. 肉苁蓉和寄主梭梭体内可溶性糖分积累与蔗糖代谢相关酶活性研究[J]. 西北植物学报，2006,6: 1175 - 1182.

[29] Zhang M F, Li Zh L, Chen K S, Qian Q Q, Zhang S L. The relationship between sugar accumulation and enzymes related to sucrose metabolism in developing fruits of muskmelon[J]. *Journal of Plant Physiology and Molecular Biology*, 2003,29(5): 455 - 462 (in Chinese).

[30] 常尚连，于贤昌，于喜艳. 西瓜果实发育过程中糖分积累与相关酶活性的变化[J]. 西北农业学报，2006,3: 138 - 141.

[31] 范爽，高东升，李忠勇. 设施栽培中“春捷”桃糖积累与相关酶活性的变化[J]. 园艺学报，2006,6: 1307 - 1309.

[32] Zhang M F, Li Zh L, Chen K S, Qian Q Q, Zhang S L. The relationship between sugar accumulation and enzymes related to sucrose metabolism in developing fruits of muskmelon[J]. *Journal of Plant Physiology and Molecular Biology*, 2003,29(5): 455 - 462 (in Chinese).

[33] 倪照君，沈丹婷，顾林平，章镇，黄蕾芳，高志红. 枇杷果实发育过程中糖积累及相关酶活性变化研究[J]. 西北植物学报，2009,3: 487 - 493.

[34] 闫梅玲，王振平，范永，周明，孙盼，单守明，代红军. 蔗糖代谢相关酶在赤霞珠葡萄果实糖积累中的作用[J]. 果树学报，2010,5: 703 - 707.

[35] 卢彩玉，郑小艳，贾惠娟，卢如国，滕元文. 根域限制对"巨玫瑰"葡萄果实可溶性糖含量及相关代谢酶活性的影响[J]. 园艺学报，2011,5: 825 - 832.

[36] 李记明. 关于葡萄品质的评价指标[J]. 中外葡萄与葡萄酒，1999,1: 56 - 59.

[37] Hawker J S. Changes in the activities of enzymes concerned with sugar metabolism during the development of grape berries[J]. *Phytochemistry*, 1969,8(1): 9 - 17.

[38] Hubbard N L, Pharr D M, Huber S C. Role of sucrose phosphate synthase in sucrose biosynthesis in ripening bananas and its relationship to the respiratory climacteric[J]. *Plant Physiology*, 1990,94(1): 201 - 208.

[39] MacRae E, Quick W P, Benker C, Stitt M. Carbohydrate metabolism during postharvest ripening in kiwifruit[J]. *Planta*, 1992,188(3): 314 - 323.

[40] Berüter J. Sugar accumulation and changes in the activities of related enzymes during development of the apple fruit[J]. *Journal of Plant physiology*, 1985,121(4): 331 - 341.

[41] 王永章，张大鹏. 乙烯对成熟期新红星苹果果实碳水化合物代谢的调控[J]. 园艺学报，2000, 27(6): 391 - 395.

[42] Klann E M, Hall B, Bennett A B. Antisense acid invertase (*TW7*) gene alters soluble sugar composition and size in transgenic tomato fruit[J]. *Plant Physiology*, 1996,112(3): 1321 - 1330.

[43] Lee H S, Sturm A. Purification and characterization of neutral and alkaline invertase from carrot [J]. *Plant Physiology*, 1996,112(4): 1513 - 1522.

[44] Tang G Q, Lüscher M, Sturm A. Antisense repression of vacuolar and cell wall invertase in transgenic carrot alters early plant development and sucrose partitioning[J]. *The Plant Cell Online*, 1999,11(2): 177 - 189.

[45] 秦巧平，张上隆，谢鸣，陈俊伟. 果实糖含量及成分调控的分子生物学研究进展[J]. 果树学报，2005,5: 519 - 525.

[46] Krishnan H B, Pueppke S G. Cherry fruit invertase: partial purification, characterization and activity during fruit development[J]. *Journal of Plant Physiology*, 1990,135(6): 662 - 666.

[47] McCollum T G, Huber D J, Cantliffe D J. Soluble sugar accumulation and activity of related enzymes during muskmelon fruit development [J]. *Journal of the American Society for Horticultural Science*, 1988,113(3): 399 - 403.

[48] 潘秋红，张大鹏. 植物酸性转化酶基因及其表达调控[J]. 植物学通报，2005,22(2): 129 - 137.

[49] 卢合全，沈法富，刘凌霄，孙维方. 植物蔗糖合成酶功能与分子生物学研究进展[J]. 中国农学通报，2005,21(7): 34 - 37.

[50] Elling L. Effect of metal ions on sucrose synthase from rice grains-A study on enzyme inhibition

and enzyme topography[J]. *Glycobiology*, 1995,5(2): 201 - 206.

[51] 张明方，李志凌. 高等植物中与蔗糖代谢相关的酶[J]. 植物生理学通讯，2002,38(3): 289 - 295.

[52] Huber S C, Huber J L. Role and regulation of sucrose-phosphate synthase in higher plants[J]. *Annual Review of Plant Biology*, 1996,47(1): 431 - 444.

[53] 李永庚，于振文，姜东，余松烈. 冬小麦旗叶蔗糖和籽粒淀粉合成动态及与其有关的酶活性的研究[J].作物学报，2001,27(5): 658 - 664.

[54] 刘凌霄，沈法富，卢合全，韩庆点，刘云国. 蔗糖代谢中蔗糖磷酸合成酶(SPS)的研究进展[J]. 分子植物育种，2005,3(2): 275 - 281.

[55] Farrar J, Pollock C, Gallagher J. Sucrose and the integration of metabolism in vascular plants [J]. *Plant Science*, 2000,154(1): 1 - 11.

[56] Harbron S, Foyer C, Walker D. The purification and properties of sucrose-phosphate synthetase from spinach leaves: the involvement of this enzyme and fructose bisphosphatase in the regulation of sucrose biosynthesis[J]. *Archives of biochemistry and biophysics*, 1981,212(1): 237 - 246.

[57] Huber S C. Role of sucrose-phosphate synthase in partitioning of carbon in leaves[J]. *Plant Physiology*, 1983,71(4): 818 - 821.

[58] Trevanion S J, Castleden C K, Foyer C H, Furbank R T, Quick W P, Lunn J E. Regulation of sucrose-phosphate synthase in wheat (Triticum aestivum) leaves[J]. *Functional Plant Biology*, 2004,31(7): 685 - 695.

[59] Wajahat M. Study of some kinetic properties of sucrose phosphate synthase from rice leaves[J]. *Pakistan Journal of Botany*, 1999,31(1): 63 - 77.

[60] Lv Y M, Zhang D P. Accumulation of sugars in developing fruits[J]. *Plant Physiology Communications*, 2000,36(3): 258 - 265.

[61] Liu Y Z, Li D G. Sugar accumulation and changes of sucrose-metabolizing enzyme activities in citrus fruit[J]. *Acta Horticulturae Sinica*, 2003,30(4): 457 - 459.

[62] 赵智中，张上隆，陈俊伟，陶俊，吴延军. 柑橘品种间糖积累差异的生理基础[J]. 中国农业科学，2002,5: 541 - 545.

[63] 邱文伟. 不同生境下脐橙果实蔗糖代谢相关酶的研究[D]. 四川:四川农业大学，2005.

[64] 黄东亮，李双喜，廖青，秦翠鲜，林丽，方锋学，李杨瑞. 植物蔗糖磷酸合成酶研究进展[J]. 中国生物工程杂志，2012,6:109 - 119.

[65] Zheng G Q, Luo X, Zheng Z Y, Wang J, Hu Zh H. Relationship between sugar accumulation and its metabolizing enzymes in Lycium barbarum L.[J]. *Acta Bot. Boreal. -Occident. Sin.*, 2008,28 (6): 1172 - 1178.

[66] 张玉，陈昆松，张上隆，王建华. 猕猴桃果实采后成熟过程中糖代谢及其调节[J]. 植物生理与分子生物学学报，2004,30(3): 317 - 324.

[67] Liu N. Sucrose metabolizing enzymes in sugar beet[J]. *Sugar Crops of China*, 2004,4: 51 - 53 (in Chinese).

[68] Gong R G, Zhang G L, Shi X L. The study of relationship between sucrose accumulation and it s related enzymes in orange fruit[J]. *Journal of Sichuan Agricultural University*, 2004,22(1):

34 - 37(in Chinese).

[69] Lester G E, Arias L S, Gomez-Lim M. Muskmelon fruit soluble acid invertase and sucrose phosphate synthase activity and polypeptide profiles during growth and maturation[J]. *Journal of the American Society for Horticultural Science*, 2001,126(1): 33 - 36.

[70] Zhao Zh Zh, Zhang Sh L, Xu Ch J, Chen K S, Liu Sh T. Roles of sucrose metabolizing enzymes in accumulation of sugars in Satsum a Mandar in fruit[J]. *Acta Horticulturae Sinica*, 2001,28(2): 112 - 118 (in Chinese).

[71] Xu D P, Sung S J S, Black C C. Sucrose metabolism in lima bean seeds[J]. *Plant Physiology*, 1989,89(4): 1106 - 1116.

[72] Schmalstig J G, Hitz W D. Contributions of sucrose synthase and invertase to the metabolism of sucrose in developing leaves estimation by alternate substrate utilization[J]. *Plant Physiology*, 1987,85(2): 407 - 412.

[73] Gao Z, Petreikov M, Zamski E, Schaffer A A. Carbohydrate metabolism during early fruit development of sweet melon (Cucumis melo)[J]. *Physiologia Plantarum*, 1999,106(1): 1 - 8.

第六章　葡萄的理化指标

第一节　概　　述

我国葡萄的产量和栽培面积一直居于世界前列。葡萄果实成熟时间和成熟程度对于葡萄和葡萄酒的质量至关重要。糖、酸、色素、单宁和芳香物质等决定着酿酒葡萄的果实品质[1]。

总糖对酿酒葡萄品质的影响最大[2]，它不仅具有重要的生理作用，影响着酿酒葡萄的品质、口感以及加工，而且与芳香物质的形成有关[2]。含糖量高的果实酿出的酒醇厚丰满。酿酒葡萄中的酸主要是苹果酸、酒石酸和柠檬酸，葡萄果实含酸量转色前可达50 g/L，转色后被呼吸消耗。酿酒葡萄的适宜酸度在6～10 g/L，否则会使酒出现少筋、平淡、乏味或粗硬、酸涩[1]的特点。pH与含酸量密切相关，决定了酿酒葡萄的 H^+ 浓度，在酿造期间控制葡萄酒的稳定性。pH也控制着细菌和酵母菌的数量。

大量研究表明：葡萄果实属于典型的非呼吸跃变型果实，果实生长分为幼果膨大期(Stage I phase)、缓慢生长期(Stage II phase，即lag phase)、成熟期(Stage III phase)三个阶段，呈典型的双S形曲线，并且在缓慢生长期和成熟期之间还存在着一个重要的过渡期(转色期)，此期是果实启动成熟的关键期[3-8]。

近年来，为了生产具有本地特色的优质葡萄酒，葡萄种植区域潜能的挖掘成为研究的热点[9-11]。影响酿酒葡萄品质的因素有气象条件、栽培技术、土壤、品种、浆果成熟度及其他成分的比例等。酿酒葡萄品质与气象因素之间的研究集中在同一地区不同年份或不同酿酒葡萄品质与气象条件的关系上，对指导酿酒葡萄生产和基地选择有很好的作用[12]。

葡萄栽培的研究多集中在新梢密度的优化[13]、叶幕分叉、增加葡萄树间距和基部叶片切除[14]等修剪方法上。在干旱地区，对特定的葡萄品种而言，温度和光照条件是影响葡萄糖酸变化的主要因素，有效积温影响果实中糖的积累，酸的降解受平均气温和光照的影响[15]。在米纳斯吉拉斯塞拉多(热带大草原中气候)炎热的气候条件下，日光对果穗的直射影响了葡萄的感官特征，主要是影响了对葡萄酒质量造成负面影响的有机酸或香气前体的过度降解[16-17]。另外，不同架式的叶幕管理不仅影响了光线拦截和碳同化，也影响了结果区的微气候，这对果实成分和葡萄酒质量影响极大[18-19]。

通过新梢定位等工作可知，有活力的葡萄园叶幕分叉的优势是基于增加的每棵葡萄树的叶幕长度[20-21]和个别新梢分化对叶幕结构的整体修饰[22-25]，这些导致相应叶片和果穗光照微气候的增强[24-26]，反过来影响了降低的水分胁迫[26]、更高的光合作用[25]、增产[20-21,24]和增强香气化合物浓度[14]等方面的葡萄树生理。类似的益处也产生于尽管整体叶幕结构保持不变，每棵葡萄树的叶幕长度、增加和个别茎重减少而增加葡萄树间距[13-14,26]。

因此，分析不同架式对酿酒葡萄品质的影响，对葡萄田间管理有普遍的指导意义。为此，本实验通过探讨 SCCT 和 ILSP 两种模式对酿酒葡萄品质的影响，为优质酿酒葡萄的区划和田间管理及 SCCT 推广提供理论依据。

第二节　葡　　萄

2.1　材料及取样方法

于7月21日、7月25日、7月29日、8月9日、8月15日、8月24日、8月26日和9月11日晴天的早上8:00～10:00取成熟一致的不同架式的葡萄果实，立即进行测定。

2.2　基本指标的检测

TSS、总糖、总酸和pH的测定参照GB15737-2006。

萄果汁的可溶性固形物利用电子折光仪检测，用°Brix表示。总糖的测定采用滴定法，用g/L表示。葡萄果汁总酸采用滴定法进行检测，用g/L酒石酸表示。果汁pH利用pH计进行检测。

第三节　理化指标

3.1　架式与葡萄果实 TSS

架式和采收时间对爱格丽葡萄不同结果枝果实的总可溶性固形物（TSS）的影响如图 6－1。

7 月 21 日，SCCT 五个结果枝的葡萄果实产生了较高的 TSS，这与以前关于高浓度的 TSS 来源于水分胁迫的葡萄树[27]的报道一致。同时，SCCT 的五个结果枝的 TSS 从基部开始呈上升趋势，表明在较低的结果带，离基部越远，水分胁迫越严重，果实的 TSS 越高；而 ILSP 五个结果枝的 TSS 从基部开始呈下降趋势，表明在较高的结果带，离基部越远，水分胁迫越严重，果实的 TSS 反而越低。所以，水分胁迫程度对果实成熟的影响明显。当水分胁迫严重时，果实的成熟反而被抑制。7 月 21 日是果实膨大期，也处于夏日高温期，高温抑制了葡萄叶片的光合作用，叶片容易出现午休现象。而行间生草可以调节葡萄生长的微环境，SCCT 较低的结果带受微环境的影响较大，可以推迟午休现象的来临，所以能够保持正常的光合作用，产生更多的碳水化合物，进而提高 TSS。而 ILSP 的结果带较高，且呈梯度上升，所以随着结果带的上升，受微环境的影响越来越弱，受高温的影响越来越严重，进而在较高的结果带容易出现午休现象，降低了葡萄的 TSS。并且，SCCT 五个结果枝的 TSS 均分别高于 ILSP 的五个结果枝的 TSS。7 月 29 日，SCCT 五个结果枝的 TSS 几乎保持一致，并且除了 SCCT 和 ILSP 的第三个结果枝的 TSS 没有差异外，其他结果枝的 TSS 均高于 ILSP。8 月 24 日的两种架式的 TSS 差异最显著。SCCT 第二和第三个结果枝的 TSS 低于 ILSP，而其余三个结果枝的 TSS 高于 ILSP。SCCT 的五个结果枝的 TSS 呈平缓的“W”型变化，而 ILSP 的五个结果枝的 TSS 呈陡峭的横“S”型变化；并且架式对 8 月 24 日的每个结果枝的 TSS 比对 7 月 29 日的每个结果枝的 TSS 差异显著。8 月 24 日 TSS 的变化除了与架式有关外，季节也是一个主要因素。随着季节的变化，光线相对于南北行向的葡萄树而言发生了倾斜，且变得柔和。对于 ILSP 而言，从基部开始的每个结果枝的物质运输依次降低。所以，ILSP 果实的 TSS 在斜光照的影响下从基部开始上升，在第三个结果枝达到最大，接着开始下降，呈明显的两头小（基部和顶部）、中间高的“S”型变化。由于 SCCT 结果枝和结果带处于同一高度，所以，每个结果枝受生草和光照的影响一致，从基部开始的每个结果枝的物质运输变化较小，其果实 TSS 变化的差异较小。所以，受季节和架式的共同作用，ILSP 每个结果枝上的 TSS 差异显著，而 SCCT 每个结果枝上的 TSS 相对稳定，但具体机理需要进一步的研究。

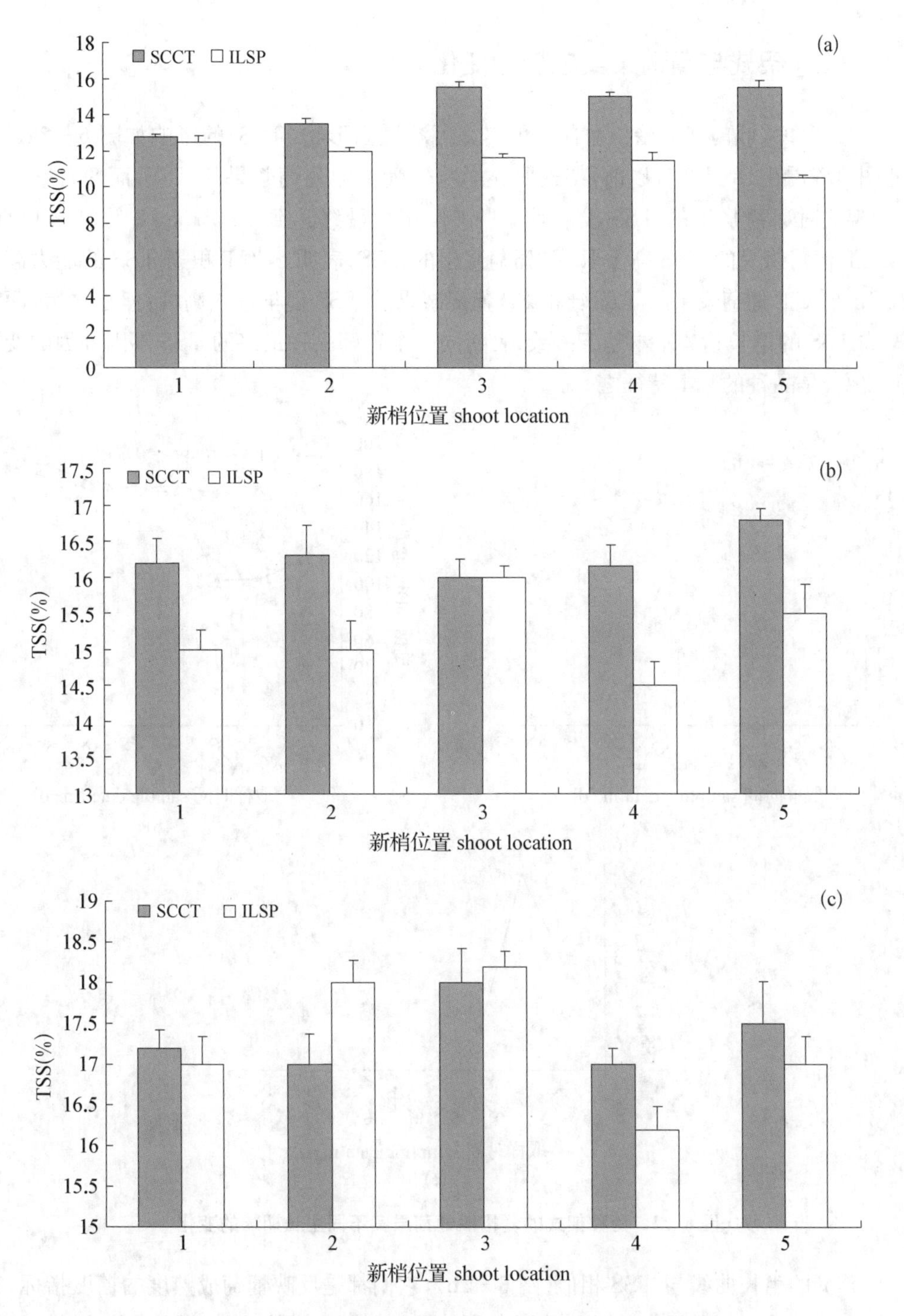

图 6-1　爱格丽两种架式各个结果枝果实的 TSS 曲线比较

注:(a)为 7 月 21 日的 TSS;(b)为 7 月 29 日的 TSS;(c)为 8 月 24 日的 TSS。横坐标 1、2、3、4 和 5 分别代表从基部开始的五个结果枝。

3.2 架式与葡萄果实总糖的变化

架式和采收时间对爱格丽葡萄果实总可溶性固形物(TSS)的影响如图 6－2a。从此图可以看出,8 月 9 日以前,架式明显影响了爱格丽葡萄浆果的 TSS,而 8 月 9 日以后,架式对葡萄浆果的 TSS 没有明显影响,并均最终达到 19°Brix。8 月 9 日以前,SCCT 葡萄浆果的 TSS 高于 ILSP 葡萄浆果的 TSS,表明 SCCT 积累 TSS 的能力高于 ILSP,SCCT 葡萄浆果的 TSS 比 ILSP 葡萄浆果的 TSS 提早进入高峰;但是之后,两种架式 TSS 的增长趋势基本趋于一致,表明同一个葡萄品种最终的 TSS 不因外因的变化而改变,是品种的基本特征之一。

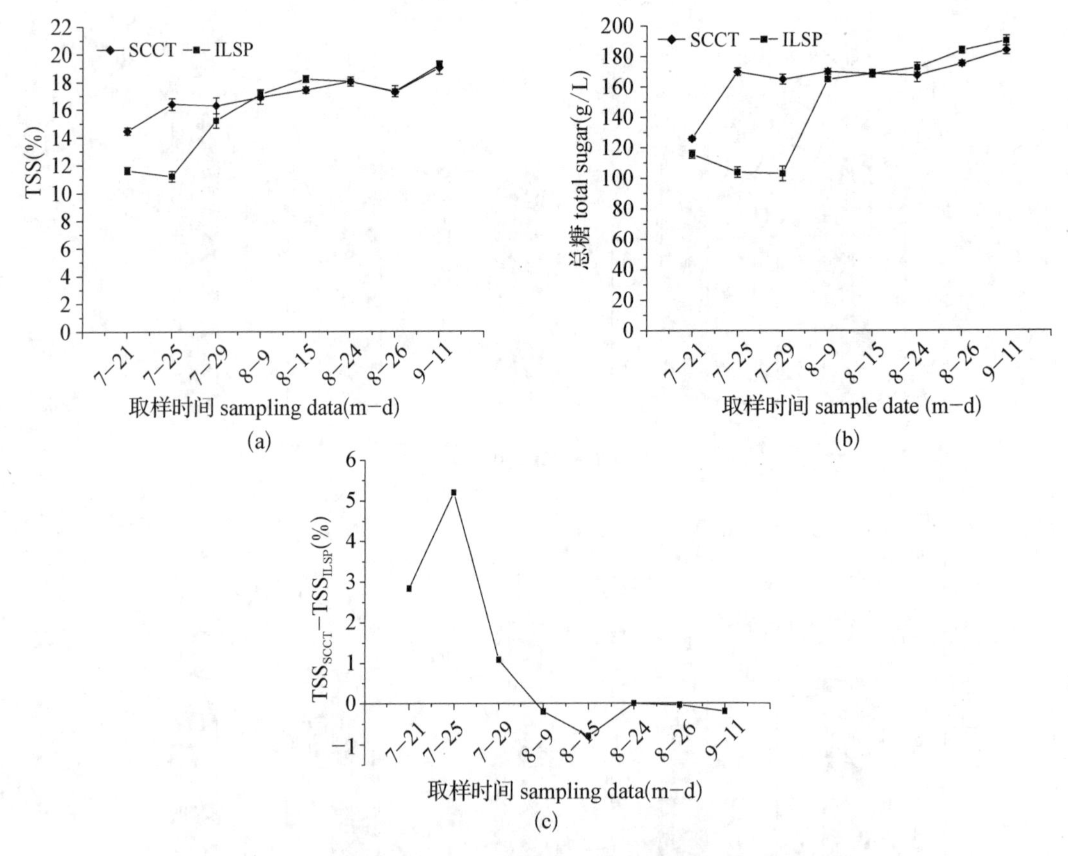

图 6－2　两种架式的爱格丽葡萄果实不同生长期糖的变化

总糖的生长曲线与 TSS 相似(图 6－2b),它们都是反映葡萄成熟度的糖度指标,它们的变化反映了葡萄果实的成熟状况。不论是环境胁迫施加的,还是架式引起的碳供应限制,均不影响浆果的成熟,这与前人采用摘叶措施施加的早期碳供应限制而不影响浆果成熟的结论一致[28-30]。为此,采收时葡萄的成熟参数随着气候和架式而变化。TSS 的积累受光合作用的影响,架式通过调节果穗在日光下暴露的程度影响果实的

TSS。这个结论支持以前的关于葡萄浆果糖的积累不是依靠果穗暴露[23]，而是依靠其他因素，如叶片隐蔽[31-36]的研究结论。在合阳冷凉的气候条件下，SCCT 垂直叶幕的每个果实的叶面积足以保证果实成熟，而 ILSP 倾斜叶幕的每个果实的叶面积足以保证果实成熟，但受到光线的影响，SCCT 果实成熟会加快，而 ILSP 果实会延迟成熟。实验中没有观测到被太阳灼伤的果实，这表明，SCCT 和 ILSP 果实接受的光照强度不足以引起果实的灼伤；也表明葡萄果实适应了紫外光的变化，而这与增加的紫外光保护剂（如酚类物质）浓度的作用有关[36]。

尽管两种架式的葡萄浆果在同一天采收，但是 8 月 9 日以前，SCCT 葡萄果实的 TSS 水平高于 ILSP，与架式导致的越来越多的果实暴露引起的 TSS 差异有关。而 8 月 24 日至 9 月 11 日，SCCT 和 ILSP 有相似的 TSS（图 6－2a、b），但是 ILSP 果实的 pH 比 SCCT 的高，而 ILSP 果实的 TA 比 SCCT 的低（图 6－3、6－4）。Price et al.[36] 研究发现，与适当暴露和自然隐蔽的果实相比，高度暴露的黑比诺葡萄果实有最高的 TSS 和最低的总酸，pH 没有差异。人工隐蔽的黑比诺导致了较低的 pH 和 TA[29]，而人工暴露的黑比诺葡萄转色期有最高的糖含量[39]。就这方面讲，ILSP 能够调节果实的隐蔽，而 SCCT 容易使果实暴露。

SCCT 和 ILSP 葡萄 TSS 含量的明显差异归因于日平均温度。然而，这些差异在 8 月 9 日以后受生态因素的影响不明显，因为 8 月 9 日开始，这两种架式的葡萄 TSS 差异小于 1%（图 6－2c）。这与 Baeza et al.[20] 的部分结果相似，他们在 1990 年和 1992 年研究的四种架式的 Tempranillo 葡萄的 TSS 上发现了差异，而 1991 的 TSS 没有差异。Auvray et al.[40] 也没有在不同架式的葡萄上发现 TSS 的差异。不同的是，在本实验中，8 月 9 日以前葡萄的 TSS 出现了差异，而在 8 月 9 日以后没有出现差异；Auvray et al.[40] 和 Baeza et al.[20] 的研究中，只出现以上其中的一种情况，这与取样时期有关。

3.3　架式与葡萄果实总酸的变化

水分胁迫下总酸的降低和 pH 的增加与以前的研究结论一致，这主要归因于苹果酸的降低[41-42]。所以，水分胁迫加速了葡萄的成熟。本实验量化了整个生长期两种架式的葡萄浆果的总酸浓度（图 6－3）。

7 月 25 日前总酸浓度几乎保持不变，随后开始急剧下降。接着经历两次上升和下降但总的趋势是下降的过程，这主要是由于架式对微气候（光照和降雨）产生了影响，进而引起了总酸浓度的差异和浆果体积的增加导致的有机酸稀释[43]。8 月 24 日之后，架式对总酸的影响变小了，但是两种架式的葡萄浆果的总酸浓度较低，这归因于之前较高的浆果温度加速了与苹果酸有关的浆果的呼吸过程[44-45]。

另外，除了 7 月 29 日和 8 月 24 日的总酸浓度相似之外，8 月 24 日以前，ILSP 葡萄果实的总酸浓度高于 SCCT 的总酸浓度。而 8 月 24 日以后，ILSP 葡萄果实的总酸浓度低于 SCCT 葡萄果实的总酸浓度。这与以前关于低浓度的总酸来源于水分胁迫的葡

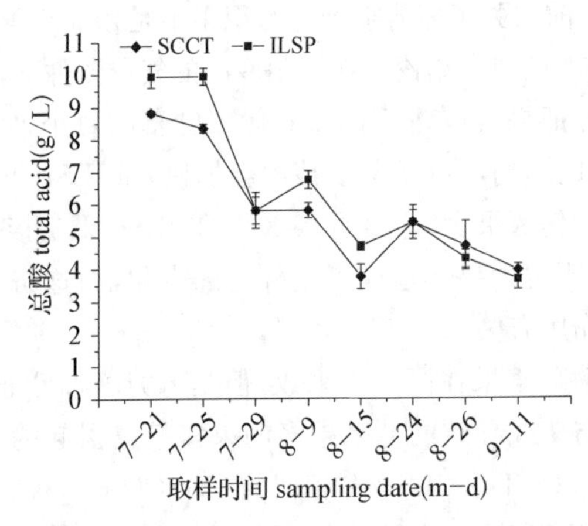

图 6-3　两种架式的爱格丽葡萄果实不同生长期总酸浓度的变化

萄树[27]的报道一致,也与架式和气温的变化有关。架式低,果实受微环境的影响较明显。8 月 24 日以前,气温较高,水分胁迫严重,SCCT 直立暴露的叶幕提高了较低结果带的温度,加速了与苹果酸有关的浆果的呼吸过程,引起了总酸的快速下降;而 ILSP 倾斜的叶幕隐蔽了果穗,反而降低了较高结果带的温度,减缓了与苹果酸有关的浆果的呼吸过程,减缓了果实总酸的下降;8 月 24 日以后,气温降低,水分胁迫也降低。此时,由于光线的偏移,ILSP 葡萄果实充分暴露在光照下,引起了结果带温度升高的现象,加速了与苹果酸有关的浆果的呼吸过程,导致了总酸的快速下降;SCCT 果穗尽管暴露在光照下,但是由于光线的斜射和 SCCT 果穗较低的结果带受微环境的影响明显,降低了照射在葡萄果穗上的光照强度和果穗周围的温度,所以 SCCT 果实的总酸下降缓慢,导致了 ILSP 葡萄果实的总酸浓度低于 SCCT 葡萄果实的总酸浓度。因此,架式对葡萄果实总酸浓度的影响需要考虑两个方面,并且这两个方面存在差异。首先,它们响应了不同架式的果穗暴露。8 月 24 日前,SCCT 果实的总酸浓度阶梯式地下降了很多,ILSP 果实的总酸浓度阶梯式地下降了较少。因此,尽管葡萄浆果在转色前总酸浓度最高,而在采收期降到最低。其次,SCCT 果实的总酸浓度在 7 月 21 日开始就有轻微的下降,而 ILSP 果实的总酸浓度在 7 月 25 日才开始有明显下降。另外,夏季温暖而阳光充足的地区,秋季也是如此,总酸浓度的变化通常与之存在着正相关关系[35-36]。或许是架式同样能调节葡萄结果带的温度和光照,所以架式以同样机制调节着总酸浓度的变化。然而,不同机制影响着总酸动力学,所以总酸浓度的变化并不只是与它们相互关联。比如,阴凉多雨的成熟期之后紧接着的阳光充足的炎热天气有利于总酸的积累,本实验在 7 月 29 日至 8 月 9 日和 8 月 15 日至 8 月 24 日的结果(图 6-3)与之一致。

3.4　架式与葡萄果实 pH 的变化

架式对不同采收时期的爱格丽葡萄果实 pH 的影响如图 6-4。与 TSS 和总糖一样，pH 随着葡萄的成熟和糖浓度的增加而增加(图 6－1、6－2、6－4)，pH 通常在 2.8 至 3.8 之间。本实验中，SCCT 的 pH 在 3.13 至 3.88 之间，ILSP 的 pH 在 2.91 至 3.86 之间，SCCT 的 pH 的最高值出现在 8 月 9 日，ILSP 的最高值出现在 9 月 11 日。

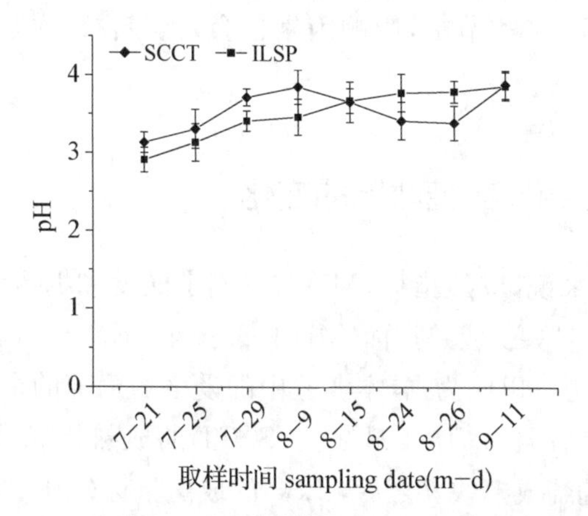

图 6－4　两种架式的爱格丽葡萄果实不同生长期 pH 的变化

葡萄酒的 pH 与葡萄的 pH 密切相关。现在，pH 已经渐渐地被当做葡萄酒品质的重要标准，因为它在预防微生物腐败、乳酸发酵率和葡萄酒颜色的稳定性方面起着重要作用。因此，对葡萄 pH 的研究显得非常重要。

两种架式的爱格丽葡萄果实的 pH 表现出了明显差异。ILSP 葡萄果实的 pH 在整个实验期间呈上升趋势，并且在 8 月 24 日以前快速上升，而 8 月 24 日以后上升缓慢，SCCT 葡萄果实的 pH 呈现先上升后下降再上升的倒“S”趋势。主要是 8 月 15 日之前的干旱胁迫致使葡萄果实 pH 升高，而 ILSP 因隐蔽的叶幕导致葡萄果实 pH 的升高比 SCCT 慢，故而 8 月 15 日之前，ILSP 葡萄果实的 pH 低于 SCCT 葡萄果实的 pH。Butzke and Boulton[37]研究认为，过度的成熟或温暖的气候、有机酸代谢的呼吸作用增强会导致较高的 pH 和较低的总酸。在本实验中，尽管 8 月 15 日之后葡萄进入成熟期，但是降雨缓解了干旱胁迫，导致干旱胁迫对 pH 的影响降低，同时气温的下降也减缓了 pH 升高。而 SCCT 较低的结果带受气温和干旱胁迫变化的影响明显，所以 SCCT 葡萄的 pH8 月 15 日之后开始下降；而 ILSP 葡萄结果带较高，受干旱胁迫变化的影响没有 SCCT 明显，所以 ILSP 葡萄的 pH 继续缓慢上升，但是受气温下降的影响上升减缓，从而导致 8 月 15 日之后 ILSP 葡萄果实的 pH 高于 SCCT 葡萄果实的 pH。随着季节的推移，气温不断下降，葡萄进入过熟期，pH 达到稳定期，受架式、气温、光照和微环境等外界因素的影响极弱，但是在此时升温和光照的作用下，之前受气温下降和降雨影响导致的果实膨大引起的 pH 下降的 SCCT 葡萄果实 pH 开始快速上升，但是不会超过之前的最高峰；而 ILSP 葡萄果实的 pH 由于降雨和降温的影响小，所以，在回温后的光照下仍然缓慢上升，最终两种架式的 pH 还是达到了一致。表明葡萄的最大 pH 不受架式、气温、光照和微环境等外界因素的影响，只与品种特性有关。在 8

月 15 日，两种架式的葡萄果实的 pH 达到了一致，主要是由于 8 月 13 日的降雨导致结果带较低的 SCCT 葡萄果实的 pH 的下降，而结果带较高的 ILSP 葡萄果实的 pH 受其影响较小，故继续上升。总之，pH 的变化受多种因素的影响，架式能够起调节这些因素的作用。不同的季节中，影响因素也会发生转移。但是最终的影响因素是基因型。

3.5 架式与葡萄果实糖酸比的变化

对于葡萄酒产品来说，成熟指标（MI）与可滴定酸度和糖含量有关，应该是 30 至 32[38]，或 37 至 38[39]。总之，成熟指标（MI）不低于 30，不高于 38。所以，MI 值大于 30 是葡萄达到成熟的标志。以此为据，本实验中的爱格丽葡萄的最佳采收时间在 8 月 9 日至 8 月 26 日之间。并且 8 月 24 日之前，SCCT 的成熟指标（MI）比 ILSP 的高，即 SCCT 葡萄比 ILSP 葡萄成熟快。之后，ILSP 的成熟指标（MI）高于 SCCT。两种架式之间的成熟指标（MI）的差异显著（图 6－5）。8 月 9 日至 8 月 15 日，成熟指标（MI）突然出现了急剧上升趋势，主要是总酸的急剧下降和总糖的轻微上升的结果。8 月 15 日至 8 月 24 日，成熟指标（MI）的突然下降是降雨导致的总酸突然上升、总糖突然下降的结果。

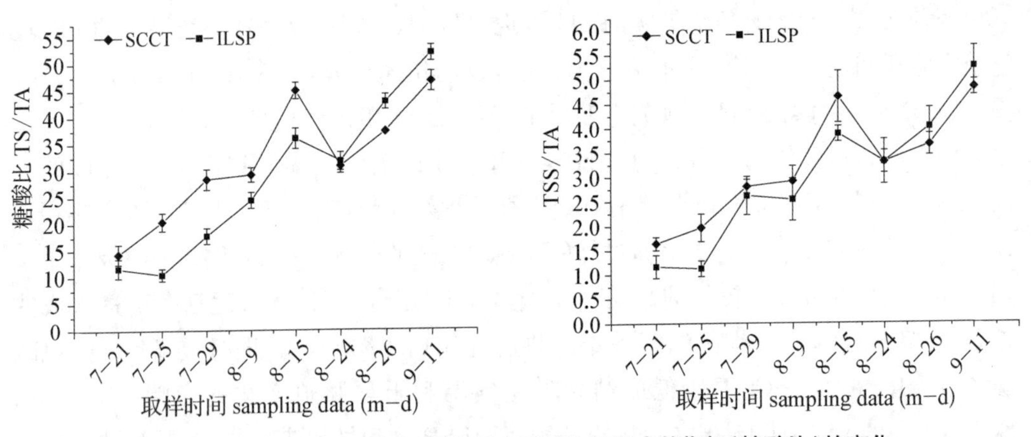

图 6－5　两种架式的爱格丽葡萄果实不同生长期成熟指标（糖酸比）的变化

3.6 架式与果实常规指标

果汁成分差异是所有差异的根源，这归因于少量的果实和叶片暴露。用于评估葡萄果实品质的最常见的指标是 TSS（总糖）、pH 和 TA[39]，它们是水果营养水平的衡量标准[40]。所有这些参数依赖植物的基因型、环境条件、成熟度和采收时间[41]。TSS 主要是在浆果成熟期间增加的，因为在浆果生长初期，糖主要是用于生长和种子发育。转色后，代谢发生了变化，浆果中的糖在成熟期间开始积累。本实验的结果与之一致，并且发现：SCCT 加速了葡萄的成熟(图 6-2a、b)。

对以 TSS 表示的葡萄果实总糖进行分析是葡萄生产中一项传统工作，目的是跟踪葡萄果实的成熟、评估采收时间和葡萄酒最终的酒精度[42]。这种监控葡萄成熟过程的方式给葡萄生理机能的研究提供了重要信息。

从 7 月 21 日至 9 月 11 日的八个采收阶段，以°Brix 表示的葡萄果实的可溶性固形物(TSS)随着采收时间连续上升(SCCT 从 14.46 至 19，ILSP 从 11.62 至 19.2)(图 6-2a)。8 月 15 日至 8 月 24 日，糖的积累主要源于雨后光合作用的短暂增加，而不是葡萄植株内部碳分配不平衡的结果。只有在长期的水分胁迫下，采收时的糖含量和水分胁迫程度才呈强烈的线性关系。长期的水分胁迫能够降低光合作用，在葡萄生长的最后时期阻碍糖的装载。而在成熟的最后阶段，尽管葡萄浆果的 TSS 随着浆果尺寸的降低而增加，葡萄果实的成熟过程仍然是从最初的有效糖积累阶段到最终的稳定期[43-44]。

以前的研究已经证明了隐蔽对果实品质有重要影响[27-28]，花后四周摘除基部叶片能够降低黑比诺葡萄果实的 TSS[45]。无论是叶面积变化还是每个新梢的 LAFW 比率的变化，都引起了可溶性固形物的差异[46]。另有研究认为，早期疏叶导致了更高的葡萄酒酒度，而 pH 和滴定酸不受影响，这与由葡萄果实决定的 TSS 和酸度参数基本一致。并且，从某种程度上进一步证明了果实品质的变化对葡萄酒感官特征的影响[47]。尽管已经有人研究了果穗的暴露对葡萄果实及其成分的影响[48]，但是还没有人对 SCCT 葡萄果实成分的影响进行研究。本研究以独立龙干形(ILSP)为对照，研究了 SCCT 对爱格丽葡萄常规理化指标的影响，旨在为葡萄成熟调控和确定采收期提供理论依据。

通过对葡萄果实 TSS、总糖、总酸、成熟指标(MI)和 pH 变化的研究，我们发现，ILSP 推迟了葡萄果实的成熟(图 6-2、6-3、6-4、6-5)。Spayd et al.[49]的研究已经发现，隐蔽推迟了梅鹿辄果实的成熟。所以，ILSP 对葡萄果实成熟推迟的效果与 Spayd et al.[49]关于隐蔽对果实成熟推迟的效果等效，主要是由于 ILSP 隐蔽了葡萄果实。由于隐蔽，成熟期间，ILSP 爱格丽葡萄果实的总糖水平低于高度暴露的 SCCT 的葡萄果实的总糖水平，这反映了相应葡萄酒的最终酒精浓度。ILSP 较低的果实总糖水平主要是由 ILSP 隐蔽的叶幕导致的葡萄树的光合能力的下降导致的[31]。ILSP 降低了结果带果实的暴露，与结果带叶片的保留作用相似。相反，SCCT 增加了结果带果实的暴露，与叶片的摘除作用相似，它们调节着结果带叶片的光合能力。但是，在本研究中发现，架式对总糖的影响也是有限的。因为架式只有在长期的逆境条件下才能表现出优势，当逆境条件不存在后，架式的作用就随之降低。所以在 8 月 9 日逆境(强光和干旱)的作用降低后，尽管总糖还在增加，但是两种架式的总糖积累保持一致，这也与葡萄基因型有关。

两种架式的葡萄果实的 pH 和总酸也存在差异。有报道称，葡萄果实的 pH 和总酸的差异与光照和温度有关[31,50-51]。

成熟期葡萄果实的酸度与水分状况无关,这与前人的报道一致[52]。总酸与苹果酸的浓度密切相关,但是与酒石酸无关,在其他品种上也有类似报道[53]。但是,成熟期间,水分胁迫加速了苹果酸下降[54-55]。水分胁迫下,葡萄中苹果酸的大量下降归因于叶幕密度的降低。因为叶片一方面隐蔽了果穗,另一方面导致了结果带较高的温度。所以,SCCT 葡萄降低的苹果酸较多,并且与 SCCT 增强的水分胁迫有关。在 Tempranillo 上的灌溉实验得到了相似的结果[40]。因此,苹果酸是酸度降低的主要因素,并且它的降低主要依赖温度的变化,气候因素也可以部分解释酸度的降低。在本实验中,随着气候和温度的变化,两种架式的葡萄果实的酸度均呈下降趋势,并且在 8 月 24 日之前的 SCCT 果实的酸度下降的比 ILSP 快;8 月 24 日之后,则相反。主要是由于架式影响着结果带的微气候(主要是温度和光照的变化),SCCT 的影响比 ILSP 明显。

大多数情况下,水分胁迫与浆果的成熟速度之间存在着高度显著性关系,接近采收期控制灌溉能够加速果实的成熟[26],主要是由于水分胁迫破坏了正常的光合作用和光合运输,加速了葡萄的成熟进程。然而,Sipiora and Granda[56]认为转色前控制灌溉引起的严重水分胁迫延迟了果实的成熟。这表明,转色起始的糖分快速积累期对水分胁迫程度特别敏感[57]。另外,温和水分胁迫下成熟过程的加速与水分胁迫的间接作用,如降低的营养生长和有利的叶幕微气候有关。所以,在本实验中,架式能调节浆果的成熟(图 6-2),主要是因为架式同水分胁迫一样可以通过调节水分胁迫来调节浆果成熟,但是调节机理不同。在其他研究中还发现,成熟速度的提高与果实尺寸的减少有关[58]。表明果实特征,包括果实成分的可变性受物候学因素的影响,架式可以影响葡萄浆果生长期间的微气候。架式导致的葡萄提前成熟已经在赤霞珠[59]、西拉[60]和 Tempranillo[61]上被证实。Diago et al.[62]研究发现,果实可溶性固形物含量的统计学分析显示了歌海娜的 pH 与可滴定酸的显著性差异。图 6-2 和图 6-3 显示了不同架式对葡萄果实总可溶性固形物或总糖和酸度的影响。SCCT 提高了葡萄果实的 TSS 或总糖含量,降低了葡萄果实的酸度。因此,TSS 或总糖的增加伴随着酸度的下降,这意味着酸度的差异源于架式的不同引起的成熟度的差异。

研究发现,高强度修剪对赤霞珠可溶性固形物含量和酸度参数的影响很小[63-64],增加光照不影响果实成分[25,50,65]。而其他研究认为,不同处理增加了果实在日光下的暴露,继而增加了 TSS[66-69]。据报道,摘叶能增加结果带的光照、降低 TSS,原因是摘叶后的叶面积不足以使剩余的果实成熟[70]。

与疏穗和酸度参数如 pH 和可滴定酸有关的不均匀影响主要与经过疏穗处理的葡萄果实的提前成熟有关,也与疏穗对浆果大小的不规则影响有关。此外,通过疏穗降低产量会导致更高的叶/产量比率以及源库平衡的改变,从而增强了同化物向果穗的转移[71]。其他研究已经表明,疏穗常常加速葡萄果实的成熟,导致糖含量增加和酸度降低[72-74],并且晚熟(采)的葡萄通常产生高 pH 和低可滴定酸的葡萄酒[75]。转色后葡萄果实酸含量的下降速度会因浆果大小和疏穗诱导的成熟而加速和/或降低[76]。

Prajitna et al.[77]对 Chambourcin 三年的研究表明,滴定酸含量不受季节的影响。

所以，在整个生长季节，对照和六个不同人工疏穗处理的葡萄果实滴定酸含量几乎没有差异，只有一个随着疏穗而降低滴定酸含量的总趋势[74]。从开花后两周到豌豆大小的早期阶段，对 Chardonnay Musqué[74]和 Chambourcin[77]的手动疏穗显著增加了葡萄酒的 pH，但是对葡萄酒化学成分的影响不大。不同的是，在澳大利亚的两个实验点，即使在豌豆大小时进行机械疏穗，比对照处理的葡萄提前两周采收的西拉葡萄仍能保持较高的可滴定酸，而不影响葡萄酒的 pH[60]。Peña-Neira et al.[78]在智利的西拉葡萄果实上通过手工疏穗获得了类似结果。

许多研究表明，反射膜处理增加了果穗的光照，但是并没有表明这些处理对葡萄 pH 或 TA 的一致影响。有报道称，反光膜对 pH 和 TA 的影响依赖于葡萄品种[79]，还有人认为，结果区增加的日光暴露能降低葡萄果实的 pH 和 TA[67-68]。总酸的减少与暴露在直射光或高温下果实较低的苹果酸浓度有关[70]。

Smart and Robinson[16]的研究表明，葡萄果实的提前成熟受果实暴露和有效叶面积增加的影响，所以 SCCT 果实 TSS 的增加和 TA 的降低与已报道的结果一致[17]。当叶幕生长旺盛、隐蔽了结果区的时候，果汁成分出现了差异[80]。因此，必须保证适宜的叶幕宽度或采用降低结果区叶幕的架式。

由于不同架型之间的开花时间没有差异，SCCT 相对于 ILSP 葡萄的提前成熟在开花后已经出现，这主要是由于 SCCT 架型中暴露果实的大量增加。研究表明，果实暴露的增加是建立在果实提前成熟的基础上的[80-82]，所以，SCCT 果实和叶片暴露的增加是果实提前成熟的最直接原因。

葡萄果实 pH 与 TSS 相似，果实暴露的增加会降低这种结果（图 6－2、6－4）。叶片隐蔽能提高葡萄果实的 pH[17]，但是由于叶片的隐蔽和 pH 的增加，钾在果实中的含量也会增加，因此，这种关系因钾的作用变得复杂了[83]。增加的果实暴露引起了葡萄果实 pH 的增加，这与果实成熟的增加一致[80]。但是，果实暴露的增加不会掩盖叶片隐蔽的作用，叶片隐蔽对赤霞珠葡萄果实 pH 的影响比果实隐蔽更大[50]，并且，果穗隐蔽不影响盆栽黑比诺和解百纳葡萄果实的 pH[84]。葡萄果实 pH 与总酸和 TSS 一样，不会以同样方式响应叶片和果实隐蔽。同时，pH 的变化与光照和影响果实发育的温度[85-86]有关。叶片隐蔽能够增加采收期苹果酸含量，也能降低 TSS 积累[50]。然而，这会被果实暴露的增加缓解，果实的暴露增加了果实温度[86]，反过来，增加了苹果酸的呼吸作用[87-88]。果实暴露的增加也被认为是酶催化合成的糖的增加[67]。

不同架式对葡萄果实成分和葡萄酒品质的影响主要归因于干高和/或大量的多年生木质部对果实暴露、叶幕微气候和产量的影响[89]。因此，适宜的架式不需要破坏性的摘叶或疏穗等技术措施，同样可以调节水分胁迫、光照和温度等微环境条件，促进果实成熟。无论是疏穗、疏叶处理都是对果实或果树的破坏。

因此，葡萄树之间的差异是葡萄果实成分变化的主要因素。架式不会影响开花期的空气温度。但是环境因素，如光照和影响果实发育的温度会随着架式的变化而有所差异。叶幕管理的改变引起了叶面积的变化，增加的果实暴露减少了架式和行向对果汁成分差异的影响。本研究中 SCCT 的垂直叶幕和相同高度的结果带增加了果实暴露，提高了光合作用。所以，SCCT 各个新梢的果实成熟比 ILSP 整齐，成熟较一致。转色前果实的暴露最大限度地增加了 TSS 或总糖，减少了 TA。果实暴露的降低可以延迟转色期的来临，延迟果实成熟，改变浆果物候期。本实验中，由于不同架式的叶幕管理的改变，开花期引起的理化指标的差异持续到收获期。因此，不同架式果实成熟期的延迟是开花期延迟的直接结果。

在同一种架式的葡萄树内部，新梢位置引起的果汁成分的差异较大。这个差异源于葡萄树不同新梢位置果实暴露的差异。然而，在不同架式的葡萄树之间，新梢位置引起的果汁成分的差异更大，这个差异源于果穗位置或高度引起的果实成熟的差异。在本实验中，ILSP 的新梢位置引起的果汁成分的差异比 SCCT 大，这源于 ILSP 葡萄果穗位置或高度引起的自身物候学的延迟和 ILSP 不同新梢位置的果实暴露的差异而引起的果实成熟的差异。差异的大小受架式的影响，这是源于每一种架式的新梢位置果实暴露的差异较大。因此，架式对葡萄果实的影响是显而易见的。果汁成分的差异却是由果实暴露的差异引起。

综上所述，爬地龙架式改善了葡萄生长的微环境，从而提高了葡萄果实的品质。但架式对果实的作用复杂，除光强外，还受品种、生长发育阶段、环境条件及不同产区等因素的影响。因此，今后还需要对不同产区的不同品种葡萄、不同品种葡萄的生长发育阶段，以及不同的架式对葡萄生长环境的调控机制进行系统研究，进一步完善爬地龙架式对葡萄和葡萄酒品质影响的确切机理。另外，希望能研究架式对水分胁迫的影响。

参考文献

[1] 卢彩玉，郑小艳，贾惠娟，卢如国，滕元文. 根域限制对"巨玫瑰"葡萄果实可溶性糖含量及相关代谢酶活性的影响[J]. 园艺学报，2011,5：825－832.

[2] 翟衡，杜金华，管雪强. 酿酒葡萄栽培及加工技术[M]. 北京：中国农业出版社，2001：199－238.

[3] Davies C，Boss P K，Robinson S P. Treatment of grape berries，a nonclimacteric fruit with a synthetic auxin，retards ripening and alters the expression of developmentally regulated genes [J]. *Plant Physiology*，1997,115(3)：1155－1161.

[4] Coombe B G，McCarthy M G. Dynamics of grape berry growth and physiology of ripening[J]. *Australian Journal of Grape and Wine Research*，2000,6(2)：131－135.

[5] White P J. Recent advances in fruit development and ripening：an overview[J]. *Journal of Experimental Botany*，2002,53(377)：1995－2000.

[6] Mpelasoka B S，Schachtman D P，Treeby M T，Thomas M R. A review of potassium nutrition in grapevines with special emphasis on berry accumulation[J]. *Australian Journal of Grape and Wine Research*，2003,9(3)：154－168.

[7] Wheeler S，Loveys B，Ford C，Davies C. The relationship between the expression of abscisic acid biosynthesis genes，accumulation of abscisic acid and the promotion of *Vitis vinifera* L. berry ripening by abscisic acid[J]. *Australian Journal of Grape and Wine Research*，2009,15 (3)：195－204.

[8] Koyama K，Sadamatsu K，Goto-Yamamoto N. Abscisic acid stimulated ripening and gene expression in berry skins of the Cabernet Sauvignon grape[J]. *Functional & integrative genomics*，2010,10(3)：367－381.

[9] Guerra A C，Pereira G，Lima M，Lira M. Vinhos tropicais：novo paradigma enológico e mercadológico[J]. *Informe Agropecuário*，*Belo Horizonte*，2006,27(234)：100－104.

[10] Regina M，Amorim D，Favero A，Mota R，Rodrigues D. Novos pólos vitícolas para produção de vinhos finos em Minas Gerais[J]. *Informe Agropecuário*，2006,27(234)：111－118.

[11] Rosier J P. Vinhos de altitude：característica e potencial na produção de vinhos finos brasileiros [J]. *Informe Agropecuário*，2006,27：105－110.

[12] 张军翔，李玉鼎，王战斗，蔡晓勤，俞惠民，马永明，张国林. 气象因子对葡萄酒质量影响的研究[J]. 山西果树，2004,2：3－5.

[13] Reynolds A G，Wardle D A. Impact of training system and vine spacing on vine performance and berry composition of Seyval blanc[J]. *American Journal of Enology and Viticulture*，1994,45 (4)：444－451.

[14] Reynolds A G，Wardle D A，Naylor A P. Impact of training system，vine spacing，and basal leaf removal on Riesling. Vine performance，berry composition，canopy microclimate，and vineyard labor requirements[J]. *American Journal of Enology and Viticulture*，1996,47(1)：

63－76.

［15］张军翔，顾沛雯，马永明. 宁夏银川地区酿酒葡萄采收期的研究［J］. 宁夏农学院学报，2001,22(3)：26－26.

［16］Smart R，Robinson M. Sunlight into wine：A handbook for winegrape canopy management［M］. New Zealand：Ministry of Agriculture and Fisheries，1991，88.

［17］Hall A，Lamb D W，Holzapfel B P，Louis J P. Within-season temporal variation in correlations between vineyard canopy and winegrape composition and yield［J］. *Precision Agriculture*，2011，12(1)：103－117.

［18］Reynolds A G，Wardle D A，Cliff M A，King M. Impact of training system and vine spacing on vine performance，berry composition，and wine sensory attributes of Riesling［J］. *American Journal of Enology and Viticulture*，2004,55(1)：96－103.

［19］Norberto P M，Regina M D A，Chalfun N N J，Soares A M，Fernandes V B. Influence of the training system in the yield and in the quality of vine fruits 'Folha de Figo' and 'Niagara Rosada' in Caldas，MG［J］. *Ciência e Agrotecnologia*，2008,32(2)：450－455.

［20］Baeza P，Ruiz C，Cuevas E，Sotés V，Lissarrague J R. Ecophysiological and agronomic response of Tempranillo grapevines to four training systems［J］. *American Journal of Enology and Viticulture*，2005,56(2)：129－138.

［21］Zoecklein B W，Wolf T K，Pélanne L，Miller M K，Birkenmaier S S. Effect of vertical shoot-positioned，Smart-Dyson，and Geneva double-curtain training systems on Viognier grape and wine composition［J］. *American Journal of Enology and Viticulture*，2008,59(1)：11－21.

［22］Shaulis N J. Responses of grapevines and grapes to spacing of and within canopies. *In*：Webb A. D. Proceedings of the University of California，Davis，Grape and Wine Centennial Symposium［M］. Davis：University of California Davis，1982,353－361.

［23］Haselgrove L，Botting D，Heeswijck R V，Høj P B，Dry P R，Ford C，Land P G I. Canopy microclimate and berry composition：The effect of bunch exposure on the phenolic composition of *Vitis vinifera* L cv. Shiraz grape berries［J］. *Australian Journal of Grape and Wine Research*，2000,6(2)：141－149.

［24］Sánchez L A，Dokoozlian N K. Bud microclimate and fruitfulness in *Vitis vinifera* L.［J］. *American Journal of Enology and Viticulture*，2005,56(4)：319－329.

［25］Louarn G，Dauzat J，Lecoeur J，Lebon E. Influence of trellis system and shoot positioning on light interception and distribution in two grapevine cultivars with different architectures：an original approach based on 3D canopy modelling［J］. *Australian Journal of Grape and Wine Research*，2008,14(3)：143－152.

［26］Reynolds A G，Wardle D A，Hall J W，Dever M. Fruit maturation of four *Vitis vinifera* cultivars in response to vineyard location and basal leaf removal［J］. *American Journal of Enology and Viticulture*，1995,46(4)：542－558.

［27］Bravdo B，Hepner Y，Loinger C，Cohen S，Tabacman H. Effect of irrigation and crop level on growth，yield and wine quality of Cabernet Sauvignon［J］. *American Journal of Enology and Viticulture*，1985,36(2)：132－139.

[28] Downey M O, Harvey J S, Robinson S P. The effect of bunch shading on berry development and flavonoid accumulation in Shiraz grapes[J]. *Australian Journal of Grape and Wine Research*, 2004,10(1): 55 - 73.

[29] Cortell J M, Kennedy J A. Effect of shading on accumulation of flavonoid compounds in (*Vitis vinifera* L.) Pinot noir fruit and extraction in a model system[J]. *Journal of Agricultural and Food Chemistry*, 2006,54(22): 8510 - 8520.

[30] Keller M. Managing grapevines to optimise fruit development in a challenging environment: a climate change primer for viticulturists[J]. *Australian Journal of Grape and Wine Research*, 2010,16(s1): 56 - 69.

[31] Reynolds A G, Pool R M, Matpick L. Influence of cluster exposure on fruit composition and wine quality of Seyval blanc grapes[J]. *Vitis*, 1986,25: 85 - 95.

[32] Rojas-Lara B A, Morrison J C. Differential effects of shading fruit or foliage on the development and composition of grape berries[J]. *Vitis*, 1989,28: 199 - 208.

[33] Keller M, Arnink K J, Hrazdina G. Interaction of nitrogen availability during bloom and light intensity during veraison. I. Effects on grapevine growth, fruit development, and ripening[J]. *American Journal of Enology and Viticulture*, 1998,49(3): 333 - 340.

[34] Mabrouk H, Sinoquet H. Indices of light microclimate and canopy structure of grapevines determined by 3D digitising and image analysis, and their relationship to grape quality[J]. *Australian Journal of Grape and Wine Research*, 1998,4(1): 2 - 13.

[35] Ristic R, Iland P G. Grape seed development and its relationships with berry development[J]. *Australian Journal of Grape and Wine Research*, 2005,11: 43 - 58.

[36] Ristic R, Francis L, Herderich M, Iland P. Seed development and phenolic compounds in seeds, skins and wines [M]//Proceedings ASVO Seminar 'Finishing the job-optimal ripening of Cabernet Sauvignon and Shiraz'. Adelaide: *Australian Society of Viticulture and Oenology*, 2006,15 - 21.

[37] Butzke C E, Boulton R B. Acidity, pH and potassium for grapegrowers[J]. *Practical Winery and Vineyard*, 1997:10 - 16.

[38] Price S F, Breen P J, Valladao M, Watson B T. Cluster sun exposure and quercetin in Pinot noir grapes and wine[J]. *American Journal of Enology and Viticulture*, 1995,46(2): 187 - 194.

[39] Pereira G, Gaudillere J P, Pieri P, Hilbert G, Maucourt M, Deborde C A. Moing Rolin D. Microclimate influence on mineral and metabolic profiles of grape berries[J]. *Journal of Agricultural and Food Chemistry*, 2006,54(18): 6765 - 6775.

[40] Auvray A, Baeza P, Ruiz C, González-Padierna C M. Influence of various canopy geometries on must composition[J]. *Progres Agricole Viticole*, 1999,166: 253 - 257.

[41] Esteban M A, Villanueva M J, Lissarrague J R. Effect of irrigation on changes in berry composition of Tempranillo during maturation. Sugars, organic acids, and mineral elements[J]. *American Journal of Enology and Viticulture*, 1999,50(4): 418 - 434.

[42] Koundouras S, Marinos V, Gkoulioti A, Kotseridis Y, van Leeuwen C. Influence of vineyard location and vine water status on fruit maturation of nonirrigated cv. Agiorgitiko (*Vitis vinifera* L.). Effects on wine phenolic and aroma components[J]. *Journal of Agricultural and Food*

Chemistry, 2006,54(14): 5077-5086.

[43] Borgogno L, Taretto E, Bologna P, Arnulfo C, Morando A. La maturazione dell'uva Bologna [J]. *Vignevini*, 1984,3(11): 59-65.

[44] Lakso A N, Kliewer W M. The influence of temperature on malic acid metabolism in grape berries. II. Temperature responses of net dark CO_2 fixation and malic acid pools[J]. *American Journal of Enology and Viticulture*, 1978,29(3): 145-149.

[45] Volschenk H, van Vuuren H J J, Viljoen-Bloom M. Malic acid in wine: origin, function and metabolism during vinification[J]. *South African Journal for Enology & Viticulture*, 2006,27 (2): 123-136.

[46] Allen M S, Lacey M J. Methoxypyrazine grape flavour: influence of climate, cultivar, and viticulture Vitic[J]. *Enol. Sci (Wein-Wissenschaft)*, 1993,48(3-6): 211-213.

[47] Falcão L D, de Revel G, Perello M C, Moutsiou A, Zanus M C, Bordignon-Luiz M T. A survey of seasonal temperatures and vineyard altitude influences on 2-methoxy-3-isobutylpyrazine, C_{13}-norisoprenoids, and the sensory profile of Brazilian Cabernet Sauvignon wines[J]. *Journal of Agricultural and Food Chemistry*, 2007,55(9): 3605-3612.

[48] Butzke C E, Boulton R B. Acidity, pH and potassium for grapegrowers[J]. *Practical Winery and Vineyard*, 1997,10-16.

[49] Spayd S E, Tarara J M, Mee D L, Ferguson J C. Separation of sunlight and temperature effects on the composition of *Vitis vinifera* cv. Merlot berries[J]. *American Journal of Enology and Viticulture*, 2002,53(3): 171-182.

[50] Gallander J F. Effect of grape maturity on the composition and quality of Ohio Vidal blanc wines [J]. *American Journal of Enology and Viticulture*, 1983,34(3): 139-141.

[51] Amerine M A, Berg H W, Kunkee R E, Ough C S, Singleton V L, Webb A D. The technology of wine making [M]. Fourth edition. Westport, Conn: AVI Publishing Company Inc., 1980, 794.

[52] Drogoudi P D, Michailidis Z, Pantelidis G. Peel and flesh antioxidant content and harvest quality characteristics of seven apple cultivars[J]. *Scientia Horticulturae*, 2008,115(2): 149-153.

[53] Hudina M, Stampar F. The correlation of the pear (Pyrus communis L.) cv. 'Williams' yield quality to the foliar nutrition and water regime[J]. *Acta Agric. Sloven*, 2005,85: 179-185.

[54] Iland P, Bruer N, Edwards G, Weeks S, Wilkes E. Chemical Analysis of Grapes and Wine: Techniques and Concepts [M]. Campbelltown, Australia: Patrick Iland Wine Promotions, 2004,32-58.

[55] Bindon K A, Dry P R, Loveys B R. The interactive effect of pruning level and irrigation strategy on grape berry ripening and composition in *Vitis vinifera* L. cv. Shiraz [J]. *South African Journal of Enology and Viticulture*, 2008,29(2): 71-78.

[56] Sipiora M J, Granda M J G. Effects of preveraison irrigation cutoff and skin contact time on the composition, color, and phenolic content of young Cabernet Sauvignon wines in Spain [J]. *American Journal of Enology and Viticulture*, 1998,49(2): 152-162.

[57] Deloire A. The concept of berry sugar loading[J]. *Wynland Wynboer*, 2011,257: 93-95.

[58] Vasconcelos M C, Castagnoli S. Leaf canopy structure and vine performance[J]. *American Journal of Enology and Viticulture*, 2000,51(4): 390 - 396.

[59] Naylor A P. The effects of row orientation, trellis type, shoot and bunch position on the variability of Sauvignon blanc (*Vitis vinifera* L.) juice composition[D]. Lincoln: Lincoln University, 2001.

[60] Ristic R, Downey M O, Iland P G, Bindon K, Francis I L, Herderich M, Robinson S P. Exclusion of sunlight from Shiraz grapes alters wine colour, tannin and sensory properties[J]. *Australian Journal of Grape and Wine Research*, 2007,13(2): 53 - 65.

[61] Zoecklein B W, Wolf T K, Marcy J E, Jasinski Y. Effect of fruit zone leaf thinning on total glycosides and selected aglycone concentrations of Riesling (*Vitis vinifera* L.) grapes[J]. *American Journal of Enology and Viticulture*, 1998,49(1): 35 - 43.

[62] Diago M P, Vilanova M, Blanco J A, Tardaguila J. Effects of mechanical thinning on fruit and wine composition and sensory attributes of Grenache and Tempranillo varieties (*Vitis vinifera* L.)[J]. *Australian Journal of Grape and Wine Research*, 2010,16(2): 314 - 326.

[63] Spayd S E, Tarara J M, Mee D L, Ferguson J C. Separation of sunlight and temperature effects on the composition of *Vitis vinifera* cv. Merlot berries[J]. *American Journal of Enology and Viticulture*, 2002,53(3): 171 - 182.

[64] Morrison J C, Noble A C. The effects of leaf and cluster shading on the composition of Cabernet Sauvignon grapes and on fruit and wine sensory properties[J]. *American Journal of Enology and Viticulture*, 1990,41(3): 193 - 200.

[65] Downey M O, Dokoozlian N K, Krstic M P. Cultural practice and environmental impacts on the flavonoid composition of grapes and wine: a review of recent research[J]. *American Journal of Enology and Viticulture*, 2006,57(3): 257 - 268.

[66] Stevens R M, Harvey G, Aspinall D. Grapevine growth of shoots and fruit linearly correlate with water stress indices based on root-weighted soil matric potential[J]. *Australian Journal of Grape and Wine Research*, 1995,1(2): 58 - 66.

[67] van Leeuwen C, Friant P, Chone X, Tregoat O, Koundouras S, Dubourdieu D. Influence of climate, soil, and cultivar on terroir[J]. *American Journal of Enology and Viticulture*, 2004, 55(3): 207 - 217.

[68] van Leeuwen C, Seguin G. Incidences de l'alimentation en eau de la vigne, appréciée par l'é tat hydrique du feuillage, sur le développement de l'appareil végétatif et la maturation du raisin (*Vitis Vinifera* variété Cabernet franc, Saint-Emilion, 1990)[J]. *Journal International des Sciences de la Vigne et du Vin*, 1994,28: 81 - 110.

[69] Salón J L, Chirivella C, Castel J R. Response of cv. Bobal to timing of deficit irrigation in Requena, Spain: water relations, yield, and wine quality[J]. *American Journal of Enology and Viticulture*, 2005,56(1): 1 - 8.

[70] Sipiora M J, Granda M J G. Effects of preveraison irrigation cutoff and skin contact time on the composition, color, and phenolic content of young Cabernet Sauvignon wines in Spain[J]. *American Journal of Enology and Viticulture*, 1998,49(2): 152 - 162.

[71] Carbonneau A P, Huglin P. Adaptation of training systems to French regions. In: Webb A D. Proceedings Davies Grape and Wine Centennial Symposium [M]. Berkeley: University of California Press, 1980,376 - 385.

[72] Bravdo B, Hepner Y, Loinger C, Cohen S, Tabacman H. Effect of crop level on growth, yield and wine quality of a high yielding Carignane vineyard[J]. *American Journal of Enology and Viticulture*, 1984,35(4): 247 - 252.

[73] Petrie P R, Clingeleffer P R. Crop thinning (hand versus mechanical), grape maturity and anthocyanin concentration: outcomes from irrigated Cabernet Sauvignon (*Vitis vinifera* L.) in a warm climate[J]. *Australian Journal of Grape and Wine Research*, 2006,12(1): 21 - 29.

[74] Clingeleffer P R, Krstic M P. Welsh M A. Effect of post-set, crop control on yield and wine quality of Syrah [M]//Proceedings of the Eleventh Australian Wine Industry Technical Conference. Urrbrae, South Australia: *The Australian Wine Industry Technical Conference* Inc., 2002, 84 - 86.

[75] Tardaguila J, Petrie P R, Poni S, Diago M P, de Toda F M. Effects of mechanical thinning on yield and fruit composition of Tempranillo and Grenache grapes trained to a vertical shoot-positioned canopy[J]. *American Journal of Enology and Viticulture*, 2008,59(4): 412 - 417.

[76] Diago M P, Vilanova M, Blanco J A, Tardaguila J. Effects of mechanical thinning on fruit and wine composition and sensory attributes of Grenache and Tempranillo varieties (*Vitis vinifera* L.)[J]. *Australian Journal of Grape and Wine Research*, 2010,16(2): 314 - 326.

[77] Prajitna A, Dami I E, Steiner T E, Ferree D C, Scheerens J C, Schwartz S J. Influence of cluster thinning on phenolic composition, resveratrol, and antioxidant capacity in Chambourcin wine[J]. *American Journal of Enology and Viticulture*, 2007,58(3): 346 - 350.

[78] Keller M, Mills L J, Wample R L, Spayd S E. Cluster thinning effects on three deficit-irrigated *Vitis vinifera* cultivars[J]. *American Journal of Enology and Viticulture*, 2005, 56(2): 91 - 103.

[79] Keller M, Smithyman R P, Mills L J. Interactive effects of deficit irrigation and crop load on Cabernet Sauvignon in an arid climate[J]. *American Journal of Enology and Viticulture*, 59 (3): 2008,221 - 234.

[80] Smith S, Codrington I C, Robertson M, Smart R E. Viticultural and oenological implications of leaf removal for New Zealand vineyards[M]//Smart RE, Thornton R., Rodriguez S., Young J. Proceedings of the Second International Symposium for Cool Climate Viticulture and Oenology. Auckland: New Zealand Society for Viticulture and Oenology, 1988,127 - 133.

[81] Crippen D D, Morrison J C. The effects of sun exposure on the compositional development of Cabernet Sauvignon berries[J]. *American Journal of Enology and Viticulture*, 1986,37(4): 235 - 242.

[82] Kliewer M W, Marois J J, Bledsoe A M, Smith S P, Benz M J, Silvestroni O. Relative effectiveness of leaf removal, shoot positioning, and trellising for improving winegrape composition[M]//Smart R.E. Thornton R, Rodriguez S, Young J. (*Eds.*). Proceedings of the Second International Symposium for Cool Climate Viticulture and Oenology. Auckland: New

Zealand Society for Viticulture and Oenology，1988，123－126.

[83] Bergqvist J，Dokoozlian N，Ebisuda N. Sunlight exposure and temperature effects on berry growth and composition of Cabernet Sauvignon and Grenache in the Central San Joaquin Valley of California[J]. *American Journal of Enology and Viticulture*，2001，52(1)：1－7.

[84] Coventry J M，Fisher K H，Strommer J N，Reynolds A G. Reflective mulch to enhance berry quality in Ontario wine grapes[J]. *Acta Horticulturae*，2005，689：95－101.

[85] Zoecklein B W，Wolf T K，Duncan N W，Judge J M，Cook M K. Effects of fruit zone leaf removal on yield，fruit composition，and fruit rot incidence of Chardonnay and White Riesling (*Vitis vinifera* L.) grapes[J]. *American Journal of Enology and Viticulture*，1992，43(2)：139－148.

[86] Poni S，Casalini L，Bernizzoni F，Civardi S，Intrieri C. Effects of early defoliation on shoot photosynthesis，yield components，and grape composition[J]. *American Journal of Enology and Viticulture*，2006，57(4)：397－407.

[87] Clingeleffer P R. Development of management systems for low cost，high quality wine production and vigour control in cool climate Australian vineyards[J]. *Wein-Wissenschaft*，1993，48(3－6)：130－134.

[88] Ridomi A，Pezza L，Intrieri C，Silvestroni O. Effects of cluster thinning on yield and quality of Sylvoz-trained cv. Prosecco，*Vitis vinifera* L[J]. *Rivista Viticoltura ed Enologia*，1995，48：35－40.

[89] Reynolds A G，Schlosser J，Sorokowsky D，Roberts R，Willwerth J，de Savigny C. Magnitude of viticultural and enological effects. II. Relative impacts of cluster thinning and yeast strain on composition and sensory attributes of Chardonnay Musqué[J]. *American Journal of Enology and Viticulture*，2007，58(1)：25－41.

第七章　其他生产技术

本章围绕葡萄的土壤结构、光合作用、芸苔素内酯和生长调节剂等方面介绍了葡萄的田间管理技术。土壤结构部分主要介绍了沙质土壤对赤霞珠和美乐葡萄品质的影响，光合作用部分主要介绍了 Matlab 软件基于遗传算法的光合速率模型寻优方法，获得了不同温度下最优净光合速率和对应的光饱和点，并建立了以光饱和点为目标的葡萄光合优化调控模型，模型具有较高的精度。芸苔素内酯部分主要围绕芸苔素的施用时机和浓度对葡萄在生长期间的品质指标进行了介绍，生长调节剂部分主要介绍了采前生长调节剂奇宝、玉米素和赤霉素处理对无核白葡萄采前和贮藏期间品质的影响。该部分内容可以为葡萄生产者管理葡萄提供一些技术参考，同时也可以为葡萄保鲜技术的研究提供前期技术基础。

第一节　土壤与美乐葡萄的成熟

1.1　背　景

石河子地区是中国最佳的酿酒葡萄产区之一，有着多年的葡萄种植和酿酒历史。独特的地理位置和气候条件使石河子成为葡萄种植的"黄金地带"。该地区昼夜温差大，使得葡萄含有丰富的色素和糖分。冬季非常寒冷，恶劣的气候环境减少了病虫害发生。该地区种植的主要葡萄品种包括赤霞珠、美乐、佳美和霞多丽。

美乐原产于法国波尔多，20 世纪 80 年代传入中国。美乐因其适应性强、抗病性好、产量高，已成为中国各产区的主要红葡萄酒品种。在石河子的着色至成熟期一般为 7 月至 9 月，通常以低单宁和低酸度为特征。因此，美乐葡萄酒往往圆润、柔和。

葡萄的质量可以用总糖、总酸、单宁、总酚、花青素含量等参数来表示。由于美乐葡萄成熟过程中受到外界因素的影响，不同地理位置的葡萄在同一时期的品质会有所不同，同一地理位置不同时期的葡萄品质也会发生变化。葡萄在成熟过程中品质不断变化，直接影响葡萄酒的品质。因此，这些指标的测定是调控葡萄成熟过程、生产出不同风格和品质的葡萄酒的必要条件。

不同地块的葡萄品质因土壤、地形、经营管理等因素而异。葡萄变色到成熟期是葡萄生长的一个重要时期。在此期间，葡萄的外在品质和内在品质都会发生很大变化。通过对石河子产区美乐葡萄从转色至成熟期的品质变化进行研究，并对不同地块的土壤、气候、地形等条件进行分析，为该产区美乐葡萄的生产管理提出合理化建议。

葡萄的品质不断变化，各个品质指标在葡萄成熟过程中表现出不同的变化趋势。Kennedy 等和 Muñoz-Robredo 等[1-2]从颜色过渡期开始对酿酒葡萄的有机酸、花青素等指标进行检测，发现在葡萄成熟过程中，有机酸含量呈下降趋势，色素含量呈上升趋势。Dafny-Yalin 等、Morlat 和 Bodin 及 Filippetti 等[3-5]研究发现，酿酒葡萄变色后，还原糖不断积累，滴定酸不断减少，单宁含量不断减少，花青素含量逐渐增加。Zhang 等[6]发现不同葡萄品种果实的可溶性糖、花青素、pH 和乙醇酸比值在成熟过程中呈上升趋势，可滴定酸含量呈先上升后下降趋势。Su 等[7]的研究表明，在葡萄成熟过程中，还原糖含量和乙醇酸比例不断增加，总酸含量不断降低。果皮和种子中多酚含量先降低后逐渐升高。随着采收期的进行，葡萄酒的感官品质逐渐提高。种子总黄酮、果皮总黄酮和果皮总花青素对葡萄和葡萄酒品质的影响最大。葡萄多酚成熟度越好，葡萄酒质量越好。Li 和 Laureano[8-9]研究了葡萄从初熟阶段到采收阶段的糖和可滴定酸指标，发现果实的总糖、还原糖和蔗糖含量随着采收时间不断积累，而硬度变化不明显，可滴定酸含量逐渐降低。

不同的地形、土壤、水、光、温度和人为处理都会影响葡萄的品质。des Gachons 等[10]研究结果表明，产区对酿酒葡萄果实的大小、糖、酸、酚含量等主要品质指标有显著影响。Ju 和 Howard、Esteban 等和 Doshi 等[11-13]发现，产区对葡萄果实的还原糖、总酸、pH、总酚、单宁和总花青素含量有显著影响。Wang 等[14]评价了三种土壤类型(风成土、湿成土和灌溉淤积土)对贺兰山赤霞珠葡萄组成的影响。风成土和湿成土上生长的葡萄比灌溉淤积土上生长的葡萄成熟得早。葡萄中糖分、糖酸比和花青素在风成土中积累最多。生长在灰钙土上的葡萄总酚和单宁含量最高。灌水淤积土酸度较高，果实品质较差。

Tesic 等[15]研究了 10 月和 1 月气温、生根深度、季节降雨量、表土上的粘土和泥砂土的比例、砾石含量对成熟期葡萄品质的影响，发现生境指数与土壤湿度和温度有关，尤其是与气温、粘土和泥砂土的比例及降雨量有关，显著影响冠层性状、营养生长、籽粒早熟以及葡萄果实中的苹果酸、总花青素和 TSS。在同一时期，立地指数对葡萄栽培指标的影响优于气候指标，这证明了葡萄园分区和立地选择对葡萄品质的潜力。

Koundouras 等[16]研究希腊南部 Nemea 产区对葡萄生长的影响表明，地点之间的水分状况与茎部生长有关。水分亏缺促进了葡萄糖的增加和苹果酸的分解。早期水分亏缺可以提高葡萄中花青素、总酚类物质和主要芳香成分糖复合物的浓度，并积累结合性挥发性化合物，为逆境条件下生产优质葡萄酒提供了基础。Navarro 等[17]评价了西班牙葡萄品种 Bobal、Crujidera Tempranillo 和 Cabernet Sauvignon 在不同生长阶段的叶片宏量营养素的变化，证实了多酚、单宁和花青素随着葡萄成熟而增加，同时产生白藜芦醇的生物合成潜力完全依赖于葡萄品种。

石河子产区土壤结构有三种：一种为100％砂壤土结构，土壤通风、排水、保水保肥良好，夏季辐射强。散热和吸热一致，从地面到葡萄表面的光热均匀。第二种土壤结构含有20％砂壤土和80％粘壤土，土壤的特点是透气性差，保暖性和保水性好，根系易窒息，促进厌氧微生物活性，毒害根系，干旱易硬化，不利于葡萄根系、地上部生长和果实品质(热冷不均)。第三种土壤结构含有70％的砂壤土和30％的粘壤土。

基于此，本研究选取石河子地区上述3种土壤结构，分别为5－1、5－2和5－3，研究3种土壤变化对美乐葡萄成熟过程中基本理化指标的影响，为石河子地区美乐葡萄生产实现优质、稳产、绿色、高效的可持续栽培提供理论依据。

为分析石河子地区5－1、5－2和5－3地块美乐葡萄的果实成熟品质，分别于2017年8月23日至2018年9月7日对不同地块美乐葡萄的各项理化指标进行了测定。结果表明，随着葡萄的成熟，糖积累呈上升趋势。3个地块成熟期总糖含量为194.2～259.1 g/L(以葡萄糖计)，其中5－1地块总糖含量最高，为259.1 g/L。总酸含量呈下降趋势，为9.3～4.6 g/L(以酒石酸计)，采收时5－1区最高，为5.3 g/L，5－3区总酸下降最快。PH总体呈上升趋势，从3.39上升到3.83，其中5－3葡萄的增长速度最快，5－1和5－2之间差异较小。单宁含量持续下降，变化范围在6.24～1.04 mg/g之间，其中5－2区单宁含量下降最快，5－1和5－3区单宁含量均为2.08 mg/g。总酚含量先升高后降低。5－3葡萄增加最快，减少最快，从46.25 mg/L到104.779 mg/L到44.118 mg/L。5－1总酚含量上升第二，但下降最慢，最后保持在60.662 mg/L。5－1花青素含量呈上升趋势，最终达到最高水平111 mg/L，5－2和5－3花青素含量迅速上升后略有下降。色度也先升高后降低，从最低点9.563到最高点16.186，上升最快的为5－1，下降缓慢至14.363。5－3以最慢的速度上升到12.75，以最快的速度下降到11.05。通过综合分析三个地块的各项指标并结合生长环境，5－1地块的果实品质相对较好，是最适合美乐葡萄生长成熟的地块。

1.2 实验材料

本试验场地选在新疆西域明珠酒业有限公司优质园区三块地块，每块地块面积13.33 hm^2，5－1地块为100％沙壤土结构。5－2地块与5－3地块土壤结构差异较大。5－3土壤结构中粘壤土占80％，沙壤土占20％。5－2土壤含有70％的沙壤土和30％的粘壤土，即沙壤土从高到低的比例为5－1＞5－2＞5－3，粘壤土比例由高到低为5－3＞5－2＞5－1。它们是由南到北的树篱栽培，统一修剪和灌溉45°的单卷须略有倾斜。

分别于2017年8月23日和28日，9月2日、7日和14日上午8点至10点在5－1、5－2和5－3地块采收赤霞珠葡萄。收集的样品立即储存在冰箱中，分别于2017年10月和2018年10月进行测量。

1.3 仪　器

电子分析天平(Quitix224－1CN),烘箱(DHG－9070A), pH计(BP－10),恒温水浴锅(HWS－26),紫外可见分光光度计(UV－55),磁力加热混合器,高速冷冻离心机(KDC－140HR)。

1.4 方　法

还原糖(以葡萄糖计):斐林试剂法;总酸(以酒石酸计):氢氧化钠滴定法;pH:pH计法;单宁:高锰酸钾直接滴定法;总酚(以没食子酸计):Folin-Ciocalteau试剂比色法;花青素:pH差法;口环:分光光度法。每个样品重复3次。

1.5 总　糖

三个地块葡萄的总糖含量在200～260 g/L,且每个地的总糖含量均呈上升趋势(图7－1)。光照会加速叶片的光合作用,使糖分迅速积累[18],因此总糖含量呈上升趋势。3块地总糖含量起始值(8月23日)非常相似,但在8月28日至9月2日,含量变化较为明显,5－2块地葡萄总糖含量高于其他2各地块。在后期,所有的糖几乎平行于横坐标,5－2葡萄比其他两个地块早熟。此外,9月2日后5－1和5－3地块总糖的上升趋势超过5－2和5－1地块美乐葡萄最终总糖含量仍然较高,这与不同土壤类型、水分等因素对葡萄果实糖积累的影响有关[19]。通过观察发现,地块5－1的含砂量和糖积累量最大,地块5－3的含沙量相对较低。结果表明,沉淀浓度对美乐果实品质有重要影响。

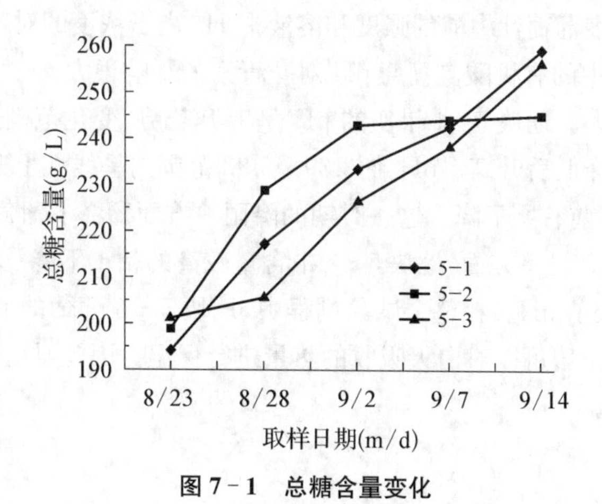

图7－1　总糖含量变化

1.6 总　酸

不同葡萄品种、不同产区间总酸含量差异较大。三个区块的总酸含量均呈下降趋势。在图 7-2 中，5-3 地块葡萄的总酸含量变化范围为 9.3～4.6 g/L，在 8 月 23 日至 8 月 28 日期间呈明显下降趋势。另外两个区块的变化范围为 7.5～5 g/L，变化趋势较为相似。5-3 地块葡萄在 8 月 23 日至 8 月 28 日期间下降尤为迅速，这主要是由于葡萄果实体积增大对酸浓度和三羧酸循环代谢消耗的稀释作用[20-21]。因此，5-3 地块的葡萄果实体积在此期间迅速增加，这是由三羧酸循环代谢迅速造成。

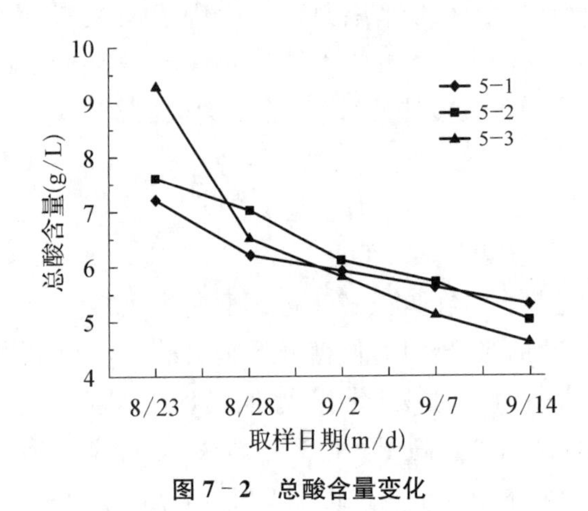

图 7-2　总酸含量变化

1.7 pH

葡萄的 pH 代表葡萄汁中酸的强度和溶液中 H^+ 离子浓度的对数，而葡萄中的 H^+ 离子来自葡萄果实中的有机酸。葡萄 pH 对花青素的影响很大[22]。如图 7-3 所示，三幅图的 pH 差异较大。地块 5-1 果实的 pH 呈上升趋势，变化范围为 3.4～3.8。5-2 地块葡萄的 pH 先降低后升高。pH 在 3.39～3.83 范围内呈线性上升趋势。5-2 地块的 pH 在 8 月 28 日前有所下降。这一时期的降雨一方面稀释了葡萄汁中的有机酸，降低了地温(图 7-3)。另一方面，地块 5-2 中含量较高的粘土不能及时从土壤中带走更多的雨水，从而降低了 pH。在整个试验过程中，地块 5-3 葡萄的 pH 稳步上升，这主要是由于地块内的土壤可以对白天吸收的热量进行保温。因此，尽管有降雨，地温对地块的影响并不明显。

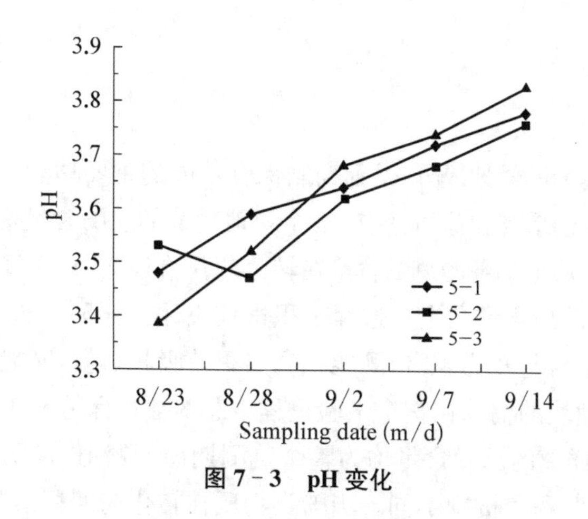

图 7-3　pH 变化

1.8 单　宁

单宁是红酒中的一种重要物质。葡萄变色后单宁含量降低。葡萄单宁含量的变化与葡萄品种密切相关[23]。3 个监测样地单宁含量均呈下降趋势(图 7-4)。5-1 地块葡萄的单宁含量下降较快,单宁含量变化范围为 6.24～2.08 mg/g;5-3 单宁含量变化范围为 4.16～2.08 mg/g;5-2 单宁含量变化范围为 5.20～1.04 mg/g,这与土壤结构有关。

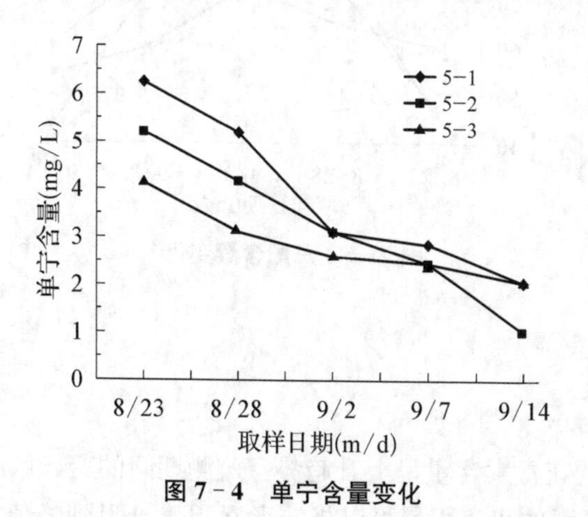

图 7-4　单宁含量变化

5-1 地块含沙较多,有利于单宁的积累。5-2 地块土壤含沙量含量仅次于 5-1 地块,因此 5-2 地块葡萄单宁含量始终低于 5-1 地块。5-3 粘壤土含量高于沙土,单宁含量低于 5-1 和 5-2。而在 8 月 28 日之后,变化相对平缓,主要是由于粘土能够储存白天太阳辐射到土壤的热量,单宁含量的积累更低、更慢。单宁主要存在于葡萄果皮和葡萄籽中[24],在葡萄成熟过程中会转化为其他化合物,导致单宁含量呈下降趋势。

1.9 总 酚

酚类物质是葡萄酒的骨架成分，是葡萄酒保健功能的主要功能物质[25-26]。葡萄中的酚类化合物主要存在于果皮和葡萄籽中。3个块地葡萄的总酚含量均呈现先上升后下降的趋势，5－1和5－3块地葡萄的总酚含量在转色期开始时(8月23日)远低于5－2块地，但5－2块地葡萄的总酚含量在生长过程中积累较快(图7－5)。这主要是因为5－2地块的沙土含量和粘土含量较为丰富，既能在高温季节吸收热量，又能在降温季节保留一定热量，使得5－2地块的葡萄在整个试验过程中总酚含量保持相对平衡。从图中可以看出，9月2日3个样地的总酚含量均为整个监测期内的峰值，说明沙质土和粘土均有利于总酚的积累，但其积累机制不同。当酚类物质在转化初期积累并达到峰值时，由于部分酚类物质转化为其他物质，其中一些物质被水解，3个样地的总酚含量呈先上升后下降的趋势，土壤结构的差异导致了总酚含量的差异。

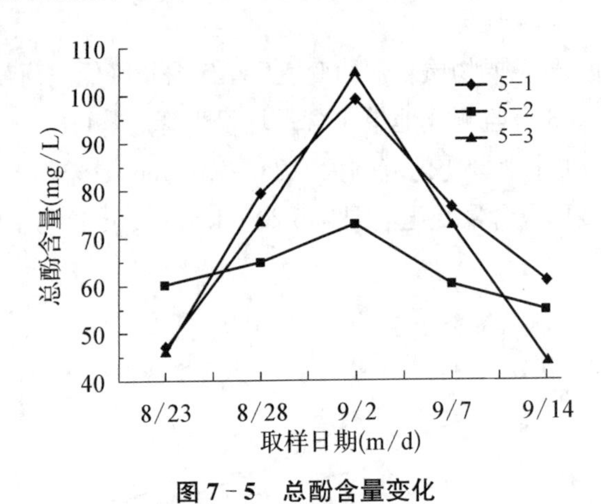

图7－5 总酚含量变化

1.10 花青素

5－1地块葡萄的花青素含量呈上升趋势。监测期间的变异区间为52～111 mg/L，说明沙质土壤中花青素的快速积累可以将花青素积累延迟到峰值(图7－6)。5－2和5－3地块花青素含量先上升后稳定下降，在8月28日达到峰值，说明一定比例的粘壤土有利于花青素的积累，过多的粘壤土不利于花青素的积累，所以5－2地块葡萄的花青素含量高于5－3。花青素可溶于水，强光、高温等因素有利于花青素的积累[27-29]。葡萄中花青素含量上升到峰值，由于水分的再次水解，花青素含量下降。因此，8月28日以后的降雨减缓了花青素积累。pH对花青素的影响非常大，不同pH下花青素的颜色有显著差异，低pH使花青素含量增加(图7－3、图7－6)。因此，三样地花青素含量差异源于水、光、pH的差异。

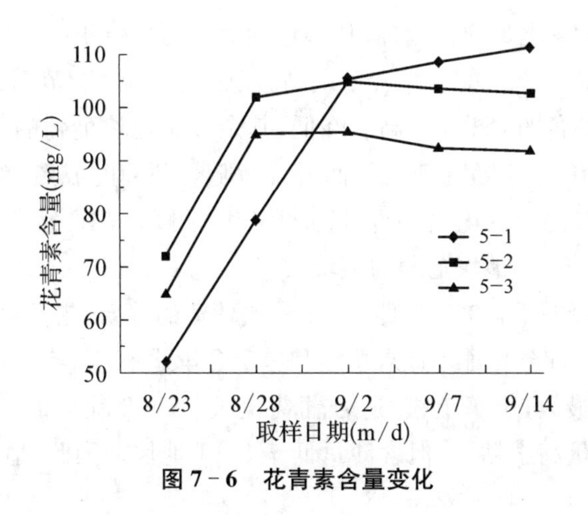

图 7-6　花青素含量变化

1.11　色　度

色度作为葡萄和葡萄酒的评价指标，与葡萄中花青素的品种和含量有关[30-31]。三个样地的葡萄色度变化均呈现先上升后下降的趋势。3 个地块葡萄果实的色度初始值(8 月 23 日)相似，但 5-1 地块葡萄的色度在成熟过程中迅速增加，远远超过其他 2 个地块，其次是 5-2 和 5-3，说明沙质土壤有利于葡萄色度积累。它们在 9 月 2 日达到峰值，然后开始下降，主要是这段时间的降雨使温度下降，导致色度下降。色度水平与花青素含量相近，但仍存在一定差异。例如，9 月 2 日之后，5-1 地块葡萄的花青素呈快速上升趋势(图7-6)，而色度下降(图 7-7)，而其他两个地块的色度和花青素的变化并不完全一致(图 7-6 和 7-7)，说明色度的变化不仅与花青素的积累有关，还与其他成分的积累有关，这需要进一步研究。此外，色度上升和下降的差异也与每个地块中糖的积累和花青素的合成有关[32]。

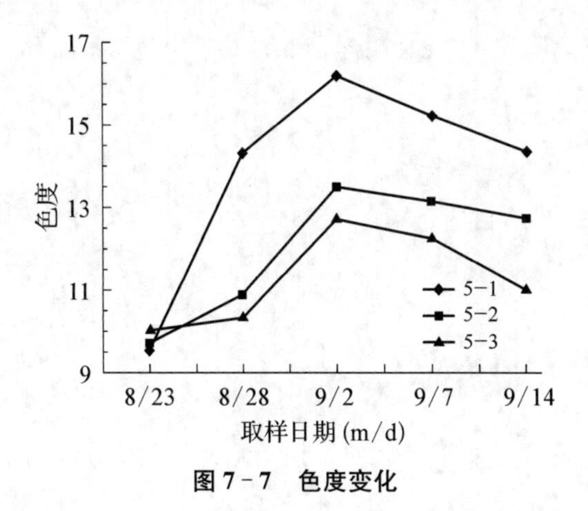

图 7-7　色度变化

我们分别于 2017 年 8 月 23 日至 2018 年 9 月 7 日对石河子 5-1、5-2、5-3 地块美乐葡萄过渡期至成熟期(8 月 23 日至 9 月 7 日)的果实品质进行了分析。结果表明，

3个地块的糖含量随葡萄成熟而增加,从转色到成熟的总糖变化量为194.2~259.1 g/L(葡萄糖),其中以5-1地块的总糖含量最高。总酸含量降低,范围为9.3~4.6 g/L(酒石酸)。5~2地块葡萄的pH先升高后降低,其余2个地块葡萄的pH持续升高,但总体上,3个地块葡萄的pH随葡萄成熟而升高。随着葡萄的成熟,单宁含量不断下降,在6.14~1.04 mg/L之间变化,总酚含量先上升后下降。花青素含量和色度的涨落趋势也不小于总酚,且5-1地块葡萄的值较大。

结果表明:8月23日至9月7日,5-1地块葡萄的总糖、花青素含量和色度值均高于其他地块(8月23日至9月7日),总酸和单宁含量适中,这与土壤结构有关,5-1地块葡萄的沙质含量最大,土壤疏松,适合葡萄生长。5-3地块的粘土含量高于沙土,5-2地块的沙土含量高于粘土,但含沙量低于5-1地块。因此,适合种植美乐葡萄的地块土壤特征依次为5-1、5-2、5-3。

参考文献

[1] J. A. Kennedy, Y. Hayasaka, S. Vidal, E. J. Waters, G. P. Jones. J. Agr. Food Chem., 49(11), 5348-5355 (2001).

[2] P. Muñoz-Robredo, P. Robledo, D. Manríquez, R. Molina, B. G. Defilippi. Chil. J. Agr. Res., 71(3), 452 (2011).

[3] M. Dafny-Yalin, I. Glazer, I. Bar-Ilan, Z. Kerem, D. Holland, R. Amir. J. Agr. Food Chem., 58(7), 4342-4352 (2010).

[4] R. Morlat, F. Bodin. Plant Soil, 281(1-2), 55-69 (2006).

[5] I. Filippetti, N. Movahed, G. Allegro, G. Valentini, C. Pastore, E. Colucci, C. Intrieri. Aust. J. Grape Wine R., 21(1), 90-100. (2015).

[6] M. Zhang, P. Leng, G. Zhang, X. Li. J. Plant Physiol., 166(12), 1241-1252. (2009).

[7] P.F. Su, C.L. Yuan, L. Yang, Y.L. Zhou, X.Y. Yan. Modern Food Science and Technology, 32(5), 234-340 (2016).

[8] X. L. Li, C. R. Wang, X. Y. Li, Y. X. Yao, Y. J. Hao. Food Chem., 139(1-4), 931-937 (2013).

[9] J. Laureano, S. Giacosa, S. Río Segade, F. Torchio, F. Cravero, V. Gerbi, V. Englezos, C. Carboni, L. Cocolin, K. Rantsiou, L. R. D. Faroni. J. Texture Stud., 47(1), 40-48 (2016).

[10] C. P. des Gachons, C. V. Leeuwen, T. Tominaga, J. P. Soyer, J. P. Gaudillère, D. Dubourdieu. J. Sci. Food Agr., 85(1), 73-85 (2005).

[11] Z. Y. Ju, L. R. Howard. J. Agr. Food Chem., 51(18), 5207-5213 (2003).

[12] M. A. Esteban, M. J. Villanueva, J. R. Lissarrague. J. Sci. Food Agr., 81(4), 409-420. (2001).

[13] P. Doshi, P. Adsule, K. Banerjee. Int. J. Food Sci. Tech., 41, 1-9 (2006).

[14] R. Wang, Q. Sun, Q. Chang. PloS one, 10(2), e0116690 (2015).

[15] D. Tesic, D. J. Woolley, E. W. Hewett, D. J Martin. Aust. J. Grape Wine R., 8(1), 27-35 (2002).

[16] S. Koundouras, V. Marinos, A. Gkoulioti, Y. Kotseridis, C. van Leeuwen. J. Agr. Food Chem., 54(14), 5077-5086 (2006).

[17] S. Navarro, M. León, L. Roca-Pérez, R. Boluda, L. García-Ferriz, P. Pérez-Bermúdez, I. Gavidia. Food Chem., 108(1), 182-190 (2008).

[18] Z. A. Coetzee, R. R. Walker, A. J. Deloire, C. Barril, S. J. Clarke, S. Y. Rogiers. Plant Physiol. Bioch., 120, 252-260(2017).

[19] K. A. Bindon, P. R. Dry, B. R. Loveys. S. Afr. J. Enol. Vitic., 29(2), 71-78(2016).

[20] M. Rienth, L. Torregrosa, G. Sarah, M. Ardisson, J. M. Brillouet, C. Romieu. BMC Plant Boil., 16(1), 164 (2016).

[21] F. Etchebarne, H. Ojeda, J. J. Hunter. S. Afr. J. Enol. Vitic., 31(2), 106 - 115 (2016).

[22] A. M. Fernandes, C. Franco, A. Mendes-Ferreira, A. Mendes-Faia, P. L. da Costa, P. Melo-Pinto. Computer Electron. Agr. 115, 88 - 96 (2015).

[23] V. Lavelli, P. S. Harsha, G. Spigno. Food Chem., 209, 323 - 331 (2016).

[24] A. Ricci, G. P. Parpinello, A. S. Palma, N. Teslić, C. Brilli, A. Pizzi, A. Versari. J. Food Compos. Anal., 59, 95 - 104 (2017).

[25] D. De Beer, E. Joubert, W. C. A. Gelderblom, M. Manley. S. Afr. J. Enol. Viticult., 23(2), 48 - 61 (2017).

[26] I. Fernandes, R. Pérez-Gregorio, S. Soares, N. Mateus, V. de Freitas. Molecules, 22(2), 292 (2017).

[27] A. Rinaldo, E. Cavallini, Y. Jia, S. M. Moss, D. A. McDavid, L. C. Hooper, S. P. Robinson, G. B. Tornielli, s. zenoni, C. M. Ford, P. K. Boss, A. R. Walker, A. R. Walker. Plant Physiol., pp - 01255 (2015).

[28] M. Gatti, A. Garavani, K. Krajecz, V. Ughini, M. G. Parisi, T. Frioni, S. Poni. Am. J. Enol. Viticult., ajev - 2018 (2018).

[29] N. Reshef, N. Agam, A. Fait. J. Agr. Food Chem., 66(14), 3624 - 3636 (2018).

[30] C. Alcalde-Eon, I. García-Estévez, R. Ferreras-Charro, J. C. Rivas-Gonzalo, R. Ferrer-Gallego, M. T. Escribano-Bailón. J. Food Compos. Ana., 34(1), 99 - 113 (2014).

[31] E. Revilla, R. Arroyo-Garcia, A. Bellido, D. Carrasco, A. Puig, L. Ruiz-Garcia. In Grapes and Wines-Advances in Production, Processing, Analysis and Valorization. InTech (2018).

[32] M. Bonada, D. W. Jeffery, P. R. Petrie, M. A. Moran, V. O. Sadras. Aust. J. Grape Wine R., 21(2), 240 - 253 (2015).

第二节　土壤与赤霞珠葡萄的成熟

2.1 背　景

石河子产区处于天山北麓中段，准噶尔盆地南缘（北纬 43°30′～45°40′，东经85°00′～86°30′），是种植葡萄的“黄金地带”，成了近几年新疆重点打造的核心产区[1]。石河子产区属于典型的中温带干旱荒漠性气候，较大的昼夜温差使这里的葡萄积累了丰富的糖分和色素，冬天需要埋土防寒，因此特殊的气候环境减少了病虫害发生[1]。

赤霞珠适宜在炎热的沙质土中生长，充足的光照和较大的温差赋予了赤霞珠较高含量的色素、单宁以及糖分，石河子产区以沙壤土、沙质土、灰漠土、灌淤土为主，气候炎热，夏季最高气温可达 42 ℃，正符合其土壤和气候需求，因此，赤霞珠成了石河子产区优质的酿酒品种[2-3]，为酿造高品质的葡萄酒提供了优质原料[4]。而不同的土壤条件和管理方式能够生产出不同品质的葡萄，因此研究石河子产区不同地块赤霞珠葡萄转色至成熟期间品质的变化非常重要。

赤霞珠葡萄浆果转色后糖含量迅速增加，酸快速降低，而花色苷含量逐渐增加[5]。国内外有较多关于赤霞珠果实从成熟度、酚类物质、糖、酸以及单宁等方面的研究。目前对于石河子地区赤霞珠葡萄的研究主要有不同树形、架式以及内生真菌对果实品质的影响。石河子产区气候、光、热、土壤、水等优越性有力减少了病虫害的发生和农药使用量，满足了赤霞珠葡萄的自然生长条件，糖分和单宁含量都较高，综合性状优良并且产量稳定[6]。

石河子产区赤霞珠种植面积广泛，其品质和适应性都比较高[6]，是酿造优质葡萄酒的必要原料，所以对于赤霞珠葡萄品质变化的研究很有必要。转色至成熟期间是葡萄养分和风味物质积累的关键时期；不同地块土壤特性不一样，对葡萄风味物质的积累效果不一样。因此，本课题通过采集石河子产区这三个地块的转色至成熟期间赤霞珠葡萄。在修剪、灌溉等统一管理的前提下，通过测定样品中的糖、酸、pH、单宁、花色苷、色度、总酚，比较三个地块从转色到成熟期间果实品质的变化及其差异，探讨土壤含沙量以及不同农户管理对于赤霞珠品质的影响，以期为石河子产区赤霞珠葡萄的合理种植和采收提供一定参考。

2.2 材　料

本试验场地选取新疆西域明珠葡萄酒业有限公司优质园区的三个地块 5－1、5－2 和

5－3，每个地块13.33 hm^2，5－1地块为100％的沙壤土结构，土壤通气、排水及保水保肥性良好，夏季辐射强。散热和吸热效果一致，地面辐射到葡萄表面的光热均一致，有利于葡萄根系生长。5－2和5－3地块的土壤结构有较大差异。5－3土壤结构除了含有20％沙壤土，还含有80％粘壤土，此土壤的特点是透气性差，保温性好，易积水，根部易窒息，促进嫌气微生物活动，毒害根系，干旱时又易板结，对葡萄根系、地上部生长和果实品质均为不利（吸热和散热都不均匀）。5－2土壤含有70％沙壤土，30％粘壤土，即就沙壤土比例由高到低而言，5－1＞5－2＞5－3，粘壤土比例由高到低为5－3＞5－2＞5－1。都采用由南向北的篱架栽培，统一修剪和灌溉，树形为单蔓倾斜45°短梢修剪。在转色至成熟期间，2017/08/23、08/28、09/02、09/07和2018/08/23、08/28、09/02、09/07早上8点至10点采收一次葡萄样品。采集的样品立即置于冰箱中冷冻储藏。分别于2017年10月和2018年10月测定。试验结果取两年测定结果的平均值，每年设置三次重复。

2.3 仪 器

冰箱（BCD－416KZ58型，TCL集团股份有限公司）、电子天平（Quinti×224－1CN型，上海上天精密仪器有限公司）、分光光度计（UV－5500型，上海元析仪器有限公司）、酸度计（PB－10型，赛多利斯科学仪器有限公司）

2.4 方 法

用酸度计测定pH；斐林试剂滴定法测定总糖含量；NaOH标准溶液滴定法（以酒石酸计）测定总酸含量；用分光光度计分别在420 nm、520 nm、620 nm下测OD值测定色度；pH示差法测定花色苷含量；福林-肖卡试剂比色法测定总酚含量；高锰酸钾氧化法测定单宁含量。用Excel处理试验数据。

2.5 pH和总酸

浆果pH会随着成熟度的提高而增加，适宜pH在3.00～3.60，高pH会增加微生物的相对活性，降低花色苷的显色能力和游离SO_2的有效量，并降低葡萄酒的陈酿潜力[5]。由图7－8可知，三个地块的pH都呈上升趋势，5－3上升趋势最明显，从最低上升至最高，5－2始终处于中等水平，5－1变化趋势较平缓，从最高缓慢上升至最低，这与地块的土壤结构有关。三个地块土壤结构的差异导致了地表面的光和热反射到葡萄表面的效果不一样，进而导致了葡萄白天和夜间吸热的效果不一样，葡萄成熟水平不一致，最终引起了pH的差异。9月7日pH偏高，这与葡萄品种自身的特性有关，与土壤结构、管理人员技术水平和管理措施无关。同一时间不同地块的赤霞珠葡萄pH相差0.02～0.15，随赤霞珠浆果成熟度的增加，5－3上升趋势最明显，增加最多，这除了与土壤结构有关,与田间管理措施也有很大关系。

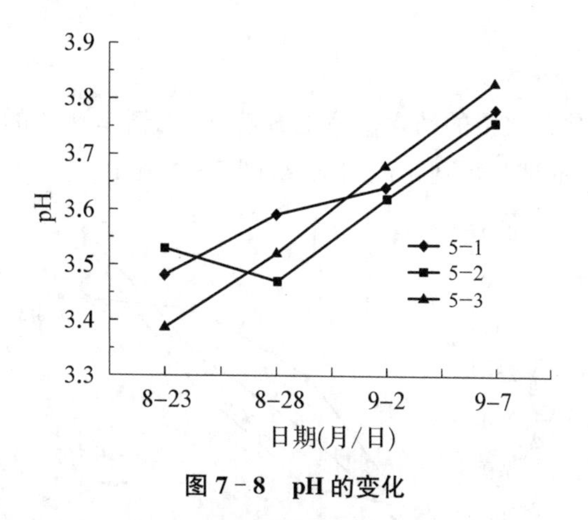

图 7-8 pH 的变化

5-3 土壤的沙壤土最少,粘壤土最多,至 9 月 7 日,高温期已过,气温明显下降,沙壤土散热快,不保温,粘壤土较温凉,保温效果好,土壤升温慢,葡萄接受的热量降低,导致 pH 上升加快;相反,5-1 土壤的沙壤土最多,粘壤土最少,土壤散热快,葡萄接受的热量多,整个生长期葡萄 pH 上升较快,所以,三个地块的赤霞珠葡萄果实的 pH 的变化趋势为 5-3>5-2>5-1。

赤霞珠葡萄浆果成熟过程中,总酸含量的变化趋势与总糖相反。进入转色期以后,果实的糖含量和酸含量变化迅速,随着糖含量的增加,酸含量下降[6]。由图7-9可知,整个成熟期间,5-1 总酸呈现较低水平,5-2 总酸由最低上升到最高,再降低到中等水平,5-3 在整个成熟期间都相对较高,这与土壤结构有直接关系。沙壤土有利于葡萄的快速成熟,加速葡萄酸度降低的速度。三个地块总酸的高低顺序为 5-1<5-2<5-3(图 7-9)。至 9 月 7 日,5-1 总酸由 7.7 g/L 降至 5.3 g/L,5-2总酸由 7.5 g/L 降至 5.9 g/L,5-3 总酸由 8.6 g/L 降至 6.0 g/L,5-1 赤霞珠的总酸偏低。有研究认为,酿酒葡萄的适宜酸度应保持在 6～10 g/L,酸过低会乏味,过高会粗硬[7]。总体来说,总酸含量的变化情况是:5-3>5-2>5-1。

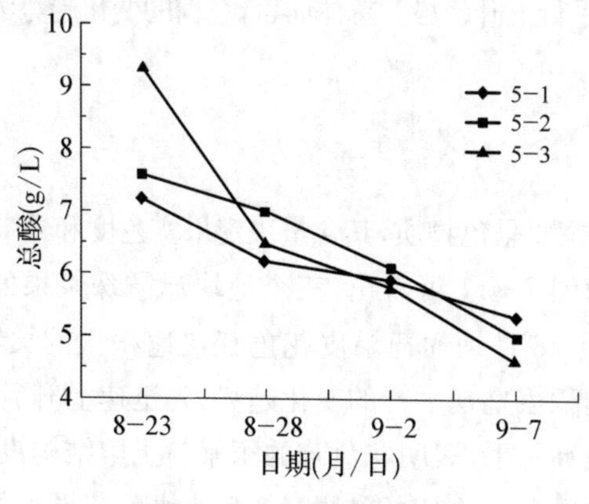

图 7-9 总酸含量变化

2.6 总 糖

进入转色期后，葡萄浆果的糖含量呈上升趋势，总糖是重要的品质指标，是色素和风味物质的基础[8]。本试验得到相似的结果(图 7－10)。

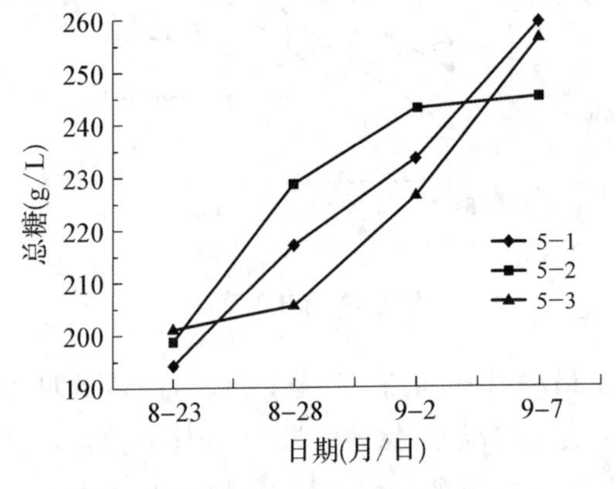

图 7－10 总糖含量变化

总糖积累呈现上升趋势。5－1 总糖尽管呈现上升趋势，但是始终最低，上升速度相对比较平缓；5－2 总糖由 8 月 23 日的较低水平开始上升至最高水平，上升最明显；5－3 总糖由 8 月 23 日的最高水平开始上升至中间水平，上升相对比较平缓。这个变化趋势与常规趋势有明显的差异，表明沙壤土多少都不合适葡萄总糖的积累，适宜的沙壤土含量对葡萄的生长才是有利的。沙壤土多，粘壤土少，土壤蓄水量太少，容易产生干旱胁迫作用，尤其是这个时期气温下降，光合作用和蒸腾作用降低，产生的干旱产物糖的总量较少，延迟了叶片中的总糖向果实中的运输；沙壤土少，粘土多，土壤存蓄大量的水分，氧化还原电位高，根系容易产生毒害现象，影响树体和果实之间养分的运输和光合作用，也会延迟果实成熟[9]。5－2 地块的土壤特点介于两者之间，养分运输较通畅，所以总糖积累最快、最多。随着浆果成熟度的增加，三个地块的总糖含量不断上升，5－2 上升趋势最明显，5－3 上升最小，且与 5－1 几乎呈现平行上升趋势。总体而言，总糖的变化趋势为 5－2>5－3>5－1。

2.7 花色苷

花色苷是葡萄酒的主要呈色物质，其含量决定果实色度和葡萄酒色调，花色苷可以衡量浆果的成熟度[10]。由图 7－11 可看出，三个地块赤霞珠浆果的花色苷总体呈现上升趋势。8 月 23 日至 8 月 28 日是葡萄果皮花色苷快速积累的关键时期。5－1 和 5－3 地块葡萄果皮花色苷的积累呈现平行的变化趋势，先迅速上升后变得平缓，随着果实的成熟最终维持在一个较高水平，表明花色苷的积累与土壤结构没有直接的关系，这是地块的土壤特征和管理措施共同作用的结果；5－2 地块葡萄果皮的花色苷处于较高的水平,8 月 28 日之前快速上升,8 月 28 日至 9 月 2 日有轻微下降,之后又快速上升。这与当时葡萄叶幕的分布和果实接收到的光照有很大关系。9 月 2 日以后光线照射到葡萄表面的角度和葡萄叶幕一致,也就是葡萄充分接受了光线的照射,所以,9 月 2 日以后花色苷开始快速积累。由图 7－11 可知,8 月 28 日后花色苷的变化较小,趋势变得平缓。5－2 花色苷含量高于 5－1 和 5－3,而 5－1 和 5－3 相差仅在 1.36～8.4 mg/100 mL,表明 5－2 地块最适合花色苷的积累,5－1 和 5－3 两个地块葡萄果皮花色苷的积累水平一致。总而言之,花色苷含量的积累特点为 5－2＞5－1＞5－3。

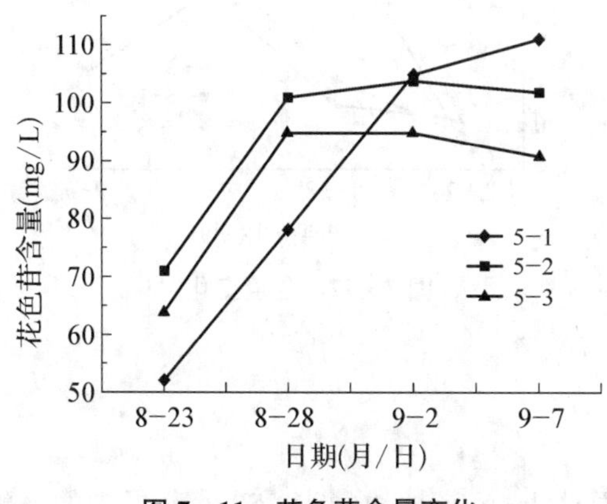

图 7－11　花色苷含量变化

2.8　色　度

一般来说,色度会随着果实成熟度的增加而上升,能够直接从感官上反映果实的成熟情况[8]。由图 7－12 可知,随着果实的成熟,三个地块葡萄果皮的色度发生了明显的变化。5－1 地块葡萄果皮的色度在转色初期平缓上升,这与土壤结构有关。5－1 土质含有较多的沙壤土成分,吸热和散热能力较强;葡萄中花色苷的含量在 20 ℃时会显著提高,而 30 ℃时花色苷的积累几乎停止[11]。温度过低或过高都会引起葡萄着色不良,花色苷合成的适宜温度在 17～26 ℃,同时花色苷的积累与曝光量呈正相关,但是强度曝光的果实反而会因为果实温度升高导致花色苷浓度下降[12-13],因此导致此时期色度(花色苷、单宁等)积累较慢;成熟期平缓下降,主要是此期气温下降,加上降雨,稀释了葡萄的色度,导致色度降低;只在转色过程中(8 月 28 日至 9 月 2 日)出现快速上升趋势,与此时的气候有关。5－2 和 5－3 的色度在 8 月 28 日之前平行上升。5－2 地块葡萄果皮的色度呈现直线上升趋势,主要是该地块适宜比例的土壤结构及土壤吸热和散热性好,导致了葡萄周围的光照和热量均在葡萄花色苷积累的适宜范围内,从而有利于葡萄果皮均匀进行光合作用和物资运输,以及合理修剪树型有利于葡萄均匀接受光照;5－3 地块葡萄果皮的色度在转色初期和成熟期都呈现缓慢上升趋势,而在转色过程中没有明显变化,除了与上升因素有关外,主要原因之一是这个时期是葡萄第二次生长期，天气晴朗加速了葡萄叶片、新梢的生长和果实的膨大，降低了葡萄果皮花色苷等色素类物质的积累比例和速度，导致了平缓的积累。综合分析，三个地块葡萄果皮色度的变化情况为5－2>5－1>5－3。

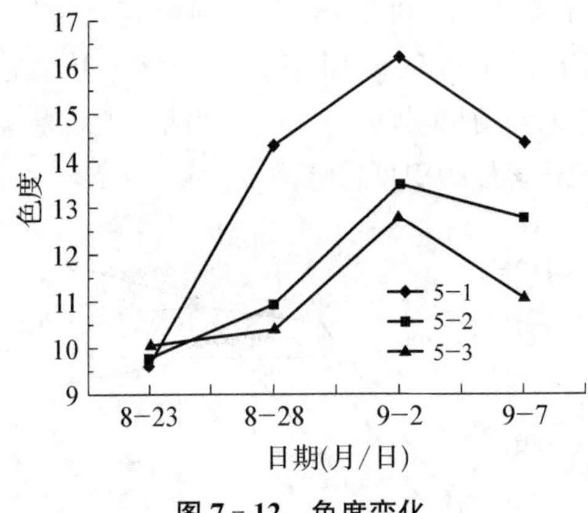

图7－12 色度变化

2.9 总 酚

由图7－13可知，总体上，三个地块的赤霞珠葡萄果皮的总酚含量呈现上升趋势。5－1总酚含量呈现缓慢平稳上升趋势，但是低于5－2和5－3，表明沙质土壤不利于总酚的积累，主要是沙质土壤反光较强，散发的热量较多，抑制了总酚的积累。8月28日之前，5－2和5－3总酚积累一致，主要是这个时期的一次降雨降低了这两种土壤中的沙壤土的反光强度和葡萄周围的温度，同时降雨降低了这两种土壤中粘土的温度，从而抑制了总酚的积累，使这两种土壤中总酚的积累效果一样；之后，两者总酚含量开始发生明显变化，5－3总酚含量变化趋势与5－1一样平稳上升，但是低于5－2，表明5－1和5－3都能平稳积累总酚，只是两者积累的水平不一致，5－2总酚含量至9月2日之后，加速上升，在9月7日上升至最高，表明石河子产区赤霞珠葡萄果皮总酚积累的最佳时期始于9月2日(接近采收期)。总体上，果皮中总酚含量的变化趋势为5－2高于5－1和5－3。

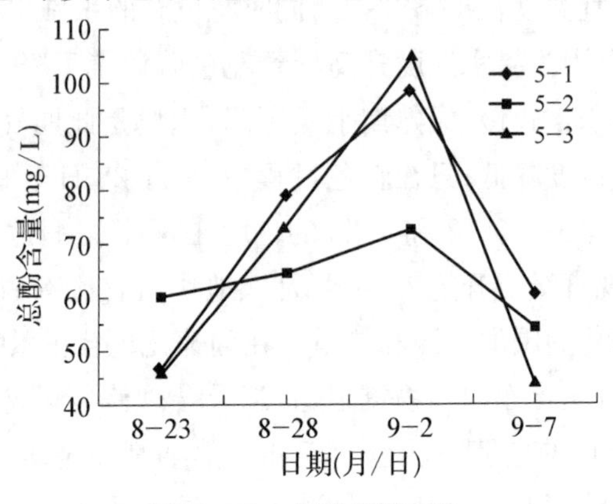

图7－13 总酚含量变化

2.10 单　宁

葡萄酒中高浓度的单宁来自葡萄皮,葡萄浆果的颜色和品质间接影响葡萄酒的颜色、单宁和品质等[14],因此赤霞珠浆果的品质对于葡萄酒品质至关重要。如图7－14,总体上赤霞珠葡萄果皮中的单宁含量呈现上升趋势。5－1 地块葡萄果皮中的单宁含量处于较低的积累水平(8 月 28 日之前稳定积累),表明沙壤土地积累单宁的能力有限。5－2 和 5－3 地块葡萄果皮中的单宁含量变化趋势和水平基本一致,表明混合土壤适合葡萄果皮中单宁的积累,但是两者的单宁水平有一定差异,这是土壤中沙壤土和粘壤土所占比例不同的体现。5－2 地块葡萄果皮中的单宁含量呈现先上升再轻微下降,最后上升的趋势。上升的趋势与土壤结构有关,5－2 地块含有较多的沙壤土和部分粘壤土,提高了单宁含量的积累。5－3 地块赤霞珠葡萄果皮中的单宁含量呈现缓慢上升(比 5－2 上升缓慢)的趋势,主要是 5－3 地块含有较多的粘土和部分沙壤土。因此,单宁的积累需要混合土壤的作用,沙质土壤为主的土壤更合适单宁的积累,这与 Sradnick 等[15]和宋建强等[16]的研究结果一致。至 9 月 7 日,单宁含量达到较高水平。总体上,赤霞珠葡萄果皮单宁含量的变化趋势为 5－2>5－3>5－1。

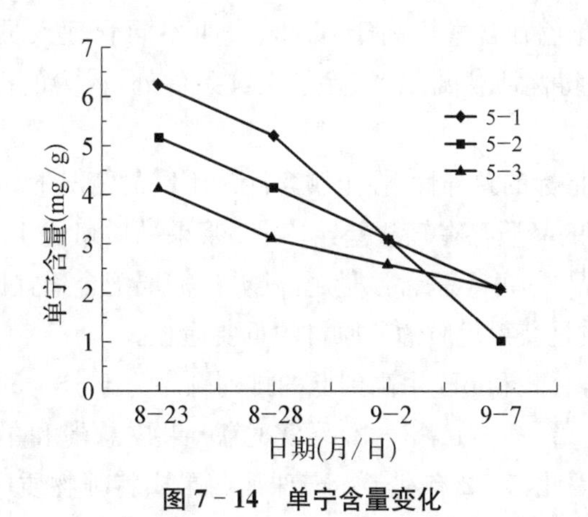

图 7－14　单宁含量变化

2.11　地块与葡萄品质

通过测定三个地块的赤霞珠葡萄浆果相关指标,发现随着果实成熟度的提高,地块间各指标的变化规律有明显差异。进入转色期后葡萄浆果糖含量呈上升趋势,花色苷含量先升高后降低;但浆果完全成熟时,花色苷含量比开始转色时高。葡萄酒中的高浓度单宁来自葡萄皮,葡萄果皮的颜色和品质间接影响葡萄酒的颜色和品质,浆果的成熟情况决定葡萄酒品质[17-18]。通过对比赤霞珠葡萄的各成熟度指标可以判断其浆果品质。试验发现,随着葡萄的成熟,pH、总酸、总糖、色度、花色苷、总酚、单宁含量都会增加，随着总糖含量的不断升高，总酸含量则持续下降。降低的气温抑制了这些指标的升高。对比各项指标发现，总酸含量的变化趋势为5-3>5-2>5-1，总糖含量5-2>5-3>5-1，5-1地块总糖和总酸都是相对较低的，表明高浓度的沙质土壤不适合总糖和总酸的积累，混合土壤是最佳的选择，不同结构的土壤比例对葡萄果实糖酸积累的影响有差异。

除此之外，管理措施也是一个重要因素。9月2日，赤霞珠葡萄的pH以及总酸已经达到了较适宜的值，浆果已经达到适宜采收期。色度变化趋势为5-2>5-1>5-3，花色苷含量变化趋势为5-2>5-1>5-3，总酚含量变化趋势为5-2>5-3>5-1，单宁含量变化趋势为5-2>5-3>5-1。总体分析认为，5-2地块的赤霞珠葡萄品质优于5-1和5-3。浆果中的酚类物质、单宁、花色苷的含量及种类决定葡萄酒的色调、香气和酒体，是葡萄酒品质的重要标志。赤霞珠适宜在炎热的沙质土中生长，石河子产区5-1、5-2、5-3三个地块均为适宜赤霞珠葡萄生长的沙壤土，5-1地块土壤含沙量高于5-2、5-3地块的情况下，赤霞珠葡萄的理化指标存在着明显的差异，5-2地块的赤霞珠葡萄单宁、花色苷、总酚、总糖等均高于5-1和5-3，说明含沙量对于赤霞珠葡萄浆果品质有重要影响，并不是含沙量越高越好，不同的指标需要不同的土壤结构；5-2、5-3由不同农户管理，测定的理化指标存在显著差异，5-2地块的葡萄的总糖、单宁、总酚、花色苷含量均高于5-3，表明不同管理人员或者人为因素也会影响葡萄品质。要获得优质葡萄原料，除了土壤条件外，人为的田间管理措施也是一个重要因素。

通过比较各理化指标的差异性，在土壤含沙量不同的情况下，综合各项指标得出结论，5-1和5-3葡萄的品质存在轻微差异，5-2浆果品质略优于5-1，说明土壤含沙量影响赤霞珠葡萄的品质，并不是含沙量越高越好，需要配合适宜比例的粘壤土。5-2品质更好，适宜的土质是获得优质葡萄原料的重要途径。

沙壤土至采收期，总酸和pH由高到低的排列顺序为5-3>5-2>5-1，色度和花色苷的积累特点为5-2>5-1>5-3，果实总糖、果皮总酚和单宁的变化趋势均为5-2>5-3>5-1。因此，5-2有利于赤霞珠葡萄果实特征物质（色度、花色苷、总糖、总酚和单宁）的积累，5-3有利于总酸和pH的积累。土壤含沙量对赤霞珠葡萄成熟期间的品质改善有重要影响。

参考文献

[1] 王蛟龙，文旭，容新民. 三种整形方式对赤霞珠葡萄生长及果实品质的影响[J]. 新疆农业科学，2016,9：1602－1607.

[2] 王东. 玛纳斯区域酿酒葡萄‘赤霞珠’的生长结果习性与经济性状研究[D]. 新疆农业大学，2014.

[3] 刘怀锋，董新平，王染霖. 新疆天山北麓赤霞珠干红葡萄酒品质分析[J]. 新疆农垦科技，2015，6：66－69.

[4] 吴明辉，陈为凯，何非，等. 赤霞珠浆果质量对酿酒品质的影响[J]. 中外葡萄与葡萄酒，2017，1：9－22.

[5] 金小朵，陈敏，武轩，等."赤霞珠"葡萄转色后不同成熟度指标的变化[J]. 食品科学，2016,22：230－236.

[6] 祁新春，苑伟，张会宁，等. 赤霞珠葡萄成熟过程中品质的变化[J]. 中国酿造，2013,5：96－99.

[7] 李记明，李华. 不同地区酿酒葡萄成熟度与葡萄酒质量的研究[J]. 西北农业学报，1996，5(4)：71－74.

[8] Bindon K A，Kassara S，Cynkar W U，et al. Comparison of extraction protocols to determine differences in wine extractable tannin and anthocyanin in Vitis vinifera L. cv. Shiraz and Cabernet Sauvignon grapes[J]. *Journal of Agricultural and Food Chemistry*，2014，62(20)：4558－4570.

[9] 林松. 盐渍和水渍对拉贡木生长及生理的影响[D]. 厦门大学，2009.

[10] 王进，马晓丽，王思锐. 平衡施肥对赤霞珠葡萄生长和果实品质的影响[J]. 中外葡萄与葡萄酒，2016,5：41－45.

[11] Yamane T，Jeong S T，Gotoyamamoto N，et a1. Effects of temperature on anthocyanin biosynthesis in grape berry skins[J]. *American Journal of Enology and Viticulture*，2006，57(1)：54－59.

[12] Bergqvist J，Dokoozlian N，Ebisuda N. Sunlight exposure and temperature effects on berry growth and composition of Cabernet Sauvignon and Grenache in the central San Joaquin Valley of California[J]. *American Journal of Enology and Viticulture*，2001，52(1)：1－7.

[13] Spayd S E，Tarara J M，Mee D L，et a1. Separation of sunlight and temperature effects on the composition of Vitis vinifera cv. Merlot berries[J]. *American Journal of Enology and Viticulture*，2002，53(3)：171－182.

[14] 王富霞，文旭，边凤霞. 不同树形对北疆酿酒葡萄生长及果实品质的影响[J]. 安徽农业科学，2015,36：40－41，43.

[15] Sradnick A，Ingold M，Marold J，et a1. Impact of activated charcoal and tannin amendments on microbial biomass and residues in an irrigated sandy soil under arid subtropical conditions[J]. *Biology and Fertility of Soils*，2014，50(1)：95－103.

[16] 宋建强，屈慧鸽，梁海忠，等.‘蛇龙珠’葡萄园土壤指标与葡萄酒理化指标相关性分析[J]. 西北农业学报，2018,6：863－870.
[17] 刘万好，唐美玲，王恒振. 副梢处理方式对赤霞珠葡萄光合作用及果实品质的影响[J]. 山东农业科学，2016,9：60－64.
[18] 张国涛，毛如志，陈绍林. 留枝量和留叶量对赤霞珠葡萄果实品质的影响[J]. 落叶果树，2015，6：6－10.

第三节　设施葡萄的光合优化调控模型

3.1　背　景

云南省光热资源充足，在发展葡萄产业方面具有得天独厚的优势[1-2]。《云南统计年鉴》数据显示，截至 2016 年底，云南省葡萄栽培面积达到 4.08 万公顷，葡萄产量达到 96.21 万吨，在云南水果中占有重要的地位。在云南当地葡萄栽培中，设施葡萄占主要地位。光合作用是植物生长发育的基础，也是果树的产量和品种形成的关键性因素。光合作用对外界条件也特别敏感，有研究表明，光合速率受温度、湿度、CO_2浓度、光合有效辐射等因素影响较大[3-5]。其中，温度和光合有效辐射是最主要的影响因素[6]。因此，如何定量评价温度与光合有效辐射对葡萄生长的影响，成为葡萄生产理论中亟待解决的问题。

近年来，光合速率模型作为构建光环境优化调控的理论基础，在施肥配方、干物质积累、优化调控等方面得到了广泛的研究[7-10]。在葡萄光合速率方面，前人的研究主要集中在葡萄光合特性分析方面，包括净光合速率(P_n)、气孔导度(G_s)、胞间二氧化碳浓度(C_i)、蒸腾速率(T_r)、叶绿素荧光参数等指标的日变化[11-13]，以及外界环境条件引起的上述指标变化[14-16]。但是，前述研究都不涉及不同温度条件下光饱和点动态获取方面的研究。因此，如何建立不同温度条件下快速获取光饱和点的理论模型成为光环境优化调控葡萄生产的关键问题。

遗传算法是模仿自然界生物进化机制而产生的随机全域搜索方法，由美国密歇根大学的 Holland 教授提出[17]。这种算法通过模拟自然选择和遗传过程中发生的繁殖、交叉和基因突变等现象，在遗传算法的每一代中，按照优胜劣汰的规则，以某种指标为标准，从解群中选择较优的个体，并利用遗传算子(选择、交叉和变异)对这些优选个体进行组合，产生新一代的候选解群，重复此过程，直到满足目标[18]。近年来，遗传算法在求解一些多目标优化问题时显示出了独特的作用[19]。目前已有多名研究人员利用遗传算法解决了寻优问题[7,9,20]。遗传算法由于具备分布、并行、快速全局搜索等能力，已被广泛应用于诸多领域的动态寻优求解。在农业领域，胡瑾等[7]、王东等[21]利用遗传算法研究了番茄幼苗的光合优化调控模型；李云峰等[22]利用遗传算法对农田灌溉渠道进行了优化设计研究；张忠学等[9]利用遗传算法对玉米进行水肥配施设计。上述研究都为葡萄光饱和点动态获取提供了思路，我们以温度和光合有效辐射双因素耦合的非线性葡萄光合速率模型为基础，设计了基于遗传算法的最优光合速率寻优方法,得到不同温度下最优光合速率及其对应的光饱和点,进而建立了以葡萄最优光合速率为目标的优化调控模型,以期为高原设施葡萄栽培中光合速率的优化提供理论基础。

光合作用是葡萄进行物质生产的重要生理过程,光合速率是描述这一过程的重要指标。葡萄光合速率主要受到温度和光合有效辐射的影响,如何快速实现不同温度条件下光饱和点的动态获取,是葡萄生产中需要解决的重要问题。我们利用温度、光合有效辐射、光合速率数据,构建以温度、光合有效辐射耦合的光合速率多元非线性回归模型,借助 Matlab 软件基于遗传算法的光合速率模型寻优方法,获得了不同温度下最优净光合速率和对应的光饱和点,并建立了以光饱和点为目标的葡萄光合优化调控模型。模型验证表明,实测值与通过模型计算值的相关性较高,决定系数为 0.949,拟合直线的斜率为 1.034 1,模型具有较高的精度。

3.2 试验地概况

本试验地点位于云南省楚雄市苍岭镇张家屯村附近的云南中耕农牧开发有限公司所属的葡萄园,葡萄园基地采用连体塑料大棚设施栽培,其中每个拱棚长 50 m,宽 7 m,高 4 m,葡萄行向大致为东北—西南走向,葡萄树为“Y”型架整形,株行距为 0.8 m×2.5 m,每行的架高 1.8 m,最宽横梁处为 0.8 m,葡萄园土壤为常见红壤土,采用滴灌施水肥,行内覆盖黑色薄膜,人工打药。

3.3 试验材料

供试葡萄品种为红地球(Red Globe),于 2011 年定植,每株树上留 4～6 个主梢,每个主梢上留 9～12 片叶后摘心,副梢上均留 1 片叶摘心,每个结果枝上控制留 1 穗果,每穗果实重量控制在 1 kg 左右。

3.4 试验方法

分别于 2015 年 3 月 30 日至 4 月 6 日和 2016 年 3 月 30 日至 4 月 6 日进行测定,具体每天天气条件见表 7 - 1。其中 2015 年度数据作为模型获取数据,2016 年数据作为模型验证数据使用。在测量当天,在红地球栽培片区的中心区域内,选择长势一致的 5 株植株,在每植株中部相同方位选择 1 片生长健康、中庸的成熟葡萄叶片进行光合参数的测定。测量时间为每天上午的 08:30～11:30,下午的 14:30～17:30。测定采用的仪器为 LI - 6400XT 便携式光合仪,测定的指标是叶片的净光合速率(Net Photosynthetic rate, P_n),测定时采用 LI - 6400XT 自带的红蓝光源,利用控温程序将温度分别设定为 14、15、16、17、18、19、20、21、22、23、24、25、26、27、28、29、30、31、32、33、34 ℃共 20 个温度梯度,利用光强控制程序将光强分别设置为 0、20、50、100、150、200、400、600、800、1 000、1 200、1 400、1 600、1 800、2 000 μmol/(m^2 · s)共 15 个光合有效辐射(Photosynthetically active radiation,PAR)梯度。共进行 300 组试验,每组试验测量 3 个叶片。

表 7-1　试验日期的天气概况

日期	天气	最高温/最低温(℃)	风力
15/3/30	晴	26/13	≤3 级
15/3/31	多云	25/14	≤3 级
15/4/1	晴	25/13	≤3 级
15/4/2	多云	24/13	≤3 级
15/4/3	晴	25/11	≤3 级
15/4/4	晴	27/13	≤3 级
15/4/5	多云	25/13	≤3 级
15/4/6	多云	26/13	≤3 级
16/3/30	晴	24/12	≤3 级
16/3/31	多云	25/13	≤3 级
16/4/1	多云转晴	25/12	≤3 级
16/4/2	多云	24/12	≤3 级
16/4/3	晴	26/14	≤3 级
16/4/4	晴	26/12	≤3 级
16/4/5	晴转多云	25/14	≤3 级
16/4/6	多云	25/13	≤3 级

3.5　光合作用优化调控模型

我们分三步建立光合作用优化调控模型,第一步以测量数据为基础,建立温度和光合有效辐射耦合的二元非线性红地球葡萄净光合速率模型,并获得目标函数;第二步,在上述模型基础上以特定温度下最优光合速率为目标,采用遗传算法实现光温耦合结果寻优;第三步,根据寻优结果建立红地球葡萄的光合优化调控模型。

3.6　多因子耦合的光合速率模型

利用 Matlab 软件,将测量获得的葡萄叶片净光合速率值及其对应的温度、光合有效辐射值进行多元非线性回归分析，经过预分析，确定采用二元五次非线性方程进行拟合，进而建立以净光合速率为因变量、以温度和光合有效辐射为自变量的净光合速率模型，结果如下式所示。

$$P_n = f(T, PAR) = -26.37 + 4.2447T + 0.048PAR - 0.224T^2 - 0.002T \cdot PAR - 7.729\times10^{-5}PAR^2 + 0.002T^3 + 1.566\times10^{-4}T^2 \cdot PAR - 3.382\times10^{-7}T \cdot PAR^2 + 8.929\times10^{-8}PAR^3 + 1.391\times10^{-4}T^4 - 3.192\times10^{-7}T^3 \cdot PAR - 1.199\times10^{-7}T^2 \cdot PAR^2 + 2.007\times10^{-9}T \cdot PAR^3 - 5.45\times10^{-11}PAR^4 - 2.826\times10^{-6}T^5 - 5.94\times10^{-8}T^4 \cdot PAR + 2.563\times10^{-9}T^3 \cdot PAR^2 - 1.781\times10^{-11}T^2 \cdot PAR^3 - 2.743\times10^{-13}T \cdot PAR^4 + 1.065\times10^{-14}PAR^5$$

上式中：P_n为净光合速率，μmol/(m^2 · s)；T 为温度，℃；PAR 为光合有效辐射，μmol/(m^2 · s)。拟合结果的决定系数为 0.994，拟合获得的三维曲面见图 7 - 15。

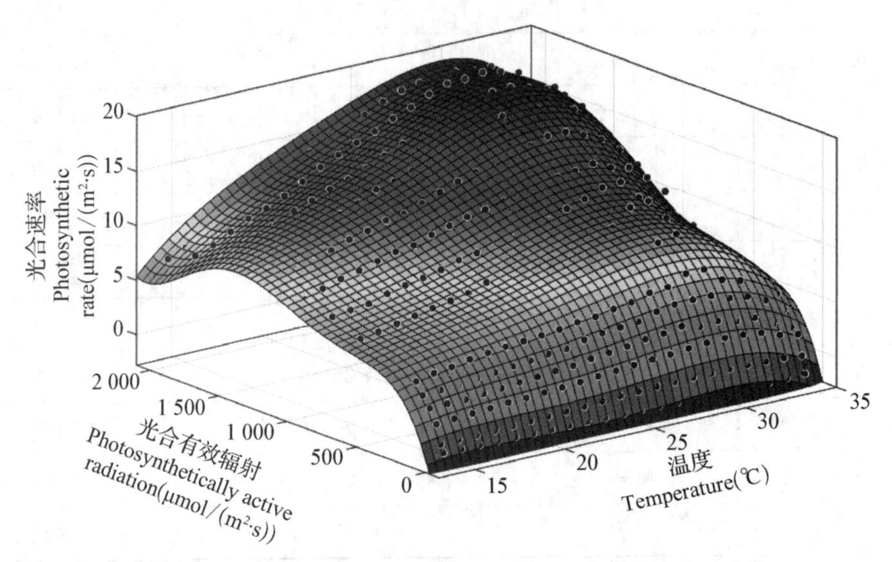

图 7 - 15　不同温度与光合有效辐射共同作用下的净光合速率值

由图 7 - 15 可知，在同一温度条件下，净光合速率值起初随着光合有效辐射的增加而增加，但到了光饱和点之后，净光合速率却随着光合有效辐射的增加而下降；在同一光合有效辐射条件下，净光合速率随着温度的升高而不断增大，但到了一定的温度后，随着温度的进一步增加，净光合速率值却呈现下降趋势。上述变化趋势与前人的研究结果[13,23-25]相一致，表明试验结果科学合理。

3.7　基于遗传算法的多目标优化模型

基于前人的研究经验，我们以净光合速率模型为基础，利用遗传算法进行寻优，寻找不同温度条件下最大光合速率及其对应的光饱和点值（Light saturation point,

LSP)，具体的寻优算法见参考文献[7,9]。具体流程图详见参考文献[7]。

通过 Matlab 编程计算，不同温度条件下寻优结果如表 7-2 所示：

表 7-2　不同温度条件下对应的最优光合速率

温度(℃)	最优净光合速率(μmol/(m² · s))	温度(℃)	最优净光合速率(μmol/(m² · s))
14	9.72±1.03	25	16.55±1.16
15	10.25±1.12	26	17.27±1.24
16	10.77±1.33	27	17.91±1.24
17	11.29±1.24	28	18.44±1.33
18	11.82±1.38	29	18.80±1.28
19	12.39±1.26	30	18.92±1.41
20	13.00±1.24	31	18.73±1.42
21	13.65±1.24	32	18.12±1.26
22	14.34±1.32	33	17.01±1.34
23	15.06±1.33	34	16.27±1.24
24	15.81±1.34		

由表 7-2 的寻优结果可知，随着温度的升高，最优净光合速率由 9.72 μmol/(m² · s) 逐渐上升到 18.92 μmol/(m² · s)，然后随着温度进一步升高而逐渐下降，这与葡萄对光的温度响应规律一致[26-27]，这表明本算法在光合速率寻优方面具有相当的可靠性。

3.8　葡萄光合优化调控模型

根据文献[7]所示方法，以净光合速率模型为基础，利用嵌套方式，采用遗传算法寻优，获得特定温度条件下最优净光合速率值，并求得其对应的光饱和点，进而获得温度与光饱和点之间的关系(图 7-16)。由图 7-16 可知，当温度在 14 ℃至约 23 ℃时，光饱和点快速上升，而在 23 ℃至 30 ℃之间时，光饱和点前期保持缓慢上升，后期则略微下降，但是超过 30 ℃后，光饱和点快速下降。这种现象表明，作物的光饱和点与温度密切相关，在一定温度范围内，光饱和点会随着温度的变化而变化，这种变化也与最大净光合速率有关，两者的变化趋势基本一致。

为了精确获得红地球葡萄光合优化调控模型，利用 origin8.5 软件对温度(*T*)与光饱和点(*LSP*)的关系进行拟合，结果见下式。利用该模型可以求出任意温度条件下的光饱和点，拟合曲线的决定系数为 0.993，表明该模型具有良好的预测效果。

$$LSP = -12\,063.339\,0 + 2\,944.814\,6T - 258.354\,8T^2 + 11.411\,8T^3 - 0.248\,6T^4 + 0.002\,1T^5$$

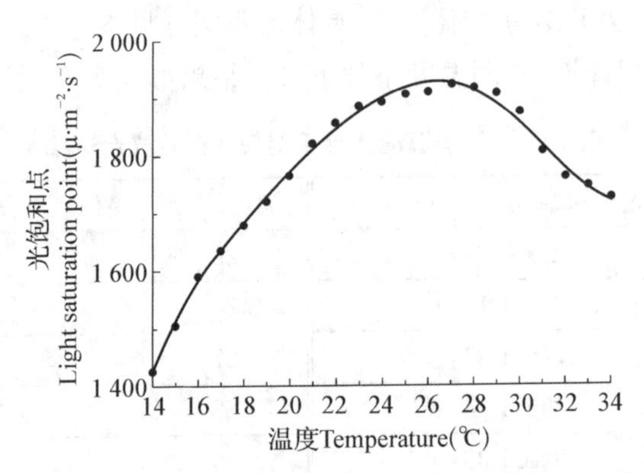

图 7-16　不同温度条件下对应的光饱和点

3.9　模型验证

验证实验主要是通过模拟值与实测值之间的对比分析进行，以此来验证所获得模型的稳定性和可靠性。验证数据采用 2016 年同时间段所获得的数据，通过测量出的光响应曲线获得光饱和点，然后利用所获得的光合优化调控模型式计算不同温度下的光饱和点，对两者的相关性进行分析，结果如图 7-17 所示，图中 y 为光饱和点实测值，x 为通过模型计算获得的光饱和点。

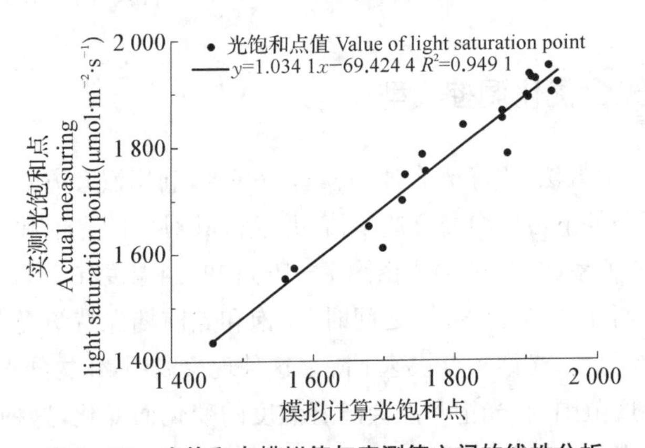

图 7-17　光饱和点模拟值与实测值之间的线性分析

由图 7-17 可知，通过线性拟合，光饱和点模拟值与实测值之间拟合直线的斜率为 1.034，纵坐标的截距为−69.624，决定系数为 0.949 1，表明两者之间存在有较强的相关性，也表明我们所建立的红地球葡萄光合优化调控模型具有较高的精度。

我们针对红地球葡萄光饱和点随温度的变化而动态变化的特点，基于遗传算法建立了红地球葡萄的光合作用优化调控模型，为红地球葡萄设施栽培提供了理论依据，具体结论如下：

(1) 以温度和光合有效辐射双因素为自变量，建立了双因子耦合的光合速率推算模型，其决定因子为 0.994，表明该模型的拟合精度较高。

（2）以遗传算法为基础，结合寻优理论，获得了不同温度对应的最优净光合速率，进而获得相对应的光饱和点，从而建立了温度—光饱和点的红地球光合优化调控模型，其决定系数为 0.993，可直接计算不同温度下的光饱和点。

（3）所建立的光合优化调控模型验证结果表明，实测值与通过模型计算值的相关性较高，决定系数为 0.949 1，拟合直线的斜率为 1.034 1。

我们仅选取温度和光合有效辐射两个因素，分析此两者对净光合速率的影响，以此建立了基于遗传算法的光合优化调控模型，而将影响净光合速率的其他因素视为相对稳定的因素。实际上，其他影响净光合速率的因素并不是相对稳定的，会对所建立的调控模型的具体参数产生影响，因此，在实际应用过程中，应综合考虑其他相关因素，合并诸因素后形成完整的红地球葡萄设施栽培光合优化调控模型。

参考文献

[1] 郭淑萍,陈艳林,李佛莲,等.云南金沙江干热河谷早熟葡萄产业发展现状、问题及对策[J].热带农业科学,2017,37(9):98-100.

[2] 杨顺林,郭淑萍,陈艳林.对云南早熟葡萄产业发展的认识与思考[J].中外葡萄与葡萄酒,2016,5:152-155.

[3] 朱雨晴,杨再强.高温高湿对设施葡萄叶片气孔和光合特性的影响[J].北方园艺,2017,23:94-101.

[4] 孙永江,付艳东,杜远鹏,等.不同温度/光照组合对'赤霞珠'葡萄叶片光系统Ⅱ功能的影响[J].中国农业科学,2013,46(6):1191-1200.

[5] 刘洪波,白云岗,冯杰,等.葡萄光合速率对光及 CO_2 浓度的响应特征[J].黑龙江农业科学,2015,7:77-80.

[6] 许大全.光合作用效率[M].上海:上海科学技术出版社,2002,39-45.

[7] 胡瑾,何东健,任静,等.基于遗传算法的番茄幼苗光合作用优化调控模型[J].农业工程学报,2014,30(17):220-227.

[8] 张海辉,张珍,张斯威,等.黄瓜初花期光合速率主要影响因素分析与模型构建[J].农业机械学报,2017,48(6):242-248.

[9] 张忠学,张世伟,郭丹丹,等.玉米不同水肥条件下的耦合效应分析与水肥配施方案寻优[J].农业机械学报,2017,48(9):206-214.

[10] 李玥,武凌,高珍妮,等.基于 APSIM 的胡麻光合与干物质积累模拟模型[J].草业学报,2018,27(3):57-66.

[11] 李虎军,王全九,苏李君,等.红提葡萄光合速率和气孔导度的光响应特征[J].干旱地区农业研究,2017,35(4):230-235.

[12] 金莉,李长林,宿福园,等.巨玫瑰葡萄叶片光合日变化及其与环境因子的相关性研究[J].西南农业学报,2015,28(2):768-771.

[13] 李雅善,李强,王波,等.滇中高原地区设施栽培不同葡萄品种光合特性研究[J].北方园艺,2016,16:53-58.

[14] 李凯伟,杨再强,肖芳,等.寡照胁迫对设施葡萄叶片光合特性的影响及评价[J].中国农业气象,2017,38(12):801-811.

[15] 李栋梅,李春阳,王世平,等.不同栽植密度对'霞多丽'葡萄光合特性和果实品质的影响[J].西北农业学报,2018,27(4):571-575.

[16] 胡宏远,王振平.水分胁迫对赤霞珠葡萄光合特性的影响[J].节水灌溉,2016,2:18-22.

[17] Holland J H. Adaptation in natural and artificial systems[M]. Michigan: The University of Michigan Press, 1975,1-19.

[18] 马永杰,云文霞.遗传算法的研究进展[J].计算机应用研究,2012,29(4):1201-1210.

[19] 包子阳,余继周.智能化算法及其 Matlab 实例[M].北京:电子工业出版社,2016,54-56.

[20] 毛博慧，李民赞，孙红，等.冬小麦苗期叶绿素含量检测光谱学参数寻优[J].农业工程学报，2017，33 (S1)：164 - 169.

[21] 王东，王智永，裴雪，等.基于遗传粒子群算法的番茄幼苗光合优化调控模型[J].上海农业学报，2016，32(6)：26 - 32.

[22] 李云峰，张倩，张鹏，等.基于遗传算法的灌溉渠道优化设计研究[J].节水灌溉，2018，4：42 - 46.

[23] Greer D H. Temperature and CO_2 dependency of the photosynthetic photon flux density responses of leaves of *Vitis vinifera* cvs. Chardonnay and Merlot grown in a hot climate [J]. *Plant Physiology and Biochemistry*, 2017 (111): 295 - 303.

[24] 李雅善，李华，徐成东，等.不同灌溉条件下葡萄叶片光合特性研究[J].北方园艺，2015，39(14)：1 - 6.

[25] 伍新宇，潘明启，杨琳，等.帕米尔高原葡萄延晚栽培气象因子与成熟期光合作用[J].新疆农业科学，2015，52(9)：1607 - 1614.

[26] 谢强，石磊，杜峰，等.CO_2、温度对葡萄群体光合作用的影响[J].上海交通大学学报(农业科学版)，2007，25(2)：110 - 114.

[27] 陈佰鸿，曹孜义，赵长增，等.温度和光照对'红地球'葡萄试管苗光合特性的影响[J].园艺学报，2009，36(4)：571 - 576.

第四节　设施葡萄的光合特性

4.1　背　景

截至 2014 年末，云南省葡萄栽培总面积达 3.33 万公顷，总产值超过 70 亿元，在云南农业中占有重要的地位[1]。其中设施葡萄栽培发展迅速，不仅扩大了栽培区域，而且也延长了葡萄的市场供应期[2]。光合特征是葡萄重要的生理生态特征之一，光合作用也是葡萄生长发育的基础，是果实产量和品质的决定性因素，研究葡萄的光合特性，可为改善栽培方式、提高果实产量和品质提供理论依据[3-4]。当前，有不少学者对设施葡萄光合特性做了研究。

设施栽培条件下，通过选择适当的架式[5]、铺设适当的反光膜[6-7]、生育期水分胁迫[8]等均能提高葡萄叶片的光合速率，而不同的栽培模式[9]、品种[10-11]、塑料覆盖[12]等对葡萄叶片的光合特性影响也不尽相同。同时，在设施葡萄生产方面，还存在着大棚结构不规范、环境调控能力差、果实品质不高、产量较低等问题[13]。但是，目前还没有出现不同天气条件对设施葡萄光合特性影响的相关报道。为了研究不同天气条件对葡萄光合特性的影响，同时提高不利天气条件下葡萄的光合能力，从而提高果实品质和产量，本研究对不同天气条件下楚雄地区设施红地球葡萄的光合特性做了初步研究，以期为生产者在不良天气条件下如何更好地利用光能提高效益提供帮助。

为了探究滇中高原地区不同天气条件下设施红地球葡萄的光合特性，以红地球葡萄品种叶片为试材，对其净光合速率（P_n）、气孔导度（G_s）、胞间 CO_2 浓度（C_i）、蒸腾速率（T_r）、水分利用效率（WUE）的日变化以及对净光合速率与其他因子之间的相关性进行了分析。同时，对红地球葡萄叶片的光合—光响应曲线参数进行了研究，并比较了其在不同天气条件下的固碳释氧量。结果表明：晴天条件下红地球葡萄叶片的净光合速率呈“M”型双峰曲线趋势，阴天条件下则呈“三峰”变化趋势；净光合速率与气孔导度、蒸腾速率、光合有效辐射呈显著正相关，而与胞间 CO_2 浓度呈显著负相关；修正直角双曲线更适宜于进行光合光响应曲线的拟合；晴天时的固碳释氧量要显著高于阴天时的。

4.2　试验地概况

试验在云南中耕农牧开发有限公司葡萄基地进行，该公司基地采用的是连体塑料大棚栽培模式。栽培棚架长 50 m，宽 7 m，高 4 m。葡萄栽培走向为东北—西南走向，土壤为红壤，灌溉采用滴灌。

4.3 试验材料

供试葡萄品种为红地球(Red Globe)，2011 年定植，采用 Y 型架整形，每棵树上留 4～6 个主梢，主梢留 9～12 个叶片摘心，副梢留 1 个叶片摘心，株行距为 0.8 m×2.5 m。

4.4 试验方法

4.4.1 光合参数的测定

分别于 2016 年 3 月 25 日、3 月 27 日进行测定，具体天气条件见表 7-3。在测量当天，在红地球栽培片区选择长势一致的 3 棵植株，在每棵植株中部选择 3 片健康完整、向阳、无病虫害的成熟葡萄叶片进行光合参数的测定。测量从每天的 08:00 开始，在 08:00～18:00 每隔 1 h 测定 1 次。测定采用的仪器为 LI-6400XT 便携式光合仪，测定的光合指标包括净光合速率(P_n，$\mu mol \cdot m^{-2} \cdot s^{-1}$)、气孔导度($G_s$，$mmol \cdot m^{-2} \cdot s^{-1}$)、胞间 CO_2浓度(C_i，$\mu mol \cdot mol^{-1}$)、蒸腾速率(T_r，$mmol \cdot m^{-2} \cdot s^{-1}$)、光合有效辐射($PAR$，$\mu mol \cdot mol^{-1}$)，水分利用效率的计算采用净光合速率与蒸腾速率的比值。采用 LI-6400XT 自带的红蓝光源，将光强分别设定为 0、20、50、100、150、200、400、600、800、1 000、1 200、1 400、1 600、1 800、2 000 $\mu mol \cdot m^{-2} \cdot s^{-1}$15 个梯度，测量葡萄的净光合速率，为葡萄光合光响应曲线参数的测定提供数据。每个光强条件下重复测量三次。

表 7-3 试验日期的天气概况

试验日期	天气	最高温/最低温	风向	风力
17/3/25	晴	22 ℃/8 ℃	无持续风向	≤3 级
17/3/27	阴	20 ℃/10 ℃	无持续风向	≤3 级

4.4.2 光合光响应曲线参数的测定

分别采用直角双曲线模型、非直角双曲线模型和修正直角双曲线模型[14]对红地球的葡萄叶片进行光合光响应曲线拟合分析，获得初始量子效率、光补偿点、光饱和点、暗呼吸速率、最大净光合速率等多个光合光响应参数，拟合方法参见文献[15]。初始量子效率、最大净光合作用、暗呼吸速率及决定系数可通过拟合结果直接获得，而光补偿点、光饱和点的获得方法参见文献[16]。

4.5 固碳释氧量计算方法

葡萄叶片的固碳释氧量可以在测定光合速率的基础上进行，通常利用下面的公式计算测定固碳释氧量[17]，即：

$$P=\sum_{i=1}^{j}\frac{(P_i+P_{i+1})(t_{i+1}-t_i)\times 3\,600}{2\times 1\,000}$$

$$W_{CO_2}=\frac{44\times P}{1\,000}$$

根据光合作用反应的方程可知：

$$W_{O_2}=\frac{32\times P}{1\,000}$$

其中，P 为日净光合总量，mmol·m^{-2}·s^{-1}；P_i 为初测点的瞬时光合作用速率，P_{i+1} 为下一测点的瞬时光合作用速率，μmol·m^{-2}·s^{-1}；t_i 为初测点的瞬时时间，t_{i+1} 为下一测点的瞬时时间，h；j 为测定次数；W_{CO_2} 为单位面积叶片固定 CO_2 的质量，g·m^{-2}·s^{-1}；W_{O_2} 为测定日释放 O_2 的质量，g·m^{-2}·s^{-1}。

4.6 不同天气条件下葡萄叶片光合参数日变化

由图 7－18a 可以看出，在晴天天气条件下，红地球葡萄叶片的净光合速率日变化呈现“升高—降低—升高—降低”的“M”型双峰趋势，净光合速率由 8：00 的最低值 5.35 μmol·m^{-2}·s^{-1} 迅速升高到 11：00 的 16.97 μmol·m^{-2}·s^{-1}，达到测定时段的最大值，第二个峰值出现在 16：00。在阴天条件下，净光合速率日变化则呈“三峰”趋势，三个峰值分别出现在 12：00、15：00、17：00，其中 15：00 的峰值最大，为 3.36 μmol·m^{-2}·s^{-1}，是测量时段中的最大值，而最小值出现在 8：00，其净光合速率仅为－0.04 μmol·m^{-2}·s^{-1}。两者相比较，晴天的净光合速率远大于阴天同时刻的净光合速率。

晴天的气孔导度变化趋势与晴天的净光合速率变化趋势大致相似，也呈“M”型变化趋势，其测量时段内的最大值与最小值出现时刻与净光合速率一致，最大值出现在 11：00，达到 0.23 mmol·m^{-2}·s^{-1}，最小值出现在 8：00，仅为 0.03 mmol·m^{-2}·s^{-1}。阴天的气孔导度日变化呈单峰曲线，最小值出现在 8：00 和 9：00，仅为0.01 mmol·m^{-2}·s^{-1}，最大值出现在 16：00，为 0.13 mmol·m^{-2}·s^{-1}。总体来看，晴天的气孔导度大部分时间要大于阴天的同一时刻，但是在 16：00 前后阴天的气孔导度要大于晴天的。

无论晴天还是阴天的胞间 CO_2 浓度日变化都很不规律，在测量时段中的相同时刻，阴天的胞间 CO_2 浓度总要高于晴天。晴天的胞间 CO_2 浓度最大值出现在上午 10：00，最小值在上午 9：00，在 12：00 以后波动很小，基本保持平稳。阴天的胞间 CO_2 浓度最大值出现在上午 9:00,最小值出现在上午 11:00,阴天时 CO_2 整体波动较大。

对蒸腾速率而言,无论晴天还是阴天,都呈现双峰曲线,且晴天的峰值较为明显。在测量时段内的大部分时刻,晴天的蒸腾速率都要明显大于阴天。晴天的两个峰值分别出现在 13:00 和 15:00,且 15:00 的峰值最大,达到 6.54 mmol·m^{-2}·s^{-1},这也是测量时段内的最大值,最小值出现在早上 8:00,仅为 0.33 mmol·m^{-2}·s^{-1}。阴天蒸腾速率的两个峰值分别出现在 10:00 和 16:00,其中 16:00 的峰值较大,为 1.07 mmol·m^{-2}·s^{-1},是阴天的最大值,最小值同样出现在早上 8:00 左右,仅为 0.07 mmol·m^{-2}·s^{-1}。

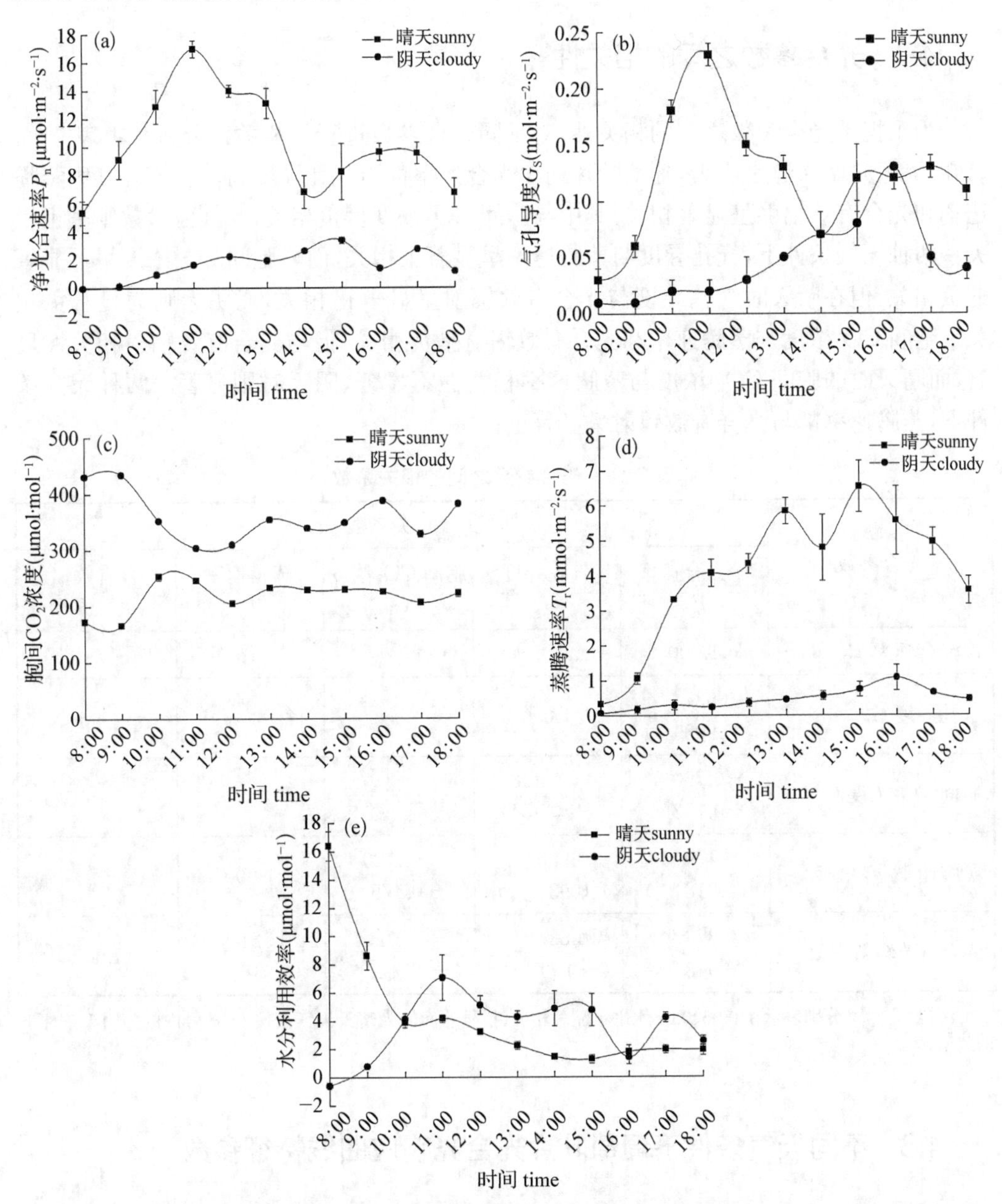

图 7-18　不同天气条件下葡萄叶片净光合速率、气孔导度、胞间 CO_2 浓度、蒸腾速率和水分利用效率日变化

对于水分利用效率来说，葡萄叶片晴天的水分利用效率日变化呈现“先快速下降、后逐渐下降、再略有回升”的趋势，晴天最大值出现在早上 8:00，为 16.38 μmol · mol^{-1}，最小值出现在下午 14:00，仅为 1.43 μmol · mol^{-1}。葡萄叶片阴天水分利用效率日变化呈现三个峰值，分别在 11:00、14:00、17:00 时出现，其中 11:00 的峰值最大，达到 7.07 μmol · mol^{-1}，17:00 的峰值较小，为 4.21 μmol · mol^{-1}。阴天水分利用效率最小值出现在早上 8:00，为−0.57 μmol · mol^{-1}。在上午 10:00 以前晴天的水分利用效率要高于阴天，但是 10:00 以后阴天大部分时刻的水分利用效率要高于晴天。

4.7 光合参数之间的相关性

为了揭示光合参数之间的相关性，对不同光合参数进行了相关性分析。由表 7 - 4 可知，无论是晴天还是阴天，葡萄叶片的净光合速率都与气孔导度、胞间 CO_2浓度、蒸腾速率和光合有效辐射呈显著相关，其中与胞间 CO_2浓度呈负相关，与其他参数则呈正相关。两种天气条件下，气孔导度与蒸腾速率呈显著正相关，而与胞间 CO_2浓度呈不显著的负相关，但在晴天时气孔导度与光合有效辐射呈显著正相关，而阴天则为显著负相关。胞间 CO_2浓度与蒸腾速率和光合有效辐射呈负相关，但与光合有效辐射相关性显著，而晴天时的胞间 CO_2 浓度与蒸腾速率相关性不显著，阴天时则显著。两种天气条件下，蒸腾速率都与光合有效辐射呈显著正相关。

表 7 - 4　光合参数之间的相关系数

光合参数	相关系数				
	净光合速率 P_n	气孔导度 G_s	胞间 CO_2浓度 C_i	蒸腾速率 T_r	光合有效辐射 PAR
净光合速率 P_n	1.000				
气孔导度 G_s	0.537** (0.903**)	1.000			
胞间 CO_2浓度 C_i	−0.760** (−0.753**)	−0.148 (−0.434)	1.000		
蒸腾速率 T_r	0.479** (0.918**)	0.980** (0.986**)	−0.129 (−0.475*)	1.000	
光合有效辐射 PAR	0.873** (0.948**)	0.534** (−0.712**)	−0.661** (−0.712**)	0.521** (0.916**)	1.000

注：“*”“**”分别表示在 0.05、0.01 水平下显著相关；括号外面的为晴天天气条件下，括号内的为阴天条件下的数据。

4.8 不同天气条件下葡萄叶片光合光响应曲线特征参数

采用 origin8.0 软件对不同天气条件下葡萄叶片光合光响应曲线进行拟合，获得特征参数。由表 7－5 可以看出，晴天时通过三种拟合曲线拟合获得的初始量子效率属非直角曲线最大，但三者之间没有显著差异。通过直角曲线和非直角曲线拟合获得的初始量子效率要显著高于测定值，而通过修正直角双曲线拟合获得的初始量子效率与测定值没有显著差异，表明修正直角双曲线获得的初始量子效率更加接近实际。阴天条件下，直角双曲线拟合获得的初始量子效率要显著高于其他，而测定值要显著低于通过直角双曲线和修正直角双曲线获得值，但非直角双曲线拟合获得的初始量子效率与测定值差异不显著，表明在阴天条件下，非直角双曲线拟合获得的初始量子效率更加接近实际。在不同天气条件下，通过同一种拟合曲线获得的初始量子效率都是阴天显著高于晴天，但是测定值却相反，晴天测定的初始量子效率要显著高于阴天的。

对于光补偿点和光饱和点，晴天时光补偿点较高，为 26.100～45.359 $\mu mol \cdot m^{-2} \cdot s^{-1}$，而阴天条件下，光补偿点较低，仅为 3.439～10.632 $\mu mol \cdot m^{-2} \cdot s^{-1}$。晴天时通过直角双曲线和修正直角双曲线拟合间接获得的光补偿点与测定值差异不显著，而通过非直角双曲线拟合间接获得的光补偿点要显著低于前三者。阴天条件下，通过直角双曲线拟合间接获得光补偿点要显著低于其他三者。在晴天条件下，通过直角双曲线和非直角双曲线拟合间接获得的光饱和点要显著低于通过修正直角双曲线和测定值，而后两者则差异不显著，阴天条件下同样如此，显示出通过修正直角双曲线求光饱和点具有一定的优势。在不同天气条件下，无论是光补偿点还是光饱和点，通过同一种拟合曲线间接获得值以及测定值均是晴天时的高于阴天时的。

晴天时通过拟合及测定获得的暗呼吸速率值介于－1.538 $\mu mol \cdot m^{-2} \cdot s^{-1}$和－2.640 $\mu mol \cdot m^{-2} \cdot s^{-1}$之间，阴天时则为－1.261～－1.381 $\mu mol \cdot m^{-2} \cdot s^{-1}$。晴天时，暗呼吸速率测定值要显著高于非直角双曲线和修正直角双曲线拟合值，但是与直角双曲线拟合值差异不显著，而阴天条件下，拟合值、测定值之间差异不显著。不同天气条件下，除了非直角双曲线外，通过同一种曲线拟合获得值及测定值均为晴天时的显著高于阴天时的。

晴天时，通过直角双曲线和非直角双曲线拟合获得的最大净光合速率要显著高于修正直角双曲线和测定值，而后两者无显著差异，表明通过修正直角双曲线获得的最大净光合速率与实际更相符。阴天条件下，通过三种双曲线拟合获得的最大净光合速率值无显著差异，但均显著低于测定值。在不同天气条件下，通过三种双曲线拟合及测定获得的最大净光合速率值均表现出晴天时的值高于阴天时的，与实际情况相一致。

对决定系数而言，晴天时三种双曲线的决定系数较高，为 0.978～0.986，而阴天时仅为 0.329～0.661，表明晴天条件下，更适合采用三种双曲线进行光合光响应参数拟合。

表 7-5　不同天气条件下葡萄叶片光合光响应特征参数测定值与模型拟合值

	双曲线模型	初始量子效率	光补偿点(μmol·m^{-2}·s^{-1})	光饱和点(μmol·m^{-2}·s^{-1})	暗呼吸速率(μmol·m^{-2}·s^{-1})	最大净光合速率(μmol·m^{-2}·s^{-1})	决定系数R^2
晴天	直角	0.058±0.005a	44.401±6.046a(+)	602.522±88.159b(+)	−2.317±0.327ab(+)	22.243±1.333b(+)	0.981±0.004a(+)
	非直角	0.059±0.010a	26.100±4.830b(+)	890.536±84.612b(+)	−1.538±0.425cd(−)	31.657±5.815a(+)	0.978±0.006a(+)
	修正直角	0.046±0.008ab	45.359±7.583a(+)	1 591.819±181.215a(+)	−1.929±0.197bc(+)	15.632±0.792c(+)	0.986±0.005a(+)
	测定值	0.035±0.004b(+)	~40a(+)	1 266.667±115.470a(+)	−2.640±0.394a(+)	16.133±0.971c(+)	—
阴天	直角	0.602±0.140a(+)	3.439±1.224b	170.616±12.836b	−1.374±0.219a	4.585±0.228b	0.339±0.070b
	非直角	0.120±0.001bc(+)	10.632±1.742a	172.606±15.042b	−1.261±0.212a	4.639±0.288b	0.329±0.072b
	修正直角	0.204±0.026b(+)	8.627±2.246a	306.111±28.767a	−1.381±0.178a	4.330±0.136b	0.661±0.012a
	测定值	0.027±0.001c	~10a	333.333±115.470a	−1.317±0.211a	5.670±0.282a	—

注:不同小写字母表示同一天气条件下、不同模型拟合值与测定值之间差异显著;括号里面"+"表示不同天气条件下、同一模型拟合值及测定值之间差异显著,括号里面"−"表示不同天气条件下、同一模型拟合值及测定值之间差异不显著。

4.9 固碳释氧

根据固碳释氧的计算公式,葡萄叶片晴天和阴天固碳释氧量如表7-6。晴天条件下固碳量和释氧量较高,是阴天时的2.66倍,极显著高于阴天时的固碳释氧量,这与晴天光合作用较强有关。

表 7-6　不同天气条件下葡萄叶片固碳释氧能力比较

项目	晴天	阴天	T检验
固碳量(g·m^{-2}·s^{-1})	6.26±0.39	2.35±0.04	* *
释氧量(g·m^{-2}·s^{-1})	4.55±0.28	1.71±0.03	* *

注:"* *"表示在0.01水平下差异显著。

本研究中晴天葡萄叶片净光合速率日变化曲线是"M"型的双峰曲线,与大多数研究相一致[18-20]，但也有部分研究显示此变化曲线为单峰曲线[21]，这可能与葡萄品种或测定时的环境条件有关。阴天葡萄叶片的光合速率日变化曲线则呈现三个峰值，这与刘廷松和李桂芬[22]的双峰曲线研究结果有所不同。晴天光照条件较好，因此，晴天葡萄叶片的净光合速率要明显高于阴天同一时刻的，这与文献[22]的结果是一致的，也与文中晴天葡萄叶片固碳释氧量比阴天高的结果一致。

根据前人的研究[23]，葡萄叶片净光合速率与 PAR、G_s、T_r 呈显著正相关，而与 C_i 呈负相关，本研究结果也是如此，但本研究中净光合速率与 PAR 的相关性最大，因此，可以通过在阴天改变设施内部的光照条件来增加叶片的净光合速率，如适当揭棚来降低塑料棚对光线的截留，增强光照，或者铺设适当的反光膜[6-7]来增强光照，从而提高净光合速率。此外，阴天条件下，空气相对湿度较大，不利于植株的蒸腾[24]，因此，适当的通风可降低棚内湿度，从而间接提高净光合速率。

初始量子效率反映了叶片对弱光的利用能力，可以通过直角双曲线、非直角双曲线和修正直角双曲线拟合直接获得[14]。植物的初始量子效率理论上可以达到 0.083～0.125，但在实际条件下只能在 0.040～0.070[25]。本研究晴天时的拟合结果均在上述实际条件下的范围之内，而阴天时直角双曲线拟合值在上述范围之内，其他两种曲线拟合值要远高于 0.070。但是，无论晴天还是阴天，测定值都要低于 0.040，这可能是葡萄品种不同或设施栽培的缘故。通过修正直角双曲线拟合间接获得光补偿点和光饱和点更加接近于测定值，且其拟合度也更高，这与李雅善等[14]、叶子飘和于强[16]的研究结果相符，显示了修正直角双曲线更适用于光合光响应曲线的拟合，建议采用该双曲线进行光合—光响应曲线的拟合。

本研究通过对楚雄地区红地球葡萄的光合特性分析，主要获得以下结论：

(1) 晴天时的净光合速率、气孔导度、胞间 CO_2 浓度、蒸腾速率要明显高于阴天，表明晴天时光合作用以及与光合作用相关的生理活动较为活跃；对于水分利用效率来说，上午 10:00 以前晴天较高，而 10:00 之后则是阴天较高。

(2) 无论是晴天还是阴天，葡萄叶片的净光合速率都与气孔导度、胞间 CO_2 浓度、蒸腾速率和光合有效辐射呈极显著相关，其中与胞间 CO_2 浓度呈负相关，与其他参数呈正相关。

(3) 通过对双曲线拟合获得值及测定值的比较分析，晴天时光补偿点、光饱和点、暗呼吸速率和最大净光合速率要显著高于阴天，而阴天时的初始量子效率要显著高于晴天。修正直角双曲线更适合于光合光响应曲线的拟合，尤其是晴天条件下。

(4) 晴天时叶片的固碳释氧量要显著高于阴天，表明晴天时光合作用及与其相关的生理活动较为活跃。

参考文献

[1] 张武,张永辉,陆晓英,白明第,孔维喜,马春花,邵建辉,沙毓沧.云南葡萄产业发展现状及对策研究[J].中国热带农业,2015,4: 25-28.

[2] 张永辉,刘海刚,张武,鲍忠祥,张梦寅,沙毓沧.云南高原特色葡萄产业现状及建议[J].中外葡萄与葡萄酒,2013,5:64-66.

[3] 金莉,周琦,李长林,宿福园,杨守坤,刘先葆,姚延兴.巨玫瑰和辽峰2个葡萄品种叶片光合日变化及其与环境因子的相关性[J].西北农业学报,2015,24(7):92-97.

[4] 金莉,李长林,宿福园,杨守坤,刘先葆,姚延兴,裴饮,黄咏明.巨玫瑰葡萄叶片光合日变化及其与环境因子的相关性研究[J].西南农业学报,2015,28(2):768-771.

[5] 单守明,平吉成,王振平,冯关,王文举,张亚红.不同架式对设施葡萄光合特性及果实品质的影响[J].山地农业生物学报,2010,29(2):107-111.

[6] 刘林,许雪峰,王忆,李天忠,韩振海.不同反光膜对设施葡萄光合特性和叶片糖代谢的影响[J].西北植物学报,2008,28(3):559-563.

[7] 王立如,房聪玲,徐绍清,高长达,徐永江,付涛,王忠华,吴月燕.反光膜应用对大棚葡萄光合特性及果实品质的影响[J]. 江苏农业学报,2014,30(4):863-869.

[8] 张正红,成自勇,张芮,李晶,薛燕翎,周继莹,王俊林,何兆全.不同生育期水分胁迫对设施延后栽培葡萄光合特性的影响[J].干旱地区农业研究,2013,31(5):227-232.

[9] 孙利鑫,解艳玲,马建,苏斌,张亚红.不同设施栽培模式下红地球葡萄光合特性分析[J].广东农业科学,2014,13:40-43.

[10] 李雅善,李强,王波,徐成东,王振吉,范树国.滇中高原地区设施栽培不同葡萄品种光合特性研究[J].北方园艺,2016,16:53-58.

[11] 伍新宇,张付春,潘明启,杨建红,邹刚,卡地·吾斯曼,艾尔麦克·才卡斯木,韩守安.帕米尔高原葡萄延晚栽培光合作用日变化特征[J]. 新疆农业科学,2014,51(6):1106-1111.

[12] Claudia Rita de Souza, Renata Vieira da Mota, Frederico Alcântara Novelli Dias, Evaldo Tadeu de Melo, Rodrigo Meirelles de Azevedo Pimentel, Laís Cristina de Souza, Murillo de Albuquerque Regina. Physiological and agronomical responses of Syrah grapevine under protected cultivation[J].*Bragantia*, 2015,74(3):270-278.

[13] 王青风. 设施条件下不同叶幕类型葡萄光合特性分析及存在问题调查研究[D].石河子:石河子大学,2013,1-16.

[14] 李雅善,李华,王华,赵现华.赤霞珠葡萄光合——光响应曲线拟合模型的比较分析[J].西北林学院学报,2013,28(2):20-25.

[15] 李雅善,李华,王华,南立军.设施栽培下不同灌溉处理对'希姆劳特'植株生长及果实的影响[J].中国农业科学,2014,47(9):1784-1792.

[16] 叶子飘,于强.光合作用光响应模型的比较[J].植物生态学报,2008,32(6):1356-1361.

[17] 李想,李海梅,马颖,刘培利.居住区绿化树种固碳释氧和降温增湿效应研究[J].北方园艺,2008,

8:99-102.
[18] 李雅善,李华,徐成东,王波,王振吉,范树国.不同灌溉条件下葡萄叶片光合特性研究[J].北方园艺,2015,14:1-6.
[19] 张付春,潘明启,卢春生.吐鲁番四个葡萄品种光合日变化及其光响应特征[J].新疆农业科学,2011,48(6):1001-1005.
[20] 伍新宇,潘明启,杨琳,张付春,王强,郭春苗,邹刚,韩建辉,钟海霞.帕米尔高原葡萄延晚栽培气象因子与成熟期光合作用[J].新疆农业科学,2015,52(9):1607-1614.
[21] 李雅善,李强,王波,徐成东,王振吉,范树国.滇中高原地区设施栽培不同葡萄品种光合特性研究[J].北方园艺,2016,16:53-58.
[22] 刘廷松,李桂芬.设施栽培条件下葡萄盛花期的光合特性[J].园艺学报,2003,30(5):568-570.
[23] 赵妮,郁松林,赵宝龙,于坤,董明明,杨夕.日光温室中不同架式对葡萄光合特性及果实品质的影响[J].新疆农业科学,2016,53(11):2023-2032.
[24] 郑睿,康绍忠,佟玲,李思恩.不同天气条件下荒漠绿洲区酿酒葡萄植株耗水规律[J].2012,28(20):99-107.
[25] 余叔文.植物生理学和分子生物学[M].北京:科学出版社,1992,236-243.

第五节　芸苔素内酯与葡萄果实基本特征指标

5.1　背　景

紫香无核又名新葡 4 号，是由石河子葡萄研究所培育的优良无核品种，果粒蓝紫色，陀螺形，外观非常独特，具有浓郁玫瑰香味，耐贮运，抗病虫，既可鲜食又可制干、制汁，在新疆各主要葡萄产区大面积栽培。但目前对该品种的特性研究和认识还不够深入，尤其是芸苔素内脂对紫香无核葡萄果实基本特性指标的研究较少。本实验以紫香无核为试材，用不同浓度的芸苔素内酯处理葡萄果实，分析葡萄浆果发育过程中坐果率、果实横纵径、平均单果重、平均穗重的变化特点，探讨其对葡萄果实生长发育的影响，为芸苔素内酯对紫香无核葡萄果实品质的影响提供一定的理论积淀。

芸苔素内酯(brassinolide)是一种从植物中提取的新型绿色植物生长调节剂，生物活性强，应用广泛，能够促进根、茎、花、果的生长，促进受精，促进果实膨大、早熟，促进抗旱、抗寒等作物抗逆性功能[1-2]。芸苔素内酯是活性最高的高效、广谱、无毒的植物生长调节物质。目前，在葡萄上得到了广泛应用，效果良好，已经被国际上公认[3-4]。李国树等[5]用 0.01%芸苔素内酯抑制葡萄新梢的效果为 39.3%～55.6%，大小粒指数平均降低 15.9%～26.4%；平均增产 6.8%～14.1%。刘静等[6]用 1.0 mg/L 芸苔素内酯促进了夏黑葡萄植株生长和花芽分化，提高果实品质，延缓叶片衰老；用 1.5 mg/L 芸苔素内酯浸蘸花穗，显著增加了单穗数、单穗重、百粒重。潘建春[4]在花后 20、30、40 d 采用1.5 mg/L 芸苔素内酯对葡萄树体全株喷布，增加了果实单粒重、TSS 含量和花青素含量，提高果实品质。本研究采用不同浓度的芸苔素内酯喷洒紫香无核葡萄，并定期测定葡萄坐果率、平均单果重、平均穗重和果实纵横经，实验效果明显，芸苔素内酯对葡萄果实品质的改善有很好的促进作用。

为探讨芸苔素内酯对果实基本特征指标的影响，以紫香无核葡萄为试材，使用不同浓度(CK、T1 0.5 mg/L、T2 1.0 mg/L、T3 1.5 mg/L)的芸苔素内酯花后三次处理葡萄果穗，测定果实发育过程中的坐果率、纵径、横径、平均单果重、平均穗重等指标。结果表明，总的趋势是随着芸苔素内脂浓度的升高，葡萄果实纵径、横径、纵横径之比、平均穗重和平均单果重呈现先上升后下降的趋势。芸苔素内酯处理对葡萄果实纵径和横径的影响依次为 T2、T1、T3 和 CK，对纵横径之比的影响依次为 T2、T1、CK 和 T3，平均单果重 T2>T1>T3>CK；0.5 mg/L 的芸苔素内脂对平均穗重的影响最明显，即 T1>T2>T3>CK。总体上，1.0 mg/L 的芸苔素内脂对葡萄果实纵径、横径、纵横径之比和平均单果重的影响最明显。

5.2　实验材料

实验于 2015 年 5 月 10 日—2015 年 9 月 10 日在石河子大学农学院实验站标准葡萄示范园进行。试材为 3 年生紫香无核葡萄，株行距为 1 m×3 m。植株生长健壮，正常管理。

5.3　实验处理

实验共设 3 个梯度浓度处理，分别为 T1 0.5 mg/L、T2 1.0 mg/L、T3 1.5 mg/L 的芸苔素内酯，以喷施清水为空白对照(CK)。紫香无核葡萄始花期为 5 月 25 日，盛花期为 6 月 1 日，落花期为 6 月 5 日。花后每 7 d 喷施一次，共喷施 3 次。具体喷施时间依次为 6 月 12 日、6 月 19 日和 6 月 26 日上午 10 点之前，避开高温、刮风及雨天等不利天气。花后 40 d 开始取样，共 6 次，具体时间依次为 7 月 5 日、7 月 25 日、8 月 5 日、8 月 15 日、8 月 25 日和 9 月 5 日。坐果率取样时间为花后 2 周。

5.4　测定指标

5.4.1　坐果率

坐果率(%)=(果实数/开花数)×100

5.4.2　果实的横、纵径

花后 40 d 开始，每个处理中随机选取 10 粒果实，共计取果 6 次。每次采摘完毕后，立刻使用游标卡尺测量果实的横、纵径，并及时记录，果粒的横、纵径精确到 0.01 mm。

5.4.3　平均单果重、平均穗重

平均单果重、平均穗重的测量于 9 月上旬进行。每次选 10 穗果，3 次重复，求平均值。再从中选果穗正面中部的果粒，每穗选 6 粒，3 次重复，求平均值。测量工具为误差为 0.1 g 小型电子秤。

5.5　芸苔素内酯

芸苔素内酯(Brassinolide)是一种从植物中提取的新型绿色植物生长调节剂，生物活性强，应用广泛，能够促进根、茎、花、果的生长，促进受精、促进果实膨大、早熟，促进抗旱、抗寒等作物抗逆性功能[1-2]。本研究采用不同浓度的芸苔素内酯喷洒紫香无

核葡萄，并定期测定葡萄坐果率、平均单果重、平均穗重，果实纵横经，果实中的葡萄糖、果糖、蔗糖和总糖，以及相关的代谢酶，如酸性转化酶(AI)、中性转化酶(NI)、蔗糖合成酶(SS)、蔗糖磷酸合成酶(SPS)等的活性，实验效果明显，对葡萄果实品质的改善有很好的促进作用。

5.5.1 芸苔素内酯与葡萄果实坐果率、平均单果重和平均穗重

从表 7－7 中可知，花后 2 周，用不同浓度的芸苔素内酯喷洒葡萄果穗，均提高了葡萄的坐果率，T3 处理的坐果率最高，为 19.88%，其次为 T2 处理、T1 处理和 CK，分别为 19.32%、18.98%和 18.63%，并且各处理与对照的差异极显著($P<0.01$)(表 7－7)，T3 处理、T2 处理和 T1 处理的坐果率比 CK 分别提高 6.71%、3.7%和 1.88%。

表 7－7 芸苔素内酯对葡萄果实坐果率、平均单果重和平均穗重的影响

处理	坐果率(%)	平均单果重(g)	平均穗重(g)
CK	18.63±0.11 d	9.32±0.16 d	744.3±1.14 d
T1	18.98±0.01b	11.09±0.24c	978.8±1.46 d
T2	19.32±0.23c	12.63±0.33a	896.8±1.32c
T3	19.88±0.25a	10.45±0.32b	776.7±1.56b

注：文中的小写字母表示差异显著($P<0.05$)。

9 月上旬采收果实后，我们对平均穗重和平均单果重进行了分析，结果发现：芸苔素内酯能够提高紫香无核葡萄的平均穗重和平均单果重。不同的浓度处理对平均穗重和平均单果重的影响不同。对于平均穗重而言，T1 处理的穗重最高，为 978.8 g，其次是 T2 处理、T3 处理和 CK，依次为 896.8 g、776.7 g、744.3 g(T1>T2>T3>CK)，并且各处理与对照的差异极显著($P<0.01$)(表 7－7)，T1 处理、T2 处理和 T3 处理的坐果率比 CK 分别提高 31.51%、32.58%和 4.35%。对于平均单果重而言，T2 处理的平均单果重最高，为 12.63 g，其次是 T1 处理、T3 处理和 CK，依次为 11.09 g、10.45 g、9.32 g(T2>T1>T3>CK)，并且各处理与对照的差异极显著($P<0.01$)(表 7－7)，T2 处理、T1 处理和 T3 处理的坐果率比 CK 分别提高 35.52%、18.99%和 12.12%。

可见，适宜浓度的芸苔素内酯能够增加葡萄的坐果率及成熟期葡萄平均单果重和平均穗重。随着芸苔素内酯浓度的增加，坐果率呈现持续的上升趋势，平均单果重随着芸苔素内酯浓度的增加而增加，在 T2 上升到最大，然后开始下降，平均穗重随着芸苔素内酯浓度的增加而增加，在 T1 上升到最大，然后开始下降。也就是说，在适宜浓度范围内，高浓度的芸苔素内酯处理能增加紫香无核葡萄的坐果率、平均单果重和平均穗重，但是高浓度的芸苔素内酯对坐果率的提高最明显，要获得最佳的平均单果重，需要适当降低芸苔素内脂的浓度到 T2(1.0 mg/L)，而最佳平均穗重的获得需要更低浓度的芸苔素内脂(0.5 mg/L)。本实验中，T1 的平均穗重 978.8 g，为最重，平均单果重比 T2 低，坐果率却是最低的；T2 的平均穗重 896.8 g，比 T1 低，平均单果重为最重，坐果率比

T1 高。同时 T2 的平均穗重(896.8 g)高于平均值(884.1 g),平均单果重(12.63 g)高于平均值(11.39 g),T1 的坐果率(18.98%)低于平均值(19.39%),T2 的坐果率(19.32)接近平均值(19.39%)。综合考虑,适宜的浓度(T2 处理)对于紫香无核葡萄的坐果率、平均单果重和平均穗重是最合适的。

李国树等[5]和林玲等[7]研究发现,芸苔素内酯处理有效改善了葡萄的大小粒现象,提高了葡萄产量。贾玥和陶建敏[8]、贾玥[9-10]和刘笑宏等[11]调查得出,芸苔素内酯能够使葡萄果实的纵径、横径和单果质量均最大,且保持果形不变。尽管这些方法对果穗都有效果,但是成本高,费时费工,容易延误花序生长的最佳时期,方法不易掌握。宋润刚等[12]与花前 7～10 d 摘心相比,初花期、盛花期和生理落果期摘心,产量分别降低 14.9%、25.8%和 30.1%,坐果率分别为 8.0%、11.4%和 15.9%,比本实验的低(表 7－7)。党磊等[13]发现龙眼葡萄果实各品质指标之间存在着一定的相关性。单果重与果粒纵径和果粒横径呈极显著正相关,与本研究的结果相同(表 7－7)。

5.5.2　芸苔素内酯与葡萄果实纵径

如表 7－8,在紫香无核果实发育过程中,各处理明显改变了葡萄果实纵径的变化趋势。在整个生长期,三个处理和对照的紫香无核果实的纵径均呈现增大的趋势。从花后 40 d 开始,T2 处理的葡萄果实纵径均高于 T1 处理、T2 处理和 CK 处理的纵径(除了花后 40 d 天的纵径与 T1 的相同)。与对照相比,T1 呈现了上升趋势,T3 呈现了先缓慢上升再快速上升的趋势,生长趋势不稳定。除此之外,花后 90 d 时,T2 处理的葡萄果实纵径 2.71 cm,比对照(2.62 cm)高,增幅是对照的 3.44%,T1 处理的葡萄果实的纵径(2.70 cm)稍逊于 T2,增幅是对照的 3.05%,T3 处理的葡萄果实的纵径(2.65 cm)最细,增幅是对照的 1.15%。综上所述,T2 对葡萄果实纵径的影响最明显,能够稳定提高果实的纵径,对果实品质的提升非常有利,其次是 T1 和 T3。因此,四个处理对葡萄果实纵径的影响依次为 T2、T1、T3 和 CK。

表 7－8　芸苔素内酯对葡萄果实纵径的影响(cm)

处理	40 d	50 d	60 d	70 d	80 d	90 d
CK	2.01±0.11a	2.25±0.23c	2.39±0.23a	2.43±0.21a	2.61±0.25a	2.62±0.22c
T1	2.10±0.12a	2.23±0.24a	2.37±0.24a	2.46±0.24b	2.63±0.26a	2.70±0.23b
T2	2.10±0.21b	2.28±0.25b	2.43±0.22b	2.50±0.25b	2.65±0.24a	2.71±0.25b
T3	2.01±0.11c	2.21±0.21ab	2.41±0.24c	2.47±0.28a	2.63±0.12b	2.65±0.24a

果型指数(纵横径之比)与单果重相关性不显著,与纵径呈极显著正相关,与横径呈极显著负相关[13],与本研究的结论一致(表 7－8 至 7－10)。平吉成和刘亮[14]研究却发现,延迟采收导致葡萄单果重和纵径增加,而横径变化不明显。由此可知单果重、果实纵横径的变化主要与葡萄品种有关。不同的品种质地不一样,导致了不同的结果。

5.5.3 芸苔素内酯与葡萄果实横径

如表 7－9，在紫香无核果实发育过程中，各处理明显改变了葡萄果实横径的变化趋势。在整个生长期，三个处理和对照的紫香无核果实的横径均呈现增大的趋势。从花后 40 d 开始，T2 处理的葡萄果实横径均高于 T1 处理、T3 处理和 CK 处理的横径。与对照相比，T1 呈现了缓慢的上升趋势，T3 也呈现了缓慢上升的趋势，但是每个时期 T3 的增长均低于 T1。除此之外，花后 90 d 时，T2 处理的葡萄果实横径 2.42 cm，比对照（2.35 cm）高，增幅是对照的 2.98％，T1 处理的葡萄果实横径（2.41 cm）稍逊于 T2，增幅是对照的 2.55％，T3 处理的葡萄果实的横径（2.40 cm）最细，增幅是对照的2.13％。综上所述，T2 对葡萄果实横径的影响最明显，能够稳定提高果实的横径，对果实品质的提升非常有利，其次是 T1 和 T3。因此，三个处理对葡萄果实横径的影响依次为 T2、T1、T3 和 CK，与纵径的结果一致。表明在果实纵径增大的同时，果实的横径也随着增大。这样，有利于果实的正常生长和发育。

表 7－9 芸苔素内酯对葡萄果实横径的影响(cm)

处理	40 d	50 d	60 d	70 d	80 d	90 d
CK	1.63±0.01b	2.05±0.12ab	2.17±0.14a	2.29±0.14b	2.34±0.16b	2.35±0.24a
T1	1.76±0.13a	2.17±0.21b	2.17±0.15b	2.31±0.15a	2.36±0.24a	2.41±0.23b
T2	1.84±0.05a	2.19±0.13b	2.21±0.21ab	2.32±0.11a	3.37±0.23a	2.42±0.27a
T3	1.75±0.04c	2.15±0.22a	2.16±0.26c	2.31±0.14a	2.35±0.24b	2.40±0.22a

5.5.4 芸苔素内酯与葡萄果实纵横径之比

如表 7－10，在紫香无核果实发育过程中，各处理明显改变了葡萄果实纵横经之比的变化趋势。纵横经之比越大，果实呈椭圆形或者锥形生长的趋势越明显，果穗纵径生长比横径快，果实生长越旺盛，纵横径之比越小，果实呈近圆形生长，纵横径之比等于 1，呈圆形生长。纵横径之比大于 1，表明果实生长正常。如果纵横径之比小于 1，果实的生长受到限制或者有病虫害发生过，果粒略呈扁圆形。本实验中，纵横径之比均大于 1，因此，果实的生长都是正常的。

表 7－10 芸苔素内酯对葡萄果实纵横径之比的影响

处理	40 d	50 d	60 d	70 d	80 d	90 d
CK	1.233±0.113a	1.098±0.125b	1.101±0.354b	1.061±0.222c	1.115±0.212c	1.115±0.245a
T1	1.193±0.102a	1.028±0.113b	1.092±0.321b	1.065±0.245a	1.114±0.235a	1.120±0.412c
T2	1.141±0.114ab	1.041±0.132ab	1.100±0.326a	1.078±0.265a	0.786±0.224b	1.120±0.002b
T3	1.149±0.122b	1.028±0.254a	1.116±0.322c	1.069±0.334b	1.119±0.326b	1.104±b

在整个生长期,3 个处理和对照的紫香无核果实的纵横径之比均呈现“W”型的变化趋势,并且花后 90 d 的纵横径之比小于花后 40 d,表明果实的膨大是一个渐进的过程,膨大效果逐渐降低,这是葡萄积累养分、风味物质和成熟的标志。花后 40～60 d,出现了第一次纵横径之比高峰,表明花后 60 d 是紫香无核葡萄果实的第二次膨大期(第一次是在花后 40 d 之前),但是膨大比例没有第一次大,在花后 80 d 又出现了一次高峰,并且比上一次膨大的大得多(表 7 - 10)。

另外,从花后 40 d 的数据可以看出,3 个处理的葡萄果实的纵横径均小于对照,表明 3 个处理对紫香无核葡萄果实的拉长效果都很明显。从花后 40 d 开始,T2 处理的葡萄果实纵横径之比均低于 T1 处理、T3 处理和 CK 处理。与对照相比,T1 和 T3 的葡萄果实纵横径之比均呈现了缓慢的“W”型趋势。除此之外,花后 90 d 时,T2 处理的葡萄果实的纵横径之比 1.12,比对照(1.115)高,增幅是对照的 0.45%,T1 处理的葡萄果实的纵横径之比(1.12)相当于 T2,增幅也是对照的 0.45%,T3 处理的葡萄果实的纵横径之比(1.104)最小,减幅为 0.97%。综上所述,T2 处理对葡萄果实纵横径之比的影响最明显,有利于果实的正常生长和发育。

5.5.5　芸苔素内酯与葡萄果实坐果率、平均单果重、平均单穗重

潘建春[4]用 0.01%芸苔素内酯溶剂处理对葡萄新梢抑制效果为 39.3%～55.6%,有效改善葡萄的大小粒现象,平均降低大小粒指数 15.9%～26.4%,平均增产幅度 6.8%～14.1%。贾玥和陶建敏[8]在开花前 1 周分别采用留 1 穗、2 穗、穗尖、副穗 4 种花穗整形方法修剪夏黑葡萄,测定后发现,留穗尖的成熟果实纵径、横径、单果质量和可溶性固形物含量均最大,果形指数不变。陈爱军等[15]采用不同浓度 GA_3 在不同处理时期对二次果穗轴拉长的效果发现,在花序分离前、花序完全分离期,采用 2.5 mg/LGA_3 浸泡花序 3～5 s 效果最佳。程媛媛等[16]在果实发育中期(7 月 18 日)用 5 mg/L CPPU、25 mg/L GA_3＋5 mg/LCPPU、100 mg/L NAA 及 25 mg/L GA_3 分别浸蘸果穗。处理后 109 天采样发现,各处理均能不同程度延迟果实成熟,与对照均有一定差异,各处理单果重、可溶性糖含量均显著小于对照,但是各个处理各指标的变化速率较快,接近对照。其中以 25 mg/L GA_3＋5 mg/L CPPU 的延后处理效果最好,可溶性糖与对照差异性最大,在后期单果重、含糖量均有较大增长,接近对照。

贾玥等[9]研究发现,不同花穗整形长度对果实品质有影响。其中,保留花穗尖5 cm 能显著增加果实纵横径、果实单果重,提高可溶性固形物含量,且能保持果形不变。贾玥等[10]在开花前一周分别保留穗尖 3 cm、5 cm、7 cm,研究发现,花穗的不同整形长度对葡萄果实的大小、糖含量与对照有明显差异,其中保留穗尖 5 cm 处理能显著增加单果重,表明保留适宜的穗尖处理对果实品质有明显影响。蒯传化等[17]探讨了几种不同透光率的果袋对葡萄果实有关性状的影响,结果表明,不透光的复合袋极为显著地降低果实单粒重、总糖含量和糖酸此;透光率为 16%的红色袋显著降低果实糖酸比,但对总糖含量、单粒重无显著影响;透光率为 60%的无纺布袋对果实品质有一定提高作用。

葡萄果实对光照强度的需求存在临界值，当袋内光照强度低于外界自然光照的1.4%左右时，果实生长发育开始受到影响。

谢周等[18]于开花前13～22 d，使用不同浓度(3、5、7.5 mg/L)赤霉素处理，结合盛花期25 mg/L GA_3和花后两周25 mg/L GA_3 +5 mg/L CPPU处理，研究发现，花前16 d 7.5 mg/L GA_3结合盛花期25 mg/L GA_3，花后两周25 mg/L GA_3 +5 mg/L CPPU处理能够显著拉长果穗，使用不同赤霉素处理使魏可果形变长，降低了可溶性固形物含量。何风杰等[19]研究发现，双膜加温使葡萄各物候期明显提前，虽然坐果率略有降低，但萌芽率提高，单粒重、可溶性固形物含量等品质指标都有不同程度提高。黄捷和周咏梅[20]实验结果表明，花穗发育期用0.1%硼酸溶液+0.1%氨基酸螯合钙溶液喷穗处理巨峰葡萄，10 d后再处理1次，能显著提高巨峰葡萄坐果率，增加果实风味和品质。邹瑜等[21]研究发现，2～3年野生毛葡萄的幼龄树，冬剪采取7芽以上中长修剪法，夏剪结果枝留穗数与末穗前留叶数比例为1∶(1.5～2.5)，可获得50%的坐果率，4年以上成龄树冬剪采用3～6个芽中短剪法，夏剪穗叶比为1∶3，可获得30%的坐果率.花前副梢留1叶摘心，副梢全留或只留末穗前全部副梢，收果率在30%以上。

林玲等[7]调查发现，同一结果枝上无论是两穗花还是单穗花，40～60 cm枝条上的花穗坐果率均高于60 cm以上的枝条上的花穗坐果率。陈卫民等[22]研究发现，喷施海绿素AS 2 000倍液可以提高果实单粒重3.59 g、增加可溶性固形物3.4%，改善果实品质。刘笑宏等[11]在巨早葡萄的果穗整形中发现，保留穗尖6.5 cm并在花后10 d用25 mg/kg赤霉素浸蘸果穗并全株喷洒2 mg/kg芸苔素内酯，可使果粒大、糖度高、酸度低、果实色泽好，果型美观。而不使用生长调节剂，去掉穗尖和歧肩，同样可以保证较高的产量、果实糖度、糖酸比和果形指数，着色亦较好。

单果重、种籽数、种籽重、果粒纵径、果粒横径和体积等性状间呈极显著正相关；果型指数与单果重及含糖量相关性不显著，表明龙眼葡萄果实的形态对果粒的重量和含糖量没有影响。党磊等[13]发现龙眼葡萄果实各品质指标之间存在着一定的相关性。单果重与果粒纵径和果粒横径呈极显著正相关，与本研究的结果相同(表7-8至7-9)。含糖量与单果重和果粒纵径呈显著正相关，果型指数(纵横径之比)与单果重和含糖量相关性不显著，与纵径呈极显著正相关，与横径呈极显著负相关，表明纵径越大，横径越小，果型指数越大，果实就呈现椭圆形，与本研究的结论一致(表7-10)。

温鹏飞等[23]的研究结果表明，轻度土壤干旱并不会改变赤霞珠葡萄果实生长曲线，但会降低赤霞珠葡萄果实单粒质量10.10%，增加可溶性总糖10.64%，从而有利于果实品质的形成。宋润刚等[12]在初花期、盛花期和生理落果期摘心与开花前7～10 d摘心相比，坐果率分别降低8.0%、11.4%和15.9%，落果率分别提高2.69%、5.26%和6.96%，产量分别降低14.9%、25.8%和30.1%。因此，摘心及摘心时期也能调节坐果率，开花前7～10 d摘心效果最好。温鹏飞等[24]研究发现，延迟采收赤霞珠，果实中水分大量散失，导致单果重、单果体积都呈下降趋势。刘亮[24]研究却发现，延迟采收导致葡萄单果重和纵径增加，而横径变化不明显。因此，单果重和果实纵横径与葡萄品种有关。不同品种质地不一样，导致了不同的结果。温鹏飞等[24]研究还发现，延迟采收导致赤霞珠葡萄果实内总糖含量持续上升。由于延迟采收，葡萄失水浓缩，同时植株受低温和水分胁迫，主动积累一些可溶性糖，以适应外界环境条件的变化，与王萌等[26]的结果相似。

本实验以紫香无核为试材，以不同浓度（CK、T1 0.5 mg/L、T2 1.0 mg/L、T3 1.5 mg/L）的芸苔素内酯花后（分别在6月12日、6月19日、6月26日）三次处理葡萄果穗后，研究了芸苔素内酯对紫香无核葡萄果实生长过程中的果实坐果率、纵横径、平均单果重、平均穗重等指标的变化，结果表明：(1) 在葡萄果实发育过程中，T2处理对于紫香无核葡萄的坐果率、平均单果重和平均穗重最合适。(2) 本实验中，三个处理及对照对葡萄果实纵径和横径的影响依次为T2、T1、T3和CK，表明在果实纵径增大的同时，果实的横径也随着增大。结合三个处理及对照对葡萄果实纵横径之比的影响依次为T2、T1、CK和T3，表明T2有利于果实的正常生长和发育，是最佳的处理方式。

总体上，适宜浓度的芸苔素内酯能够调节紫香无核葡萄果实生长过程中果粒纵横径、坐果率、平均单果重和平均穗重等指标，T2处理是最佳的选择，即1.0 mg/L芸苔素内酯处理的效果最好。

参考文献

[1] 陈秀，方朝阳. 植物生长调节剂芸苔素内酯在农业上的应用现状及前景[J]. 世界农药，2015，37(2)：34－36，42.

[2] 李玉利，杨忠兴，仇璇，等. CPPU、TDZ对上海夏黑葡萄果实生长与品质的影响[J]. 中国南方果树，2015，44(4)：88－90.

[3] 张珍，何晓婵，周小军，等. 0.01%芸苔素内酯可溶液剂在夏黑葡萄上的实验效果[J]. 落叶果树，2014，46(6)：11－12.

[4] 潘建春. 0.01%芸苔素内酯可溶液剂在葡萄上的应用效果研究[J]. 现代农业科技，2015，8：152－152，154.

[5] 李国树，张武，徐成东，等. 芸苔素内酯对夏黑葡萄生长发育的影响[J]. 现代农业科技，2016，21：52－53.

[6] 刘静，容新民. 芸苔素内酯对促成栽培夏黑葡萄果实品质的影响[J]. 安徽农业科学，2015，33：58－59.

[7] 林玲，白先进，张瑛，等. 桂南巨峰葡萄结果枝长度与坐果率的关系[J]. 南方园艺，2013，24(4)：20，22.

[8] 贾玥，陶建敏. 4种夏黑葡萄花穗整形方法的比较[J]. 江苏农业科学，2015，2：173－175，176.

[9] 贾玥，季晨飞，余晓娟，等. 不同花穗整形长度对'魏可'葡萄果实品质的影响[J]. 安徽农业科学，2014，11：3212－3213.

[10] 贾玥，张雷，陶建敏. 不同花穗整形长度对美人指葡萄果实品质的影响[J]. 中外葡萄与葡萄酒，2014，3：35－38.

[11] 刘笑宏，郭淑华，王昆，等. 巨早葡萄花穗整形及生长调节剂处理对果实品质的影响[J].中外葡萄与葡萄酒，2016，2：6－9.

[12] 宋润刚，马玉坤，张宝香，等. 山葡萄结果枝不同时期摘心对坐果率和产量影响[J]. 北方园艺，2010，11：44－45.

[13] 党磊，刘俊，汉瑞峰，等. 龙眼葡萄果实性状及相关性分析[J]. 华北农学报，2015，z1：204－210.

[14] 平吉成，刘亮.红地球葡萄延迟采收活体保鲜研究[J].农业科学研究，2011，32(1)：23－25.

[15] 陈爱军，何建军，刘萍等.GA3不同处理对温克葡萄二次果穗轴的拉长效果[J].中外葡萄与葡萄酒，2016，5：77－78，81.

[16] 程媛媛，陶建敏，谢周等.不同处理对新美人指葡萄延后效果的影响[C].//第十六届全国葡萄学术研讨会暨上海马陆葡萄产业高峰论坛论文集.2010：299－303.

[17] 蒯传化，刘三军，于巧丽等.不同类型果袋对葡萄果实有关性状的影响[J].中外葡萄与葡萄酒，2012，2：22－24.

[18] 谢周，李小红，程媛媛等.赤霉素对魏可葡萄果穗及果实生长的影响[J].江西农业学报，2010，22(1)：50－53.

[19] 何风杰，徐小菊，江海娥等.短期加温对大棚葡萄坐果和品质的影响[J].现代农业科技，2015，18：81－82.

[20] 黄捷，周咏梅.钙硼处理对巨峰葡萄夏果坐果率及品质的影响[J].南方园艺，2015，26(5)：17－19.

[21] 邹瑜，吴代东，桂杰等.广西野生毛葡萄两性花品种冬剪和夏剪技术研究[J].北方园艺，2011，21：39－42.

[22] 陈卫民，钟宁，杨飞等.海绿素对全球红葡萄品质影响[J].北方园艺，2010，17：53－54.

[23] 温鹏飞，袁晨茜，杨刘燕等.轻度土壤干旱对赤霞珠果实品质的影响[J].山西农业科学，2013，41(3)：238－242.

[24] 温鹏飞，郑蓉，牛铁泉等.延迟采收对赤霞珠葡萄果实品质的影响[J].山西农业科学，2011，39(12)：1281－1283，1290.

[25] 刘亮.延迟采收对红地球葡萄树体营养和果实品质的影响[D].银川：宁夏大学，2010.

[26] 王萌，南立军，郁松林.芸苔素内酯对“紫香”无核葡萄糖代谢及相关酶活性的影响[J].中国果菜，2017，11：14－19.

第六节　芸苔素内酯与葡萄果实糖代谢

6.1 背　景

葡萄(Vitis vinifera L.)属于葡萄科葡萄属,为落叶藤本植物,栽培历史悠久,是世界最古老的植物之一,广泛分布于热带、亚热带、温带,经济价值高。新疆地域辽阔,昼夜温差大,日照资源丰富,是最佳的葡萄种植区之一。新疆葡萄种植面积居全国之首,随着葡萄种植面积的迅速增加,对生产、管理技术提出了更高要求,所以葡萄品质的提高成为葡萄生产和科学研究的重点。有学者提出,果实品质很大程度上取决于果实体内积累糖的种类及含量。果糖、葡萄糖和蔗糖是葡萄中主要的糖类,影响葡萄的成熟。因而,果糖、葡萄糖和蔗糖积累是葡萄果实内在品质形成的关键;蔗糖代谢是糖积累的重要环节[1]。蔗糖代谢酶(酸性转化酶、蔗糖合成酶、蔗糖磷酸合成酶)是调节蔗糖转化、合成的关键酶[2]。

芸苔素内酯是具有植物生长调节作用的甾醇类化合物,化学结构与动物雄性激素、副肾皮质激素、雌性激素、昆虫蜕皮激素等同源,被认为是一种不同于其他生长调节剂的新型植物生长调节剂。梁芳芝等[3]报道芸苔素内酯能提高大豆的产量,斯尚松等[4]研究表明,芸苔素对花生叶面喷施可提高植株活力,大幅提高产量。白克智[5]研究发现,作为一种新型甾体植物激素,芸苔素内酯具有促进作物生长、增加作物产量、提高作物的耐寒性和耐盐能力的作用,可以提高葡萄、西瓜等的产量;刘伟等[6]实验也表明,适宜浓度的芸苔素内酯浸种或茎叶喷施对花生幼苗的萌发和生长具有促进作用。

目前,激素对葡萄果实糖代谢的影响已有初步研究,但是芸苔素内酯对葡萄果实糖含量及蔗糖代谢酶活性影响方面的研究迄今未见系统报道。本试验以紫香无核为试材,用不同浓度的芸苔素在不同时期处理葡萄果实,分析葡萄浆果发育过程中可溶性糖含量及相关酶活性的变化特点,明确芸苔素内酯参与葡萄果实糖积累的酶学机理,通过测试果实发育过程中的理化指标,探讨其对葡萄果实生长发育、糖含量及蔗糖代谢相关酶活性的影响,为芸苔素内酯对糖类物质的输入、积累、代谢及其调控研究提供一定的理论基础,为提高其品质提供一定的理论依据。

我们以“紫香”无核葡萄为试材,探讨外援激素对葡萄果实糖代谢及其相关酶活性的影响,采用不同浓度(CK、T1、T2、T3)的芸苔素内酯花后三次处理葡萄果穗后,测定果实发育过程中的葡萄糖、果糖、蔗糖、总糖和糖代谢相关酶活性等指标。结果表明,芸苔素内酯在果实转色期能够明显增加糖的积累速率,T2 处理对各类糖的影响最明显;

但采收期，芸苔素内酯对糖的积累产生的影响不明显。整个试验期间，所有样品的酸性转化酶(AI)和中性转化酶(NI)活性呈现下降趋势，T2 处理的变化较大，但是到成熟期三种处理对葡萄果实的转化酶活性基本降到一致。整个试验期间，蔗糖合成酶(SS)活性呈现上升趋势，T2 处理的 SS 活性上升最快，蔗糖磷酸合成酶(SPS)活性在果实转色期最强，但是在成熟期，T1 处理的 SPS 活性变为最强。总体上，芸苔素内酯能够改变果实相关酶活性，调控葡萄糖的积累及代谢，其中 T2 芸苔素内酯处理的效果最好。

6.2 实验材料

实验于 2015 年 5 月 10 日—9 月 10 日在石河子大学农学院试验站标准葡萄示范园进行。试材为 3 年生紫香无核白，株行距为 1 m×3 m。植株生长健壮，正常管理。

6.3 实验处理

实验共设 3 个梯度浓度处理，分别为 T1 0.5 mg/L、T2 1.0 mg/L、T3 1.5 mg/L 芸苔素内酯，以喷施清水为空白对照(CK)。紫香无核葡萄始花期为 5 月 26 日，盛花期为 6 月 1 日，落花期为 6 月 5 日。花后每 7 d 喷施一次，共喷施 3 次。具体喷施时间依次为 6 月 12 日、6 月 19 日和 6 月 26 日上午 10 点之前，避开高温、大风及雨天。

6.4 测定指标

取果时间以花后 40 d 开始，共计取果 6 次，具体时间依次为 7 月 15 日、7 月 25 日、8 月 5 日、8 月 15 日、8 月 25 日和 9 月 5 日。

6.4.1 葡萄糖、果糖、蔗糖、总糖

参照李梦鸽等[7]的方法，用 0.1 mg/mL 的葡萄糖标准品制备标准曲线，分别取 0、0.2、0.4、0.6、0.8、1.0 mL 的葡萄糖标准液于干净的试管中，用蒸馏水补至 1.0 mL，然后加由 81%浓硫酸配制的 0.05%蒽酮溶液 5 mL，摇匀，沸水浴 15 min，放置 20 min 后用 1 cm 吸收皿于最大吸收波长下测吸光值，同时做空白实验。

蔗糖测定采用分光光度法[7-8]，向 20 mL 的容量瓶中分别加入一定量的蔗糖标准溶液，15 mL 新配置的 18%的盐酸，加入蒸馏水定容至 20 mL，震荡 5 s，沸水浴 8 min，冷却至室温，以蒸馏水作为参比，用 1 cm 吸收皿在 285 nm 处测定吸光值。每个样品设 3 次取样重复。

6.4.2 蔗糖代谢酶活性

参照杨转英等[9]和 Gordon[10]的方法，略加改进。试验均在 0～4 ℃条件下进行测

定,3 次重复,酶活性单位为 mg/(g·h·FW)。

中性转化酶和酸性转化酶活性的测定:用 3,5 -二硝基水杨酸法。反应产生的还原糖含量以 0.2 mL 酶液沸水浴 10 min 作为对照。用二者的差值计算还原糖产生速率,表示转化酶的活性。

蔗糖磷酸合成酶活性测定:取 100 μL 酶液加入 100 μL 的反应液,反应液的组成为 0.1 mmol/L Hepes 缓冲液(pH 8.0)、10 mmol/L UDP -葡萄糖、5 mmol/L 果糖- 6 -磷酸、15 mmol/L 葡萄糖- 6 -磷酸、15 mmol/L $MgCl_2$、1 mmol/LEDTA,34 ℃反应 1 h,加入 0.2 mL 的 30%KOH,转入沸水浴 10 min 终止反应,冷却至室温。采用恩酮法测定反应产生的蔗糖,以沸水浴杀酶 100 μL 酶液为对照。用二者的差值来计算蔗糖的合成量,表示蔗糖磷酸合成酶活性。

6.5 芸苔素内酯与葡萄果实发育过程中的糖

6.5.1 葡萄糖

如表 7 - 11,在紫香无核果实发育期间,各处理明显改变了葡萄果肉组织中葡萄糖积累的变化趋势。在果实第一次生长高峰期,各处理果实中的葡萄糖积累呈上升的总趋势。从花后 40 d 开始,葡萄糖积累速率减缓,T1 出现 W 型的缓慢下降上升趋势。除此之外,T2 的葡萄糖含量有所提高,增幅是对照的 3.31%,T3 的葡萄糖含量有所降低,降幅是对照的 3.22%。而在果实转色之后至果实成熟(花后 80 d~90 d),T1、T2 处理果实的葡萄糖积累速率高于对照,尤其 T2 处理最明显,从 3.2 g/L 上升到了4.34 g/L。表明 T2 对葡萄果实葡萄糖含量的影响最明显,并且三个处理对葡萄果实中葡萄糖含量的影响依次为 T2、T1、T3(T3 低于对照)。

表 7 - 11 不同浓度芸苔素内酯对葡萄果实中葡萄糖含量的影响(g/L)

处理/T	40 d	50 d	60 d	70 d	80 d	90 d
T1	3.90±0.12	3.75±0.11	2.79±.11	3.42±0.21	2.90±0.24	4.20±0.11
T2	3.20±0.01	3.73±0.14	2.84±0.14	3.65±0.26	3.30±0.22	4.34±0.12
T3	3.40±0.12	3.14±0.21	2.81±0.32	2.80±0.14	3.20±0.32	3.60±0.24
CK	2.10±0.13	2.14±0.14	2.35±0.24	2.75±0.14	3.00±0.24	4.10±0.14

6.5.2 果糖

通常情况下,在果实发育初期,果糖的变化较小,不存在显著差异。表 7 - 12 为紫香无核果实中果糖含量的变化趋势。在果实转色过程中,各处理果实的果糖的积累速率均比对照快,在转色期(花后 50 d),T1 处理果实的果糖含量比对照降低了 3.9%,T2 和 T3

处理果实的果糖含量分别比对照提高了4.23%和0.99%，各处理间差异显著，而各处理与对照的差异达到极显著水平。在转色之后对照果实中果糖的积累速率相对较快，从2.05 g/L上升到了9.34 g/L，上升了7.29 g/L，T1从4.55 g/L上升到9.24 g/L，上升了4.69 g/L，T2从5.02 g/L上升到9.56 g/L，上升了4.54 g/L，T3从4.33 g/L上升到8.9 g/L，上升了4.57 g/L，这一结果表明，芸苔素内酯对果糖的积累速率效率主要在转色前，应该尽早喷施芸苔素内酯，同时，芸苔素内酯的最佳喷施浓度为T2，因为T2处理的每个时期的果实果糖含量均是最高的(表7－12)。但在果实成熟至采收(花后90 d)阶段，对照和各处理果实中果糖积累速率均减缓，这表明，葡萄的成熟与外源芸苔素内酯没有直接关系，只与葡萄品种有关。

表7－12　不同浓度芸苔素内酯对葡萄果实中果糖含量的影响(g/L)

处理/T	40 d	50 d	60 d	70 d	80 d	90 d
T1	4.55±0.15	4.90±0.21	5.90±0.15	8.01±0.24	7.90±0.21	9.24±0.24
T2	5.02±0.12	5.23±0.23	6.01±0.14	8.30±0.21	8.20±0.14	9.56±0.21
T3	4.33±0.16	5.01±0.22	6.00±0.24	7.80±0.25	7.50±0.15	8.90±0.23
CK	2.05±0.21	5.02±0.24	5.90±0.16	6.10±0.28	7.01±0.16	9.34±0.21

6.5.3　蔗糖

在葡萄果实整个发育过程中，蔗糖含量基本呈现出较低水平的变化趋势(如表7－13)。从果实进入第二次生长期开始(花后40 d)，葡萄果实中蔗糖的积累速率缓慢增加，葡萄果实经芸苔素内酯处理后，明显促进了蔗糖的积累速率(如表7－13)。在花后第40 d，经三种芸苔素内酯处理的果实的蔗糖积累速率明显高于对照，其含糖量由高到低分别为T2＞T1＞T3＞CK，分别比对照提高了37.5%、17.5%和10.0%，T2处理与T1和T3处理之间差异显著，并且各处理与对照的差异极显著($P<0.01$)，在果实成熟过程中，T2处理对果实蔗糖的影响最明显，其次是T1处理和T3处理。随着果实的成熟，尤其是花后90 d开始，经三种处理的果实的蔗糖含量基本趋于一致，表明蔗糖的积累最终与品种有关，芸苔素内酯只是在前期影响葡萄果实中蔗糖的积累。

表7－13　不同浓度芸苔素内酯对葡萄果实中蔗糖含量的影响(g/L)

处理/T	40 d	50 d	60 d	70 d	80 d	90 d
T1	0.47±0.12	0.4±0.26	0.42±0.24	0.43±0.02	0.60±0.01	0.80±0.05
T2	0.55±0.21	0.57±0.32	0.53±0.21	0.55±0.13	0.58±0.05	0.82±0.01
T3	0.44±0.22	0.45±0.24	0.44±0.32	0.44±0.21	0.40±0.03	0.81±0.06
CK	0.40±0.24	0.49±0.21	0.47±0.33	0.49±0.25	0.60±0.04	0.65±0.03

6.5.4 总糖

紫香无核葡萄果实生长发育过程中，总糖的含量基本呈持续增长趋势。由表7-14可知，经处理的葡萄果实总糖的变化趋势与对照相似。在花后40 d开始，可溶性总糖的积累速率由快变慢，在花后60 d达到低谷，之后快速上升，在花后90天达到最高。而对照在整个时期呈现明显的上升趋势。花后45 d，各处理（T1、T2和T3）果实的可溶性总糖含量分别高于对照87.87%、106.38%和81.28%，而花后90天，T2处理高于对照0.64%，T1和T3处理分别下降了7.37%和7.51%。处理之间差异显著（$P<0.05$），而T2与对照之间差异极显著（$P<0.01$），直到果实成熟时（花后90 d），可溶性总糖含量最终上升到最高，并且T2处理的葡萄果实中总糖含量与对照相似，而之后T1和T3处理的葡萄果实中总糖含量均低于对照，表明T2处理能够更好地积累总糖。

表7-14 不同浓度芸苔素内酯对葡萄果实中总糖含量的影响(g/L)

处理/T	40 d	50 d	60 d	70 d	80 d	90 d
T1	8.83±0.12	8.12±0.12	8.32±0.32	11.60±0.12	11.87±0.15	13.07±0.21
T2	9.70±0.23	8.11±0.21	8.40±0.33	11.87±0.13	12.03±0.15	14.20±0.24
T3	8.52±0.21	8.12±0.22	8.31±0.12	11.65±0.22	11.89±0.22	13.05±0.26
CK	4.70±0.26	7.95±0.24	8.20±0.15	10.13±0.21	10.53±0.26	14.11±0.23

6.6 芸苔素内酯与葡萄果实发育过程中的蔗糖代谢酶活性

6.6.1 酸性转化酶(AI)

果实中的转化酶包括酸性转化酶（AI）和中性转化酶（NI）两类。表7-15表明，在果实发育前期，AI酶活性保持较高水平增加，在花后第50 d达到最大值，即出现高峰，此后逐渐降低，使用芸苔素内酯处理显著提高了果实生长过程中AI的活性，从花后40 d到果实成熟，除了T2处理的葡萄果实中酸性转化酶（AI）活性高于对照，T1和T3处理的葡萄果实中酸性转化酶（AI）活性有时低于对照，有时高于对照，但是总体上低于对照。在果实成熟后，除T2外，T1和T3分别比对照低5.26%和2.63%，各处理果实内AI活性变化的不同，说明用不同浓度的芸苔素内酯处理果实，可以对果实AI活性产生影响。T2处理对葡萄果实中酸性转化酶（AI）活性的影响最高，与对照差异达到极显著水平（$P<0.01$），这是造成T2果实含糖量高的原因之一。

表 7-15　不同浓度芸苔素内酯对酸性转化酶(AI)活性的影响($mg \cdot g^{-1} \cdot h^{-1} \cdot FW^{-1}$)

处理/T	40 d	50 d	60 d	70 d	80 d	90 d
T1	84.12±1.32	121.22±1.34	67.78±1.34	67.26±1.26	41.33±1.24	36.16±1.34
T2	99.25±1.33	125.25±1.24	62.46±1.36	55.34±1.27	45.48±1.26	38.16±1.36
T3	85.13±1.25	105.36±1.25	41.34±1.28	52.25±1.36	42.46±1.28	37.34±1.16
CK	89.21±1.26	110.34±1.25	44.35±1.24	40.34±1.25	36.48±1.26	38.35±1.46

6.6.2　中性转化酶(NI)

在果实发育的整个过程中,经处理果实的 NI 和对照的变化趋势基本一致(表 7-16),在葡萄果实发育前期,各处理 NI 活性总体低于 CK,分别比对照低了 15.38%、10.25%和 23.08%,尤其是 T3 最为明显。三种处理和对照都在花后 50 d 均达到了最大,然后呈现 V 型上升,再下降至一致。但随着果实发育到后期,各处理与对照之间差异减小,并在果实成熟时,几乎达到一致,表明芸苔素内酯仅在生长期对中性转化酶(NI)产生影响。

表 7-16　不同浓度芸苔素内酯对中性转化酶(NI)活性的影响($mg \cdot g^{-1} \cdot h^{-1} \cdot FW^{-1}$)

处理/T	40 d	50 d	60 d	70 d	80 d	90 d
T1	33.32±1.33	51.28±1.33	17.16±1.26	21.26±1.12	32.34±1.36	18.24±1.36
T2	35.36±1.26	55.46±1.26	19.16±1.28	35.34±1.21	31.32±1.24	19.26±1.24
T3	30.26±1.24	43.15±1.28	19.28±1.24	36.31±1.26	20.25±1.25	19.26±1.26
CK	39.16±1.22	52.26±1.36	20.34±1.11	30.32±1.24	25.26±1.36	18.16±1.25

6.6.3　蔗糖合成酶(SS)

葡萄果实中蔗糖合成酶(SS)随着果实的生长发育呈波动性的变化(表 7-17)。在花后第 40 d 开始上升,在第 70～80 d 上升到最高,然后有一些明显的下降。在葡萄果实发育前期,T1 和 T2 处理蔗糖合成酶(SS)活性高于 CK,分别比对照高了 6.56%、22.95%,而 T3 处理的蔗糖合成酶(SS)活性低于 CK,比对照低了 31.14%,芸苔素内酯对蔗糖合成酶(SS)($mg \cdot g^{-1} \cdot h^{-1} \cdot FW^{-1}$)的影响由高到低依次为 T2、T1、T3。在花后第90 d,果实开始成熟后 SS 活性又开始下降,使用芸苔素内酯后明显提高了 T2 处理的葡萄果实中 SS 的活性,尤其在花后 90 d,T2 处理的果实中 SS 活性比对照高 5.61%。总体来说,T2 处理的 SS 活性始终高于其他各处理。

表 7 - 17　不同浓度芸苔素内酯对蔗糖合成酶(SS)的影响($mg \cdot g^{-1} \cdot h^{-1} \cdot FW^{-1}$)

处理/T	40 d	50 d	60 d	70 d	80 d	90 d
T1	65.33±1.36	94.36±1.32	97.25±1.32	107.24±1.24	105.12±1.26	81.25±1.24
T2	75.65±1.34	81.25±1.26	99.29±1.24	113.26±1.26	119.15±1.24	94.24±1.26
T3	42.24±1.26	63.24±1.56	80.64±1.26	105.13±1.29	104.12±1.22	79.82±1.26
CK	61.36±1.26	81.21±1.25	90.16±1.28	99.22±1.27	101.03±1.33	89.58±1.28

6.6.4　蔗糖磷酸合成酶(SPS)

果实中 SPS 活性呈先上升后下降的趋势。T3 处理的葡萄果实中 SPS 活性的变化趋势不明显,T2 的变化趋势最明显,即 T2＞T3＞T1(表 7 - 18)。从表 7 - 18 可以看出,初期,芸苔素内酯对蔗糖磷酸合成酶(SPS)的影响依次 T2＞T3＞T1,成熟期,芸苔素内酯对蔗糖磷酸合成酶(SPS)的影响依次 T1＞T2＞T3。无论是初期还是成熟期,三种处理的葡萄果实中的蔗糖磷酸合成酶(SPS)的活性都高于对照,表明芸苔素内酯对葡萄果实中蔗糖磷酸合成酶(SPS)的影响非常明显,但是在成熟期不明显。在花后 60～70 d,外源植物激素对葡萄果实发育过程中糖代谢及相关酶活性的影响达到高峰期,此后又开始波动性的变化,在花后 90 d 降低到了低谷。同样使用芸苔素内酯提高了 SPS 的活性,在葡萄浆果成熟期(花后第 90 d),Tl、T2 和 T3 处理的 SPS 活性分别比对照高 36.84%、10.53%和 5.26%,处理之间差异表现极显著($P<0.01$)。

表 7 - 18　不同浓度芸苔素内酯对蔗糖磷酸合成酶(SPS)的影响($mg \cdot g^{-1} \cdot h^{-1} \cdot FW^{-1}$)

处理/T	40 d	50 d	60 d	70 d	80 d	90 d
T1	21.23±1.33	25.25±1.26	23.56±1.25	31.26±1.32	23.28±1.24	26.26±1.25
T2	24.25±1.25	27.12±1.24	30.25±1.24	32.24±1.25	24.14±1.23	21.24±1.26
T3	23.32±1.32	24.32±1.26	24.46±1.26	22.25±1.24	23.16±1.25	20.22±1.24
CK	18.16±1.24	23.46±1.32	30.62±1.32	25.46±1.23	22.24±1.32	19.16±1.32

6.7　芸苔素内酯与葡萄果实糖积累及酶的活性

果实发育期间,SS 既能促进果实中蔗糖的降解,又能促进果实中蔗糖的增加。具体的是促进果实中蔗糖的降解还是增加果实中蔗糖的合成取决于 SS 酶合成能力和降解能力的强弱。本实验中,前期 SS 酶活性上升,但是蔗糖含量是下降,表明 SS 降解方向的活力强;中期,蔗糖含量和 SS 酶活都上升,表明 SS 合成方向的活力强;后期,SS 酶活下降,蔗糖含量又开始上升,这除了与 SS 活性有关外,与 SPS 活性的上升有关(表 7 - 17和 7 - 18)。SPS 活性的上升促进了蔗糖含量的提高。不同时期,SS 的作用不一样，有时候需要 SPS 和 SS 的协同作用完成糖的代谢。为了保持植物“库—源”之间糖的浓度梯度，一方面，蔗糖进入果实后会尽快转化为葡萄糖、果糖或淀粉，另一方面贮藏在细胞内[11]。本实验中蔗糖、果糖和葡萄糖含量都在增加，这表明，在蔗糖转化为葡萄糖、果糖的同时，仍然有蔗糖的合成，这与 SS 和 SPS 活性的上升有关。一方面，SS 促进了蔗糖转化为葡萄糖、果糖，另一方面，SPS 促进了蔗糖的合成。

众所周知，葡萄果实膨大后期，可溶性总糖含量的迅速提高是浆果总糖含量较高的一个重要原因。有研究表明，赤霉素（GA_3）能诱导 α-淀粉酶的生成，促进淀粉水解，增加糖浓度[12]，也可提高蔗糖合成酶（SS）和蔗糖磷酸合成酶（SPS）的活性，这与本实验中芸苔素内酯在采收前的作用相似；外源 GA_3 能使植物体内淀粉类物质降解，为果实发育提供丰富的能量底物与糖，因此，芸苔素内酯也有相同的作用。而坐果和幼果发育主要是依赖植株贮藏的营养物质，外源激素加速了酶促反应，从而促进了坐果与果实发育[13]。本实验前期的糖含量成上升趋势，进一步证实，芸苔素内酯与 GA_3 有相同的作用。

蔗糖合成酶（SS）是第一个限速酶。在果实发育期间，蔗糖在 SS 催化下产生的磷酸葡萄糖进入造粉体，成为淀粉合成的主要底物[14]。本实验结果发现，果实发育前期，SS 分解活性稳步上升（表 7－17），蔗糖含量在下降（表 7－13），葡萄糖和果糖含量在上升（表 7－11 和 7－12），表明从韧皮部转运来的蔗糖被分解为果糖和葡萄糖。果糖在胞质内转变为磷酸果糖或丙酮酸醋，用于果实呼吸与体内物质合成，促进果实膨大。因此，葡萄果实中糖分的积累与蔗糖合成酶（SS）密切相关。

本试验通过分别在 6 月 12 日、6 月 19 日、6 月 26 日对紫香无核萄果实各喷施一次芸苔素内酯，研究了芸苔素内酯对紫香无核葡萄果实生长过程中的葡萄糖、果糖、蔗糖、总糖及相关酶活性等指标的变化，结果表明：果实生长发育过程中糖代谢相关酶的活性经芸苔素内酯处理后均得到显著提高，尤其是 T2 处理的最明显，果实的糖分积累也受到相应影响，尤其是果糖、葡萄糖、总糖，但芸苔素内酯处理并没有改变糖积累总的变化规律。芸苔素内酯对糖分的影响主要体现在转色前加快了糖的积累速率。同样，蔗糖含量在果实发育早期及转色期增加显著，在后期维持较高水平，但差异并不显著。果实发育前期转化酶活性增大，后期合成酶酶活性增加，SS 增加明显，SPS 增加不明显。

总体上，适宜的芸苔素内酯浓度能够调节紫香无核葡萄果实生长过程中果粒纵横径、坐果率、平均单果重和平均穗重，葡萄糖、果糖、蔗糖和总糖等指标，及酸性转化酶和中性转化酶（AI 和 NI）、蔗糖合成酶（SS）、蔗糖磷酸合成酶（SPS）等活性，T2 处理是最佳的选择，即 1.0 mg/L 芸苔素内酯处理的效果最好。

参考文献

[1] 范爽，高东升，李忠勇，等. 设施栽培中'春捷'桃糖积累与相关酶活性的变化[J]. 园艺学报，2006，33(6)：1307-1309.

[2] Beruter J, Studer FME, Ruedi P. Sorbitol and sucrose partitioning in the growing apple fruit[J]. *Plant Physiol*, 1997, 151: 269-276.

[3] 梁芳芝，任宏志. 夏大豆不同生育期应用油菜素内酯(BR)的效果[J]. 河南农业科学，1991，6：1-3.

[4] 斯尚松，金仲锦. 天然芸薹素在花生上的应用效果[J]. 安徽农业科学，1998，26(1)：72-73.

[5] 白克智. 植物生长调节剂实用问答 [M]. 北京：化学工业出版社，1998.

[6] 刘伟，王金信，杨广玲，等. 芸苔素内酯对花生幼苗生长的影响[J]. 现代农药，2005，4(1)：42-43.

[7] 李梦鸽，邓群仙，吕秀兰等.'美人指'葡萄果实糖积累和蔗糖代谢相关酶活性的研究[J].西北农林科技大学学报(自然科学版)，2016，44(8)：185-190.

[8] 李合生，孙群，赵世杰. 植物生理生化学实验原理和技术[M]. 北京：高等教育出版社，2000.

[9] 杨转英，王惠聪，赵志常，等. 不同产地荔枝果实糖含量及组成的比较[J]. 热带作物学报，2012，33(8)：1398-1402.

[10] Gordon A J. Enzyme distribution between the codex and infected region of soybean nodules [J]. J Exp Bot, 1991, 42: 961-967.

[11] 殷柏民，周运刚，郑新疆等.葡萄果实直径与环境因子的相关性及回归分析[J].新疆农垦科技，2012，9：15-16.

[12] 王振平，奚强，李玉霞等.葡萄果实中糖分研究进展[J].中外葡萄与葡萄酒，2005，6：26-30.

[13] 霍树春，李建科，李锋等.赤霉素的剂型及其应用研究[J].安徽农业科学，2007，35(24)：7394-7395，7397.

[14] 周宇，佟兆国，张开春等.赤霉素在落叶果树生产中的应用[J].中国农业科技导报，2006，8(2)：27-31.

第七节　采前生长调节剂与葡萄的品质

7.1 背　景

无核葡萄是鲜食和制干葡萄的主要发展方向和育种方向。全世界年产葡萄干 100 多万吨,其中 95%以上是用无核葡萄制成。目前,无核葡萄主要生产国有希腊、土耳其、伊朗、阿富汗、伊拉克、美国(主要是加州)、叙利亚、澳大利亚等。中国也是世界无核葡萄生产大国之一,我国生产的无核葡萄主要用于制干,在鲜食葡萄中所占比例还比较小,但鲜食无核葡萄在我国已经出现了良好的发展势头,预计在以后几年,鲜食无核葡萄在我国会有飞速发展。早在 19 世纪,便有由人工杂交方法获得的无核葡萄品种,1922 年有人工培育的 Meier Everbearing 品种开始推广。现在,世界上有 100 多个无核品种,它们表现出了丰富的遗传多样性。近年来,由于杂交方式的改进、对无核性状遗传规律的深入研究和生物技术(主要是胚培养技术)在无核葡萄育种中的广泛应用,无核葡萄育种的速度不断加快,新的无核品种不断出现。

从无核品种的生产来看,世界上最古老的无核品种大概有 4 个,即无核白、无核紫、黑柯林斯和阿里克斯。系谱分析表明,无核白是世界范围内无核葡萄育种的主要无核性来源,以其为最早的亲本材料,经过简单杂交或多亲多代杂交,人们培育了一系列的无核葡萄品种。

从 2000 年起,无核白葡萄开始鲜销,鲜销量由 2000 年的 2 万吨开始迅猛增加,尽管销量猛增,但也仅占到总产的 10%。

7.1.1　无核白葡萄

无核白(Thompson Seedless),又名苏塔宁那(Sultanina)或阿克喀什米什、无籽露、土尔封、汤姆松、基什米于卜(Kishmish)等,是十分古老的欧亚种无核品种,在世界上分布极广,我国古人称“奇石蜜食”、“绿葡萄”或“兔睛”。可能起源于伊朗或西亚一带的沙漠地区,公元 3 世纪(1600 年以前)在我国新疆即有种植。魏文帝曹丕(公元 220—226 年)在他的诏书中曾说:“南方龙眼荔枝宁比西国葡萄石蜜乎?”西晋郭义恭著的《广志》记载:“西番之绿葡萄,名兔睛,味胜蜜糖,无核。则异品也”。1869 年一个名叫威廉姆斯·汤姆逊的人将这个品种引种到美国加利福尼亚州,被称之为“汤姆逊无核”。1880 年又传到澳大利亚的墨累河流域,又恢复了“苏丹”的名称。

1761 年我国内地开始种植无核白。系谱分析表明,世界上培育的绝大多数无核品种的无核性来源都是无核白。无核白主要用于制干和鲜食。到目前为止，由于其用途上的多样性，无核白仍然是世界上栽培面积最大的无核品种。但其果实成熟后容易落粒，贮藏运输性能较差，严重影响了其果实的商品性状。自美国 1973 年推出火焰无核（Game Seedless）品种后，无核葡萄的育种工作朝前迈进了重要的一步，其肉脆、风味极佳的特点很快被消费者认可，到目前为止，该品种已成为美国加州的第二大主栽无核品种。品质优良、大粒、抗病的无核品种是世界范围内无核葡萄育种的主要方向。1948 年美国加州大学推广了极早熟无核品种波尔来特（Perlette）和底来特（Delight）；美国农业部 Fresno 实验站从 1923 年开始了无核葡萄的育种工作，用无核白为主要无核源，经过 5—7 代的杂交工作，培育了系列无核品种，其中的神奇无核果粒极大，在不需环剥或 GA 处理的情况下，单粒重可达 8 克。克瑞森无核（Crimson Seedless）极晚熟，耐贮运，蒙丽莎无核（Melisa）品质优良，它们均为大粒的无核品种。部分无核品种在我国已开始试种和推广。无核白是新疆葡萄主栽品种，它既是一个优良的制干品种，又是一个较好的鲜食品种。无核白葡萄果粒较小，皮薄，易落粒。

7.1.2 无核白葡萄的营养成分

新疆无核白葡萄，颗粒椭圆，成熟时，晶莹碧透，皮薄肉脆，汁多味甜，鲜果含糖量达 24%以上，晾成葡萄干后，含糖可达 75%～80%，是鲜食葡萄中的佳品，也是制干葡萄中的佼佼者。当今世界所产的葡萄干，大都以此为制葡萄干的良种。无核白葡萄还可酿制佐餐酒。除含有大量糖分外，无核白葡萄还含有人体易于吸收的磷、铁、钙、镁、钾等矿物质和多种维生素，是老幼咸宜的医疗食品。我国古老的医药名著《神农本草经》中就有“葡萄味甘平、无毒，主筋骨，湿脾益气，倍力强志，令人肥健，耐饥，忍风寒，久食轻身，不老延年”的记载。新疆绿葡萄干从 1950 年开始外销，销往日本、阿拉伯联合酋长国等地，被誉为“绿珍珠”。

7.1.3 生长调节剂对植物生长发育的调控及其作用机制

有研究发现，植物生长调节剂对无核葡萄果实增大效应存在影响，用葡萄膨大剂和赤霉素（GA_3）对无核白鸡心、黎明无核葡萄于花后 12～15 d 进行蘸穗处理，葡萄膨大剂 800 mg/L 对无核白鸡心葡萄效果最好，对黎明无核效果稍差；赤霉素在 25～100 mg/L 范围，浓度愈高，效果愈好，以 50 mg/L 为宜。进一步分析认为，无核葡萄通过 GA_3 或葡萄膨大剂等激素处理后，改变了果实内源激素水平，从而促进了果实生长发育，增大了果粒、提高了产量。赤霉素处理无核白鸡心果穗，从经济角度考虑，以盛花期用2 mg/L蘸穗 10 s 为宜。

研究发现，用 GA_3 处理红地球后，平均效果与对照差异显著，以 50 mg/L 处理最为显著，单果重提高 37.8%；但是，可溶性固形物含量降低了 15.6%；单果纵径增加 13%，产量提高了 40%。因此，GA_3 处理虽然能明显增大果粒，提高单果重，但可明显降低果实的含糖量，影响果实品质和商品价值。用赤霉素、硼砂和磷酸二氢钾对巨峰、黑奥林、红富士 3 个葡萄品种进行试验,结果表明:以赤霉素 100 mg/L＋硼砂 0.3%＋磷酸二氢钾 0.3%处理效果较好,可提早成熟和促进无核化的效果,对黑奥林、红富士等品种也有提高坐果率、促进幼果膨大和增加含糖量的作用。

转熟期用 200～600 mg/L 乙烯利喷施无核白葡萄果穗,可明显提高果实的含糖量,降低含酸量,提高糖酸比,加速无核自葡萄成熟,在葡萄含糖量达到 18%～20%范围内或浓度在 400～600 mg/L 范围内,经乙烯利处理可提前成熟 7～10 天。但根据国外试验结果显示,适宜的施用时间应以葡萄的转熟期以后,含糖量为 1 000～1 300 为宜,过早使用可降低果粒平均重,影响产量,过晚则使催熟效果不明显。

7.1.4　葡萄发育过程中激素水平的变化

新疆无核白葡萄品质优良,但采后易落粒,短时间内即失去商品价值,严重影响到生产发展。因此,要有效地防止无核白葡萄采后落粒,首先应考虑通过采前措施强化果柄的生长,推迟离层细胞的分化。浆果发育过程中内源激素的变化进程及其与落粒的关系,是通过采前措施控制果实采后落粒的生理基础。而关于内源激素对坐果和幼果期果实脱落的作用已有不少报告。

研究发现,花后 10～35 d,无核白葡萄浆果内的 ABA 含量急剧下降;授粉受精促进了果实内生长促进物质的活化和抑制物质的减少,使之有利于子房的发育和正常坐果。无核白葡萄花后 10 d 浆果内 IAA 水平很高,这种现象说明,即使是未受精或种子未发育,果实也能继续发育。花后 35～75 d,无核白葡萄浆果内 IAA 有明显的升高,GA_3形成第二次含量高峰,与此同时,ABA 也产生一个高峰,此时 GA_3/ABA 比值达到最大。进入成熟期,无核白葡萄浆果内 IAA 含量下降至低谷,成熟的启动似乎与 IAA 含量的下降有一定关系。陈发河等[3]对三个葡萄品种浆果发育过程中可溶性糖累积和内源 IAA、GA_3、ABA 含量的动态变化等进行比较研究发现,无核白葡萄果实生长呈 S 型曲线;浆果内可溶性糖的累积主要发生在果实发育的后期。浆果发育初期,无核白葡萄 IAA 含量远高于两个有核品种的含量,有利于幼果坐果;浆果发育后期,无核白葡萄 IAA 和 GA_3的含量低于两个有核品种,而 ABA 含量比两个有核品种高。因此得出结论,GA_3与 ABA 比值的变化对浆果的发育起着关键作用。

喷施赤霉素(GA_3)对拉长穗轴、增大果粒都有明显效果。整个生产期内一般应施用 3 次赤霉素:花前 7 d 左右喷施 1 次,浓度为 50 mg/L,花后 10 d 左右喷第 2 次,浓度为 100 mg/L,第 3 次应在第 2 次喷施后的 7～10 d,使用浓度为 50 mg/L。若葡萄提早上市,第 3 次可不用。因为第 3 次喷施会推迟成熟期 7～10 d,含糖量低 4%～5%,果梗变脆,掉粒严重,缩短贮运保鲜期。喷施赤霉素时一定要二次稀释,随配随用,避免午间高温,当气温在 35 ℃以上时效果不明显。

喷施 6－BA、GA_3可延缓叶片的衰老,叶片自然脱落的时间较对照延后 6～9 d;喷 6－BA虽然落叶晚,但在温室条件下萌芽早、萌芽率高;GA_3则在延缓叶片自然脱落的同时,使芽的需冷量明显增加;ABA 加速了叶片的衰老和脱落,使叶片自然脱落的时间较对照提前了 4～7 d，对芽的需冷量无显著影响。

本实验通过研究、分析生长调节剂奇宝、玉米素和赤霉素处理对无核白葡萄生长期间的一些指标如果穗长度、果粒大小、穗梗直径、果梗直径、总糖、总酸、糖酸比、可溶性固形物、呼吸强度、维生素 C 的影响，讨论采前不同生长调节剂处理对果实品质的影响，采前不同生长调节剂处理与离层形成的关系，并且通过糖酸比、TSS 在生长期间的变化确定了无核白葡萄适宜的采收期。

7.2 材　料

本实验所用的葡萄品种为无核白葡萄，该品种来源于新疆石河子市石总场葡萄基地和石河子市独立团 5 连葡萄园，为 6 年期葡萄。尽管该年雨水多，病害严重，但是由于正确的实验方案及科学管理，该品种在该年份仍然获得了较好的品质。

每个处理按同样的取样方法。在该方案处理的品种中，在该品种葡萄园的四个方向和中部随机取若干果粒，进行相关指标的测定 3 次，取平均值。

7.3 采前生长调节剂处理

按照以下三种实验方案，对无核白葡萄在采前进行了生长调节剂处理。

7.3.1 奇宝处理

(1) 5 月 20 日，全株喷洒奇宝 0、10、30、50、70、90 mg/L，然后依次于 5 月 27～28 日、6 月 2～3 日全株各喷洒奇宝 50 mg/L，观察果穗松散和拉长度。

(2) 6 月 5 日左右，全株各喷洒奇宝 50 mg/L。观察果粒的生长发育情况、裂果和大小粒现象。

(3) 6 月 15 日左右、6 月 18 日左右、6 月 21 日左右，依次以奇宝 280 mg/L＋NPK 均衡叶肥，全株喷洒 1 次。

(4) 9 月 2 日，喷洒 2 800 mg/L 多菌灵(视病害情况定)。

(5) 9 月 19 日，喷洒 1%葡萄采前防落剂，3 天后采收。

7.3.2 玉米素处理

(1) 5 月 25 日左右，均匀喷洒 0、4、8、12 mg/L 玉米素。

(2) 6 月 5 日左右，均匀喷洒 8 mg/L 玉米素。

(3) 6 月 10 日左右，均匀喷洒 1 次 8 mg/L 玉米素，间隔 10 天喷洒第 2 次。

(4) 9 月 2 日，喷洒 2 800 mg/L 多茵灵(视病害情况定)。

(5) 9 月 19 日，喷洒 1%葡萄专用防落剂，3 天后采收。

7.3.3　赤霉素处理

(1) 5月20日，喷0.01%赤霉素。

(2) 6月10日左右，喷0.01%赤霉素。

(3) 6月16日左右，喷0.01%赤霉素。

(4) 8月15日左右，喷0.2%$CaCl_2$+0.002%NAA。

(5) 8月28日左右，喷0.4%$CaCl_2$+0.006%NAA。

(6) 9月2日左右，喷2 800 mg/L多菌灵(视病害情况定)。

(7) 9月10日左右，喷0.5%葡萄专用防落剂。

(8) 9月19日左右，喷1%葡萄专用防落剂，3天后采收。

注意：在每次气候发生变化(如下雨)时，应注意防病，如雨后同时喷洒调节剂、营养剂、杀菌剂。葡萄在幼果期和转色期抗病性差，极易得病，幼果期是葡萄防病的关键时期。

7.4　测定指标与方法

呼吸强度的测定采用静置法。总糖的测定采用斐林试剂法。

总酸的测定采用中和法。糖酸比为测出总糖与总酸的比例。

可溶性固形物的测定采用折光仪法。维生素C的测定采用2,6-二氯靛酚法。

果穗长度、果粒大小、果梗直径、穗梗直径的测定采用标卡尺法。

7.5　无核白葡萄生长期间果穗长度

由图7-19可以看出，无核白葡萄分别经过奇宝、玉米素和赤霉素处理后，三者的果穗生长均呈上升趋势。

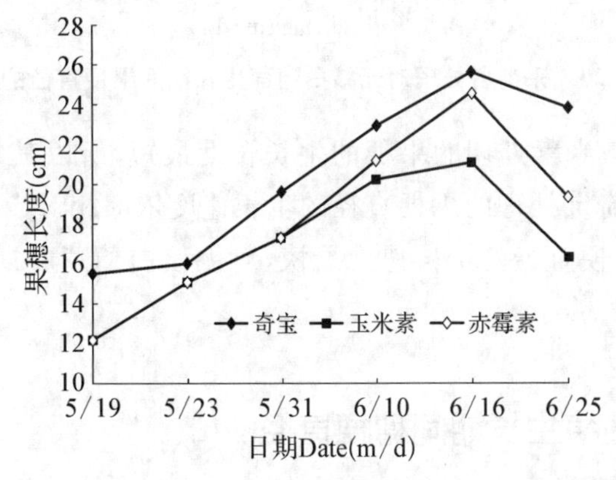

图7-19　采前各处理对无核白葡萄生长期间果穗长度的影响

6月16日掐除穗尖后，果穗生长势呈下降趋势。处理初期，奇宝处理的果穗生长最快,玉米素和赤霉素处理的果穗生长基本一致;5 月 31 日以后,赤霉素处理的葡萄果穗生长速度加快,果穗长度迅速赶上了奇宝处理的果穗长度,而玉米素处理的葡萄果穗的生长速度在 6 月 10 日开始减慢。结果表明,奇宝处理的无核白葡萄果穗的生长速度较平稳且快,赤霉素处理的无核白葡萄果穗的生长速度开始平稳,中期突然加快,出现轻微徒长,这样会造成葡萄穗梗组织结构松散,不能正常成熟,脆而易断,不适宜长期贮藏;经过玉米素处理的无核白葡萄果穗的生长速度前期和中期较平稳,后期减慢且长度短。三种不同处理的果穗的生长速度和长度及果穗外形综合对比表明,奇宝处理的无核白葡萄果穗的生长长度对无核白葡萄的生长发育、成熟、贮藏、外观等特性效果最适合。

7.6 无核白葡萄生长期间果梗直径

由图 7－20 可以看出,无核白葡萄在分别经过奇宝、玉米素和赤霉素处理后,三者果梗直径的生长长度均呈上升趋势,由玉米素处理的葡萄果梗直径在中后期加快,超过了奇宝和赤霉素处理的葡萄果梗的长度,这主要是受到植物的增长生长和增粗生长的共同影响,植物的增长生长会影响植物的增粗生长,同样,植物的增粗生长也会影响植物的增长生长。

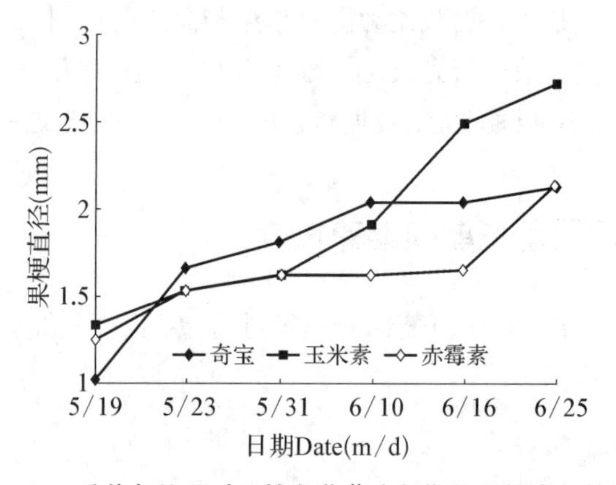

图 7－20　采前各处理对无核白葡萄生长期间果梗直径的影响

图 7－20 可知,玉米素处理的果穗的生长长度最短,所以其果梗直径生长最长。同样可以看出,经过奇宝处理的果梗直径的生长速度依旧相对赤霉素和玉米素平稳,经过玉米素处理的果梗直径的生长速度最快,对无核白葡萄后期的生长和落粒影响很大。

7.7 无核白葡萄生长期间穗梗直径

由图 7－21 可以看出,无核白葡萄在分别经过奇宝、玉米素和赤霉素处理后,三者穗梗直径的生长长度均呈上升趋势。

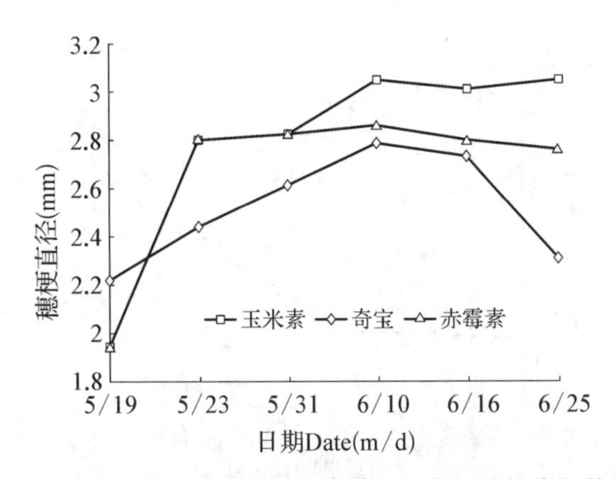

图 7－21 采前各处理对无核白葡萄生长期间穗梗直径的影响

其中赤霉素和玉米素处理的穗梗直径初期上升非常快，原因是在生长的初期，赤霉素和玉米素的作用导致细胞分裂迅速，穗梗增粗较快，同时，两者的喷施时间正处于细胞分裂的关键时期，从而加速了细胞分裂的速度，使穗梗直径快速上升。随后穗梗直径增速开始下降，因为随着生长的继续，生长调节剂被葡萄植株吸收，扩散到整个植株体内，穗梗的生长调节剂浓度降低，导致穗梗生长速度减慢，同时，由于这一时期气温上升，葡萄植株需要适应环境变化。实验同时还发现，玉米素处理的穗梗直径增长的速度比赤霉素快，表明玉米素的这一作用比赤霉素明显。奇宝处理的生长曲线几乎呈直线，这表明奇宝对葡萄穗梗细胞分裂的刺激速度是均匀的，玉米素处理的葡萄穗梗起初生长快速，主要是由于玉米素的处理浓度过高，细胞分裂加速，随后匀速生长，与植物正常生长时的细胞分裂速度基本一致。至于后期，奇宝处理的穗梗直径下降，是因为这一时期葡萄掐穗较重，而玉米素处理的上升，是因为掐穗较轻，穗梗继续生长。

7.8 无核白葡萄生长期间果粒直径

由图 7－22 可以看出，无核白葡萄在分别经过奇宝、玉米素和赤霉素处理后，三者的果粒直径均呈上升趋势。在 5 月 31 日前，三者生长速度基本一致，直径基本一致，平均为 1.97 mm，5 月 31 日后开始迅速生长，在 6 月 25 日达到最大。其中经过玉米素和赤霉素处理的果粒直径及其生长速度基本一致，分别为 7.03 mm 和 6.92 mm，而经过奇宝处理的果粒直径和生长速度落后于两者，表明就果粒直径而言，玉米素和赤霉素处理对于果实直径的增长作用比奇宝大，特别在果实发育后期，作用更显著。

前人的许多实验结果表明，生长调节剂对果实膨大有显著作用。本实验是以奇宝、玉米素和赤霉素(对照)处理无核白葡萄，结果发现，在生长后期，三者果粒的直径增大由大到小分别为玉米素 7.03 mm、赤霉素 6.92 mm、奇宝 6.38 mm。很明显，玉米素对无核白葡萄的果粒直径增长的影响最大，奇宝的影响最小。不同处理的果实膨大速率随时间变化差异极显著，这主要是与三者的分子结构密切相关，不同的分子结构决定了

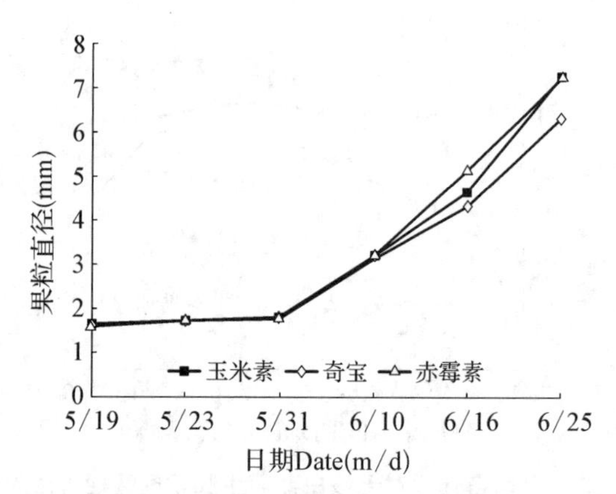

图 7-22　采前各处理对无核白葡萄生长期间果粒直径的影响

不同的分子功能，不同的分子功能表现出它们在无核白葡萄果粒上的作用机制不同。

三者都是生长促进剂，能促进细胞分裂和伸长、新器官的分化和形成，防止果实脱落。

赤霉素(GA)是一类属于双萜类化合物的植物激素，1935 年由日本薮田命名。第一种被分离鉴定的、生理活性最强的赤霉素被称为赤霉酸(GA_3)，因为赤霉素都含有羧基，故呈酸性。它能促进发芽，诱导开花，提高坐果率，促进果实生长，延缓果实衰老。它还能促进细胞伸长，从而促进植株或器官的纵向生长。但 GA_3 促进伸长的机理与生长素类似，但不完全相同。例如，生长素引起细胞壁酸化而疏松，而赤霉素没有这种作用。

大量实验证实，GA_3 对植物生长的促进效应是调节生长素水平所致。GA_3 能增加植物体内生长素含量，原因是 GA_3 抑制 IAA 氧化酶和过氧化物酶的活性及 IAA 的分解；GA_3 促进生长素的生物合成，即 GA_3 刺激蛋白酶活性提高，加速蛋白质水解形成较多的色氨酸，为 IAA 合成提供更多的前体物；GA_3 促进束缚型 IAA 转化为自由型 IAA。研究赤霉素在葡萄上的实验发现，外源赤霉素提高了植物体内赤霉素水平，并使内源抑制物含量降低[1]。赤霉素有促进生长素(IAA)合成的作用，使得果实在生长过程中生长素含量高于对照，IAA 可促进果肉细胞的膨大[2-3]。另外，外源 GA_3 处理可显著提高 ^{14}C 光合产物向果穗的调配[4]。外源 GA_3 可引起多种植物淀粉酶活性的提高，导致淀粉贮藏物质的降解以提供丰富的能量底物和结构碳架，促进植物的生长和发育[5]，从而促进了果实生长，增加了果实重量。

玉米素(zeatin，ZT)是从高等植物中分离得到的第一种天然的活性最强的细胞分裂素(Cytokinin，CTK)，它还以玉米素核苷或玉米素核苷酸的形式存在。细胞分裂素是腺嘌呤的衍生物，当 6 位氨基、2 位碳原子和 9 位氮原子上的氢原子被取代时，腺嘌呤即则形成各种细胞分裂素。细胞分裂素的主要生理功能是促进细胞分裂，延缓叶片衰老，这与细胞分裂素具有控制蛋白质合成的作用有关。细胞分裂素能调节许多酶的含量与活性。例如，可促进硝酸还原酶蛋白的合成；可抑制某些降解酶(纤维素酶、果胶酶、核糖核酸酶等)的专一的 mRNA 的合成，从而阻止这些酶的产生，使核酸、蛋白质和叶绿素不被破坏，起到延缓衰老的作用。外源 GA_3 处理，对于 ZT 也有增进效应，特别在果实发育前期可以使 ZT 含量提高较多。ZT 含量的提高有利于果肉细胞的分裂，从而提高了单位体积的细胞数，这也许是 ZT 和 GA_3处理增大果实的一个重要原因[6]。

奇宝是一种 20%的纯 GA_3高质量细胞裂变激活素，稳定性和安全性非常好。具有拉长花穗、促进早期果粒生长发育的作用，对于健壮植株效果尤佳，也是一种高效广谱植物生长调节剂，可促进细胞分裂，增加细胞个数，而不拉长细胞，增加细胞的水分。可调节植物营养的输送方向，改善植物横向营养运输能力。因此，三者对葡萄果实直径的影响不同，同时也影响了葡萄的其他品质。

7.9 无核白葡萄生长期间 TSS

由图 7－23 可以看出，无核白葡萄在分别经过奇宝、玉米素和赤霉素处理后，三者的可溶性固形物（TSS）均呈平稳的上升趋势。整个生长期，赤霉素处理的 TSS 基本呈一条直线，经过玉米素处理的 TSS 起初变化不明显，不久开始有微小升高的波动，但是基本上也是一条直线，经过奇宝处理的 TSS 变化趋势起初较快，接着也出现平稳态势，最终 TSS 值最高。因此，采前各处理对无核白葡萄 TSS 含量的的积累无明显影响。

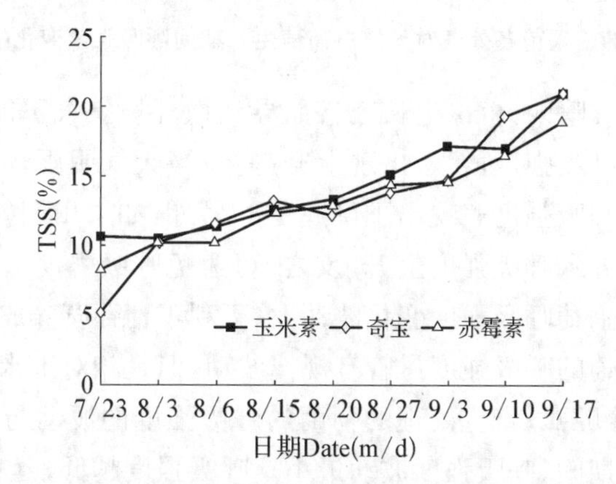

图 7－23 采前各处理对无核白葡萄生长期间 TSS 变化的影响

可溶性固形物（TSS）含量的显著升高是葡萄果实正常成熟的典型特征。由图 7－23 可以看出，无核白葡萄可溶性固形物（TSS）在整个生长期呈直线上升趋势，而且三者上升的幅度基本一样，只是在后期奇宝略高于赤霉素。因此，赤霉素、玉米素、奇宝对无核白葡萄可溶性固形物的积累影响不大。应用植物生长调节剂改良果实品质是农业现代化的重要措施之一。在应用植物生长调节剂时应注意其残留问题。植物生长调节剂大部分属于低毒，其中包括 6－苄基氨基嘌呤（6－BA）和青鲜素（MH）等，当然，6－BA、MH 等物质是否残留或者残留量是否在人体安全水平以下，尚需进一步实验分析。本实验中使用的赤霉素尽管没有发现有这方面的报道，但是其在植物生长期间，能使植物果实迅速膨大，从而影响果实的品质和耐贮藏性。因而，本实验的目的是希望找到一个可以替代赤霉素的生长调节剂，同时又可以避免因果实的膨大而影响果实品质的生长调节剂。

7.10 无核白葡萄果粒生长期间呼吸强度

由图 7－24 可以看出，无核白葡萄分别经过奇宝、玉米素和赤霉素处理后，三者果粒的呼吸强度总的趋势是下降的，期间升中有降，降中有升，表现出 S 型曲线，表面上看似乎是跃变型果实的呼吸特征，实际上是葡萄果实在生态环境条件下的适应性表现。

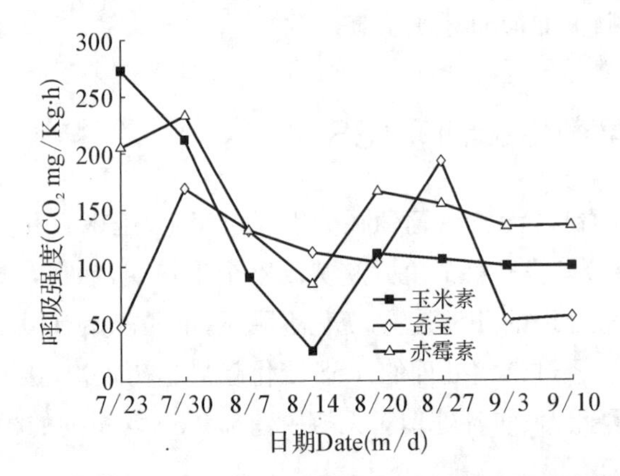

图 7－24 采前各处理对无核白葡萄生长期间呼吸强度变化的影响

当无风无雨、天气晴朗，植株生长旺盛而导致微环境空气不能正常流通时，环境温度就会升高，导致呼吸强度增强，出现上升趋势；当天气阴雨，或有微风出现时，环境温度下降，从而使呼吸强度表现出下降趋势。另外，如果田间管理不善，导致葡萄病虫害蔓延时，也会导致呼吸强度上升，反之，可避免呼吸强度上升。从上图还可以看出，玉米素处理的葡萄呼吸强度变化波动大，不利于葡萄营养成分的积累和贮藏保鲜；赤霉素处理的葡萄的呼吸强度尽管有规律波动，但是相对玉米素处理的葡萄要稳定得多，因此，较适合贮藏；奇宝处理的葡萄的呼吸强度的波动与赤霉素处理的趋势一致，但在整个生长期间，呼吸强度波动最小。呼吸强度越低，营养物质损失越少，越利于贮藏。

7.11 无核白葡萄生长期间维生素 C

由图 7－25 可以看出，无核白葡萄在分别经过奇宝、玉米素和赤霉素处理后，三者的维生素 C(Vc)含量均呈上升趋势。

起初的一段时间里，维生素 C 没有积累，保持平稳态势，随着生长的进行，在 8 月 21 日左右，维生素 C 含量开始呈直线上升，这主要与葡萄的生长季节有关。在新疆，昼夜温差大的 8 月和 9 月有利于营养物质的积累，包括维生素 C。由上图可知，维生素 C 积累的高峰期正是葡萄果实内营养物质快速积累的 8 月和 9 月，9 月 3 日，奇宝、玉米素、赤霉素处理的葡萄 Vc 分别为 346.582 0 mg/100 g、266.081 9 mg/100 g、

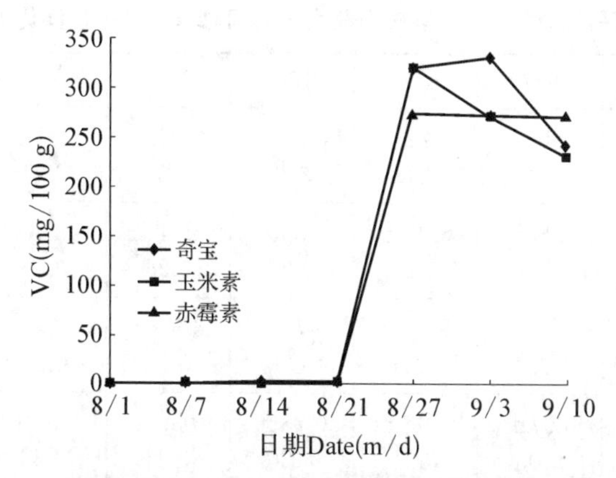

图 7-25 采前各处理对无核白葡萄生长期间维生素 C 变化的影响

281.946 4 mg/100 g,随后开始下降,这主要是由于植株开始进入当年的成熟期,营养物质开始向植株供应,而地面的营养物质又不能及时运送到果实内。

Vc 是重要的生理活性物质,富含 Vc 是葡萄和其他果实的重要特征。由图 7-25 可以看出,在相同的葡萄品种、生长温度、生长时间等条件下,在整个葡萄果实发育期,不同处理下葡萄果实 Vc 含量的变化都呈上升趋势,尤其是在转色期,其含量突然迅速上升,这是因为随果实的不断发育和生理性成熟过程中,果实成为养分积累中心。维生素的含量不断提高[7],有利于提高葡萄采收前对病害的抗病性,改善葡萄的鲜食品质。同时,伴随着其他营养物质的快速积累,葡萄的耐贮藏性不断提高,其中又以奇宝处理的效果为最佳,因为由图 7-25 显示,经过奇宝处理的葡萄 Vc 上升到最高峰的持续时间最长(图 7-25)。原因是三者对葡萄果实直径的影响,进而影响到葡萄果实中营养成分的浓度比例和含量。另一方面,由于植物在生长过程中,随着营养面积的扩大,同化能力不断增强,从而增强抗坏血酸合成作用。在果实的发育过程中,随果实的膨大,同化作用占主导地位[7],而且根据研究,随果实的膨大,抗坏血酸氧化酶的活性逐渐降低,成为维生素含量降低的主要因素。不同的生长调节剂对果实的膨大作用不同。实验中,奇宝处理的葡萄果实直径最小,果实的膨大最小,抗坏血酸氧化酶的活性相对最强,而奇宝处理的葡萄果实的 Vc 浓度和含量最高,而且持续时间最长,其次是赤霉素和玉米素。

7.12 无核白葡萄生长期间总糖、总酸、糖酸比

总糖、总酸、糖酸比是三个独立但又密切相关的重要指标,它们在一定范围内能够反映葡萄的自身品质和生长状况。理论上讲,总糖越高,总酸越低,糖酸比在一定范围内就越高,葡萄在生长期间的生长状况对葡萄的贮藏越有利。

表 7－19　采前各处理对无核白葡萄生长期间总糖、总酸、糖酸比变化的影响

		8/1	8/7	8/14	8/20	8/27	9/3	9/10	9/17
总糖(%)	奇宝	5.46±0.12	7.49±0.26	8.22±0.12	8.35±0.23	6.36±0.21	9.01±0.21	9.58±0.21	13.76±0.25
	玉米素	4.12±0.22	5.44±0.21	8.35±0.23	8.33±0.22	6.34±0.26	8.88±0.16	9.13±0.22	9.57±0.32
	赤霉素	6.97±0.12	8.55±0.12	8.64±0.24	9.78±0.32	6.33±0.32	9.03±0.24	10.110.26±0.32	13.59±0.22
总酸(%)	奇宝	1.88±0.26	0.97±0.03	0.96±0.21	0.75±0.26	0.89±0.34	0.81±0.22	0.68±0.31	0.55±0.16
	玉米素	1.13±0.01	0.81±0.32	0.73±0.33	0.78±0.21	0.64±0.26	0.65±0.16	0.55±0.25	0.56±0.22
	赤霉素	1.26±0.02	0.98±0.33	0.97±0.26	0.74±0.22	0.75±0.21	0.76±0.26	0.63±0.16	0.55±0.24
糖酸比	奇宝	2.90±0.12	7.72±0.16	8.56±0.12	11.13±0.33	7.15±0.22	11.12±0.26	14.09±0.12	25.02±0.25
	玉米素	3.65±0.32	6.72±0.21	11.44±0.25	10.68±0.26	9.91±0.16	13.66±0.24	16.6±0.23	17.09±0.23
	赤霉素	5.53±0.25	8.72±0.12	8.91±0.26	13.22±0.36	8.44±0.26	11.88±0.12	16.05±0.21	24.71±0.26

由表 7－19 可以看出，整个贮藏过程中，无论是用奇宝、玉米素，还是用赤霉素处理，无核白葡萄的总糖、糖酸比变化趋势几乎都呈一条 Z 型曲线，而总酸基本上呈一条平滑的下降曲线。糖酸比的变化在初期较快，随即突然减小，不久又出现快速升高的趋势。主要是因为在生长期间，尤其是进入 8 月份以后，昼夜温差大，葡萄不断从外界吸收营养物质，同时自身的营养物质不断转化，其中主要是葡萄果实中的糖分不断积累，总酸不断被分解转化而降低，导致糖酸比不断升高。同时可以看出，奇宝处理的各指标峰值最高，表明由它处理的葡萄糖酸比最高，含糖量最高，这对葡萄的贮藏有利。玉米素处理的葡萄糖酸比高峰最低，但是持续时间较长，出现较晚，对葡萄的贮藏效果不如奇宝处理的贮藏效果。赤霉素处理对葡萄糖酸比影响介于两者之间。

7.13　采前不同处理与离层形成的关系

葡萄贮藏保鲜中的果粒脱落是影响葡萄商品价值的常见问题，而葡萄生长期间的脱落通常更严重，对葡萄的产量、品质和贮藏期间的果粒脱落影响更大。众所周知，葡萄生长和贮藏期间的果粒脱落均与离层的形成有关。童昌华等[8]研究表明，随着葡萄的成熟，果梗与果粒间的离层逐渐形成，但离区细胞的变化与果粒脱落率并不表现出一致性。吴有梅等[9]对葡萄采后脱粒的研究表明，葡萄贮藏期间脱粒的主要原因是，果实中产生了大量的ABA和乙烯，而果柄端GA减少，使果穗中原有的激素平衡被打破，导致果梗离层的形成。同时，他们还研究了几种激素对葡萄脱粒的影响，结果表明，采后用ABA和乙烯处理，无论是低温或室温条件，均能促进果粒脱落，而采后用NAA、GA_3和AOA处理都能不同程度地减少脱粒。张有林[10]研究认为，贮藏期间脱粒的主要原因在于离层区的形成，葡萄果梗和果粒之间的离层区在葡萄生育初期就已形成，其发育速度与ABA峰值呈正相关。因此，能阻止ABA产生的措施均能有效防止脱落。王春生等[11]用植物生长调节剂分别在葡萄采前和采后处理果穗，结果表明，一定浓度的GA_3、2,4－D、NAA均能减少采后脱粒。周丽萍[12-13]研究认为，病原菌的感染会导致葡萄果粒和果梗呼吸强度提高，使乙烯含量增加，导致葡萄大量脱粒，使果蒂部位果胶迅速溶解，造成细胞分离，果粒脱落。Sexton和Rasmussen[14-15]研究认为，脱落主要是由水解离层细胞壁和胞间层酶类的产生、分泌导致。ABA能促进水解酶，特别是PG酶和PI碱性纤维素酶的合成，或激活PG酶和PI碱性纤维素酶的活性[16]，使胞间层果胶物质由原果胶降解为水溶性果胶，并使构成细胞壁的纤维素和半纤维素溶解，导致离层形成。

本实验发现，在葡萄生长过程中，维生素C和TSS呈上升趋势，而本人在田间观察和实验发现，葡萄在生长期间尤其是葡萄生长后期、采收前的一段时间，落粒率不高于1%，这主要与维生素C和TSS含量有关。随着维生素C和TSS的增加，葡萄体内相关促进脱落的内源激素受到抑制，而抑制葡萄脱落的内源激素则增强；促进脱落的相关酶活性受到抑制，抑制脱落的相关酶活性则增强；又由于维生素C具有抑菌杀菌作用，有效地抑制了葡萄生长期间微生物的浸染和繁殖，维持了葡萄果实中营养物质的水平，尤其是葡萄离区营养物质的水平，从而避免了葡萄脱落。在采前喷施生长调节剂，无论是奇宝，还是玉米素和赤霉素，虽然它们对无核白葡萄生长期间的维生素C含量影响不同，但是无核白葡萄在生长期间不断积累营养物质，所以，在生长期间它们的落粒率差异均不明显。另外，在采前喷施生长调节剂，一方面可以膨大果粒，另一方面，使葡萄内源ABA形成受阻，抑制了脱落酶的活性，增强了葡萄果实的抗性，延缓了离区细胞的溶解，阻止了离层形成，从而减轻了落粒。采后PVC保鲜袋包装，对葡萄落粒有很好的控制作用。但是，随着贮藏时间的延长，落粒率也会增加。$CaCl_2$能促进果胶形成和提高果胶胶凝性，NAA能促进钙的吸收，$KMnO_4$是乙烯吸收剂，这些处理对防止果粒脱落也有一定作用。因此，如何选择更好的防落粒方法及防落剂需要进一步的研究和验证[17-18]。

通过采前喷施奇宝、玉米素和赤霉素，采后保鲜剂低温贮藏实验，综合分析表明，无核白葡萄贮藏期间防落粒的最佳方式是在采前喷施奇宝，其次是玉米素和赤霉素，三者处理后的无核白葡萄贮藏期间的落粒率分别为11.25%、13.1%、17.89%，奇宝可以替代传统的赤霉素成为无核白葡萄贮藏期间防落粒的生长调节剂。

参考文献

[1] 王志杰,樊屹松,蔡德义等.赤霉素和多效唑对天女花移植苗生长的影响[J].河北林果研究,2000,12 (4):349 - 352.

[2] 吴俊,钟家煌,徐凯等外源 GA_3 对藤稔葡萄果实生长发育及内源激素水平的影响[J].果树学报,2001, 4:209 - 212.

[3] 王忠.植物生理学[M].北京:中国农业出版社, 2000, 280 - 284.

[4] 胡任碧.巨峰葡萄开花前至落果期 14C -光合产物的运转分配及与落花落果的关系[J].河北农业大学学报,1997,1: 36 - 38.

[5] 李宪利.赤霉素设施条件下桃幼果期淀粉代谢酶活性影响的研究[J].山东农业大学学报,1997,28 (2):146 - 150.

[6] 吴俊,钟家煌,徐凯.外源 GA_3 对藤稔葡萄果实生长发育及内源激素水平的影响[J].果树学报,2001,18(4):209 - 212.

[7] 高怀春.辣椒果实维生素含量变化的研究[D].泰安:山东农业大学,2004,10:35 - 36.

[8] 童昌华.防止葡萄采后脱粒的试验初报[J].葡萄栽培与酿酒,1996,1:20 - 21.

[9] 吴有梅.任建川,华雪增等.葡萄采后果粒脱落及保鲜贮藏[J].植物生理学报,1992,18 (3):267 - 272.

[10] 张有林.脱落酸对葡萄贮藏期间品质变化作用机理研究[D].西安:西北农业大学,1999.

[11] 王春生,冯津, 赵猛等. 植物生长调节剂对巨峰葡萄贮藏的影响[J].中国果树,1996,4:28 - 29.

[12] 周丽萍,张维一.外源激素和病原侵染对采后葡萄呼吸速率及组织内源激素的影响[J].植物生理学报,1997,23(4):353 - 356.

[13] 周丽萍,陈尚武,张维一.无核白葡萄采后果实呼吸和乙烯释放特性及病原浸染的影响[J]植物病理学报,1996, 26(4):330.

[14] Sexton R. Cell biology of abscission [J]. *Ann. Rev. Plant Physiol*, 1982, 33:133 - 162.

[15] Rasmussen G K. Cellulase activity in separation zone of Citrus fruit treated with abscisic acid under normal and hypobaricatmospheres [J]. *Am. Soc*, *Hort. Sci.*, 1974, 99:22 - 231.

[16] Sagee O, Goren R, Riov J. Abscission of Citrus leaf explants. Interrelationships of abscisic acid, ethylene and hydrolyticenzymes [J]. *Plant physiol*, 1987, 66:750 - 753.

[17] 张有林,李华,陈锦屏等应用生长调节物质控制葡萄采后果粒脱落[J].园艺学报,2000, 27(6):396 - 400.

[18] 张国海,郭香凤,史国安等. 鲜食葡萄采后贮藏研究进展[J].河南科技大学学报(农学版),2003,23(3):31 - 34.

第八章　葡萄保鲜技术

通常，葡萄的保鲜采取的措施是将采收后的葡萄直接运进保鲜库或者喷施保鲜剂后运进保鲜库，这种保鲜措施的优点是操作简便，简单易学，但是保鲜效果较差，保鲜期较短，葡萄在贮藏期间养分损失严重，落粒现象严重，加重了保鲜库管理人员的工作量。

基于此情况，我们在葡萄生长季节将生长调节剂喷施在葡萄果皮表面，在采收前就给葡萄提供了充足的养分，再配以采前的采摘技术和入库前的预冷技术，提高了其抗病和抗衰老的能力，并促进了落粒现象的延迟，延长了保鲜期。

另外，通常果胶酶具有分解果胶和果胶酸的作用，促进果实软化和果实中有效成分的浸提作用，这对果实成熟和液态化有利。而我们将果胶酶在贮藏前喷施在葡萄果皮上，创新了葡萄的保鲜技术，开拓了新的研究思路，促进了技术创新。

第一节　采前生长调节剂与葡萄贮藏期间的防脱粒

1.1　葡萄采后的落粒机理

1.1.1　果梗与果粒间离层区的形成

葡萄采后果粒脱落是贮藏过程中的常见现象，严重影响其商品价值。张有林等[1]研究认为，贮藏期间脱粒的主要原因在于离层区的形成，葡萄果梗和果粒之间的离层区在葡萄生育初期就已形成，其发育速度与 ABA 峰值呈正相关。因此，能阻止 ABA 产生的措施均能有效防止脱落，张有林等[2]进一步研究认为，脱落主要是因 ABA 能激活水解酶，特别是 PG 酶和 PI 碱性纤维素酶的活性，使胞间果胶物质由原果胶降解为水溶性果胶，并使构成细胞壁的纤维素和半纤维素溶解，导致离层形成，研究还发现，如果 ABA 含量低于 20ng/g，可防止落粒。陈发河等[3]以新疆无核白葡萄为材料，研究采前 NAA 和 GA_3 喷穗对葡萄浆果采后落粒的影响认为，采前 NAA 和 GA_3 喷穗可明显减轻无核白葡萄浆果采后落粒情况。无核白葡萄浆果发育成熟后期，ABA 含量急剧上升。GA/ABA 比值降到一定阈值后，刺激离层细胞的活动与分化，脱落过程随之启动[3]。接着，陈发河等[4]研究发现，葡萄在贮藏过程中，随着浆果的落粒，离区纤维素酶、多聚半乳糖醛酸酶（polygalacturonas，PG）、脂氧合酶（lipoxygenase，LOX）和过氧化物酶（peroxidas，POD）活性升高，PE 活性下降。外源 ABA 和 CEPA 处理能增强离区纤维素酶、PG、LOX 活性，促进落粒；GA_3、IAA 处理则能抑制离区纤维素酶、PG、LOX 活性，减少落粒。ABA 对落粒的促进效应及 GA 对纤维素酶活性和落粒的抑制效应尤为明显，表明 GA 和 ABA 比值在葡萄采后落粒过程中起重要作用。

童昌华等[5]对葡萄采后脱粒的研究表明，葡萄果梗与果粒连接处的细胞在成熟期随着葡萄的成熟逐渐变稀变大，最后溶解消失形成离层。但离区细胞的变化与果粒脱落率并不完全一致，这可能与果梗、果粒间的连接方式不同有关，离区细胞的变化只是影响果粒脱落的一个方面，Beyer[6]提出，果粒脱落的重要原因是组织对乙烯的敏感性，这种敏感性首先受到内源生长素含量的影响，生长素越多，脱落区细胞对乙烯的敏感性越差，脱落区生长素含量降低导致细胞对乙烯更加敏感，同时脱落酸对脱落有独立的作用过程。研究认为，葡萄品种不同采收期乙烯发生量不同，脱粒严重的美洲系和欧洲杂种一般乙烯发生量多，脱粒较轻的欧洲系葡萄乙烯发生量少，特别是新玫瑰等耐贮品种乙烯发生量极少。

1.1.2 果穗中原有激素平衡的破坏

吴有梅等[7]对葡萄采后脱粒的研究表明，贮藏期间脱粒的主要原因是果实中产生大量 ABA 与乙烯，而果柄端 GA_3 减少，使果穗中原有激素平衡被打破，导致果梗离层形成。同时，他们还研究了几种激素对葡萄脱粒的影响，结果表明，采后用 ABA 和乙烯处理，无论是在低温或室温条件下，均能促进果粒脱落，而采后用 NAA、GA_3 和 AOA 处理均能不同程度地减少脱粒，王春生等[8]用植物生长调节剂分别在葡萄采前和采后处理果穗，结果表明，一定浓度的 GA_3、2，4-D 和 NAA 均能减少采后脱粒。

1.1.3 微生物的侵染和酶的作用

引起葡萄采后贮运与销售过程中腐烂的常见致腐病菌有 7 种，其中灰霉葡萄孢引起的灰霉病是鲜食葡萄毁灭性的病害，因为该真菌在低温条件下（-0.5 ℃）仍能生长繁殖，而葡萄对其抵抗较弱，所以要延长葡萄保鲜期，就必须采取相应的抑菌防腐措施，避免葡萄在贮藏保鲜过程中遭受病菌侵害而引起腐烂霉变。周丽萍等[9]研究认为，病原菌感染会导致葡萄果粒与果梗呼吸强度提高，使乙烯含量增加，导致葡萄大量脱粒。马会勤等[10]认为，应加强田间管理，注意清除果园中的病残组织；使用农药和生长调节剂效果较好。采前喷仲丁胺、萘乙酸（NAA）、赤霉素（GA_3），以及氯化钙（$CaCL_2$）溶液处理等都有助于提高果实贮藏期间的抗病性。另外，采后立即进行 SO_2 熏蒸处理效果较好，因为灰霉比大多数微生物对 SO_2 敏感。实际操作初始一般使用 SO_2 薰蒸，以后每周用更高浓度的 SO_2 薰蒸一次或在小包装葡萄中放入 SO_2 缓释剂（如专用葡萄保鲜纸），可有效抑制灰霉的发生。低温可减少 SO_2 的用量。

1.1.4　SO_2 伤害

对于葡萄来说，SO_2 伤害主要表现在果梗和果皮上，首先发生在果梗基端、浆果与果梗连接处及浆果损伤处，常会引起果梗失水、萎蔫，浆果上轻者漂白，形成下陷漂白点，重者葡萄组织结构受损伤，果粒带刺鼻气味，损伤处凹陷变褐[11-12]。

SO_2 气体对葡萄贮藏中常见的疾病有较强的抑制作用，同时还能降低葡萄的呼吸强度[10]，抑制氧化酶的活性[13-14]，但是在葡萄贮藏过程中，由于 SO_2 伤害造成的葡萄果粒漂白现象，严重影响了葡萄贮藏质量和安全性。孔秋莲等[15]研究认为，葡萄贮藏中 SO_2 伤害导致活性氧水平增加和活性氧清除体系的活性下降，耐 SO_2 葡萄品种巨峰比不耐 SO_2 的葡萄品种红地球具有较强的活性氧清除能力。葡萄各部位 SO_2 含量存在差异，从高到低依次为果梗、穗轴、果皮、果刷、果肉。贮藏 90 d 后，葡萄食用部位（果皮、果肉、果刷）SO_2 含量（以鲜重计）低于 FDA 标准（10 μg/g）。张华云等[16]利用电镜对果皮进行扫描观察表明，红地球表面的漂白斑点主要与果皮表面蜡质层结构有关。SO_2 首先破坏了葡萄表皮的保护组织蜡质层，而后进入浆果中伤害表皮和果肉细胞，并与花青素结合而造成漂白点的发生，孔秋莲等也得到了类似的结论[15,17]。

1.1.5　褐变

王慧等[18]研究表明，葡萄的褐变与有机酸的代谢密切相关，褐变程度与有机酸含量下降的梯度呈正比。有机酸含量的降低使 PH 碱性增强，从而诱发多酚氧化酶活性，引起褐变，进一步引起落粒。彭世清等[19]就葡萄贮藏过程中的褐变进行了研究，发现浆果褐变不仅与有机酸代谢变化梯度有关，还与褐变时浆果中单宁含量呈显著负相关，谭兴杰等[20]从荔枝果皮中提取出了多酚氧化酶，从而证明果皮褐变是酶促褐变的结果，有机酸、维生素 C 对多酚氧化酶抑制作用减小，使其活性增加，导致单宁等多酚类物质被氧化，从而产生褐变，大量养分因转化而流失。所以，一定含量的有机酸是保持果实品质、防止酶促褐变、避免落粒的主要因素。蒋跃明等[21]认为，简单地从多酚氧化酶活性去分析果实褐变，不足以阐明褐变的机理，生活环境的 pH 是一个非常重要的因素。大部分酶在中性环境中活性最高，pH 越低对酶活性抑制越强烈，刘曼西[22]认为果实中有机酸含量的减少使 pH 向碱性方向移动，诱发多酚氧化酶的活性，分解果皮里的酚类物质和其他成分，引起褐变，林哲甫等[23]也认为有机酸浓度高时，多酚氧化酶的活性受抑制程度也高，不易引起褐变，王慧等[18]认为一定含量的有机酸是保持果实品质、防止酶促褐变的重要因素。因此，褐变是葡萄落粒的前奏和晴雨表。为了防止落粒，避免褐变是一种重要的措施。

1.2 无核白葡萄采后防脱粒技术

1.2.1 葡萄落粒的采前因素

1. 葡萄品种

葡萄贮藏的好坏，关键之一在于品种[24]，欧洲种比美洲种耐藏，晚熟种比早熟种耐藏。成熟时果皮厚，肉质丰满致密，含糖量高，穗梗木质化程度高，果刷长且耐拉力强，果面及穗轴含蜡质较多，果皮韧厚且富有弹性的中晚熟品种耐贮藏，主要是由于中晚熟品种呼吸速率低[25-26]。

2. 栽培管理技术

在不同生长发育阶段，无核白葡萄果实中钾含量的增幅明显大于其他元素，尤其是从葡萄转熟期开始，钾对增加果实中光合产物的运输和贮藏、提高品质、增加产量有利[27-28]，但葡萄果实中钾含量的增高对钙的含量产生明显影响。盛花后 20 d，钾浓度的升高导致钙浓度的明显降低。葡萄转熟期以后，钾含量的增加抑制了钙的吸收。每隔 7～10 天喷布一次 1.0%～3.0%的过磷酸钙或草木灰浸出液，或 0.2%～0.3%的磷酸二氢钾，或 0.2%的氯化钾，共喷 2～3 次，可以满足树体急需，有效防止生长后期出现软粒、蔫尖等现象。产量严格控制在 1 500 kg/667 m^2左右最好。

3. 采收技术

葡萄是一种呼吸非跃变型水果，没有明显成熟期和后熟过程。采收后，含糖量只消耗，不再增加。因此，贮藏葡萄必须达到充分成熟时才能采收。在各方面条件允许的情况下，采收愈晚，贮藏效果越好。大多研究者认为果实含糖量 16%～19%，含酸量0.6%～0.8%，糖酸比 20～35：1，总果胶与可溶性果胶之比 2.7～2.8：1，适合葡萄贮藏。

采收过程中注意：(1) 在晴天上午露水干后进行，忌在有露水和烈日等天气采收；(2) 采收时，将果穗从穗梗处剪下，轻拿轻放避免碰伤果穗、穗轴和擦掉果霜，同时将病果、伤果、小粒、青粒一并疏除；(3) 采摘时尽量带有长的主梗(贴母枝剪下)，并按自然生长状态装箱等。

1.2.2 影响葡萄贮藏的环境因素

贮藏环境中的温度是影响葡萄贮藏效果的关键因素。适当低温能够抑制葡萄的呼吸强度、酶的活性以及病菌的生长繁殖，减少果实水分蒸发，从而延缓其衰老过程。葡萄浆果的冰点一般在－3 ℃左右，大部分品种果梗在－2 ℃以下会发生冻害。一般葡萄贮藏选择－1 ℃～0 ℃的环境比较适宜，既降低葡萄生命活动，又无冻害发生，可以达到长期贮藏的目的。贮藏环境中的湿度也是影响葡萄贮藏效果的重要因素。湿度小，葡萄果实萎蔫，正常的代谢活动受到破坏，水解酶活性增加，加速细胞组织的衰老。果梗是果穗中生理活动最活跃部分，不仅有呼吸跃变，且呼吸强度是果实的 8～10 倍，在低于 85%湿度情况下会使果梗失水。湿度过大易导致多种病原菌产生，造成果粒腐烂，果梗霉变。因此在贮藏过程中，将湿度范围控制为 85%～95%为宜。一般来说，适当提高贮藏环境中 CO_2浓度和降低 O_2的浓度，可有效抑制浆果的呼吸作用，延缓其衰老过程，并能有效抑制病菌的生长与繁殖。研究表明，不论 O_2浓度大小，8%以上的 CO_2都能明显抑制葡萄贮藏过程中真菌的生长与繁殖，减少腐烂与脱粒。一般情况下，CO_2的浓度在 10%左右，O_2的含量控制在 3%～5%均能有效地抑制葡萄贮藏过程中的腐烂[29]。

1.2.3　保鲜库的处理技术

1. 消毒灭菌

葡萄入贮前 2～3 天按 20 g/m^3进行熏硫一昼夜。也有的采用喷洒福尔马林等库房消毒液。

2. 降低库温

在葡萄入贮前 1～2 天，将库温下降到 1～0 ℃。

3. 葡萄果实的预冷

葡萄入库后，敞口，在－1～0 ℃预冷 18～20 h 即可。之后，将葡萄保鲜剂放入袋中，并扎紧袋口，封好箱盖，进行摆放。

采收以后及时预冷能够减少果梗失水、褐变、脱粒及变软，并可在很大程度上抑制真菌的生长和繁殖。Saltveit 用液 N_2 和 CO_2 对葡萄预冷，只需 45 min 即可降温至 3.8 ℃(除去大约 90%的热量)，不影响果粒的食用风味[30]。

4. 库房温度、湿度的调节

一般葡萄库温维持在－1～1 ℃即可，不可忽高忽低。一般葡萄贮藏的最佳湿度为 90%～95%，当湿度高于 95%时，应打开门及排气孔通风排湿；当湿度低于 90%时，应在地面喷洒水，或者在墙壁等地方挂湿草帘。在贮藏期间，要做好库房巡查和记录，发现异常情况及时处理。

1.2.4　无核白葡萄贮藏期间的防脱粒技术

目前，国内外在果蔬保鲜领域采用的保鲜技术都是通过对保鲜品质起关键作用的 3 大要素进行调控：一是通过控制呼吸作用控制其衰老进程；二是通过控制腐败菌控制微生物的活动；三是控制内部水分蒸发，主要通过对环境相对湿度的控制和细胞间水分的结构化来实现[31]，其中较先进的保鲜技术主要有低温保鲜[26]、臭氧气调保鲜、低剂量辐射预处理保鲜、高压保鲜、基因工程保鲜、涂膜保鲜、气调保鲜、保鲜剂贮藏等。

1. 低温保鲜

低温保鲜，如前所述，温度是影响果实呼吸的主要因素。葡萄的冰点因含糖量不同而异，含糖量越高，冰点越低，一般在－3 ℃左右。葡萄最适宜的贮藏温度为－1～0 ℃。贮藏前期的葡萄耐低温的能力比后期强，因此，前期库温可控制在 0～1 ℃，干旱年份控制在－0.5～15 ℃；后期贮藏温度控制在 0～0.5 ℃。保持库温稳定是葡萄冷藏成功的关键，库温的波动不应超过 0.5 ℃。有研究表明，低温贮藏不仅能够有效地抑制浆果的呼吸作用[8]，还能降低乙烯的生成量和释放量[32-34]，抑制浆果内过氧化物酶的活性[34]，保持超氧化物歧化酶(SOD)活性在一定水平，以清除组织内产生的有害物质，抑制致病微生物的滋长，避免褐变腐烂[8]，及华等[36]研究结果表明，低温贮藏能够显著抑制果实水分蒸发，保持 TSS 和可滴定酸含量的相对稳定，保持较高的 Vc 含量。

因此，在葡萄贮藏期间，应尽量降低温度并保持稳定。在贮藏实践中，低温与气调相结合，是当前最佳的果蔬贮藏方法。

2. 气调保鲜

气调保鲜贮藏[37]，又称 CA(Controlled Atmosphere)贮藏，是在适宜低温条件下，人为调节贮藏环境中的气体成分的一种贮藏方法。

影响水果采后生理活动的主要是氧气、二氧化碳。对大多数水果来说，呼吸发生质变的氧浓度转折点在 1%～5%，抑制了呼吸，也就在一定程度上抑制了蒸发作用。降低氧浓度，也就抑制了微生物的活动。增大二氧化碳浓度不仅能抑制呼吸，更重要的是推迟呼吸跃变的启动和呼吸高峰的出现。

在冷藏的基础上，进一步提高贮藏环境的相对湿度，并人为地造成某种特定的气体成分，在维持水果正常生命活动的前提下，有效地抑制呼吸、蒸发、激素、微生物和酶的作用，延缓其生理代谢，推迟后熟衰老进程和防止变质腐败，使水果长久保持新鲜和优质的食用状态，这就是气调贮藏的原理[38]。适当提高 CO_2 的浓度，降低氧的浓度，可抑制果品的呼吸代谢，延缓其衰老进程，让贮藏过程中损失小、无污染、货架期长、保鲜效果好。

世界各国学者对葡萄气调贮藏存在不同的看法。气体浓度应根据不同品种、果实成熟度、温度及贮藏时间等而定[26]，对大多数葡萄品种，学者们对气调贮藏条件较为一致的看法是：温度 0～1 ℃，相对湿度 95%，2%～3% CO_2，2% O_2[39]，美国学者 Nelson[40]认为，气调贮藏葡萄的希望不大，因为在 CO_2<15%时，葡萄腐烂多于 SO_2 熏蒸处理，当 CO_2>15%时，虽然控制腐烂却又引起浆果褐变，关文强等[41]研究表明，低 O_2 高 CO_2 能明显引起葡萄浆果中乙醇和乙醛含量的升高，高 CO_2 条件对乙醛含量的影响大于对乙醇含量的影响，而 O_2 浓度的影响恰好相反，同时，研究了玫瑰香葡萄的气调贮藏，认为，10% O_2＋8%CO_2 的贮藏效果最佳[42]，Muscadine 葡萄在 20%CO_2 和 3% O_2(1～2 ℃，90%～95%湿度)贮藏 20 天没有损坏，而在低温贮藏不到 2 周，SO_2 处理会导致漂白并失去风味。巨峰葡萄贮藏袋内 CO_2 量为 5.2%～8.8%，O_2 为 6.9%～13.4%，贮藏 152 天，商品率可达 97.8%。

另外，减压贮藏(又名低压贮藏)也是气调贮藏的一种形式，吉林农业大学以减压、充氮、自然降 O_2 3 种处理贮藏黑连子葡萄，发现以减压处理效果最佳，贮藏 120 天，好果率 90.2%。

实际上，气调贮藏保鲜技术的应用有一定的局限性，不是任何果蔬品种都能进行气调贮藏，如差品质的果蔬经过气调贮藏不会变成优等品；贮藏后无经济效益或经济效益甚差的果蔬不要气调贮藏。另外，气调贮藏保鲜的效果还需要有相关技术配套，如果蔬品种、质量的选择、采摘后的快速预冷、贮藏容器的标准、贮藏的堆垛技术、出库后的分选、包装、出入库的运输等等[43]。

3. 保鲜剂贮藏

当前国内外普遍应用的葡萄保鲜剂主要是防腐剂，使用最多的是 SO_2 和硫化物。SO_2 是一种强还原剂，可抑制氧化酶和微生物的活动，杀死各种致病真菌，特别是葡萄灰霉菌、芽枝霉菌、黑根霉菌等。当 SO_2 浓度偏高时，葡萄会受到漂白伤害[44]，美国环境保护署规定 10 mg/L 为鲜食葡萄中允许亚硫化物残留的最高浓度。

早在 1915 年，美国加利福尼亚州就开始用燃烧硫磺产生的 SO_2 来熏蒸葡萄以达到长期贮藏的目的。梁丽雅等[44]在 0 ℃低温下，采用加 CT－2 保鲜剂和不加保鲜剂两种方法贮藏红地球和巨峰葡萄，结果表明，保鲜剂处理能明显抑制葡萄的呼吸，延缓还原糖、可滴定酸、维生素 C 的降解和损失，其中可滴定酸和 Vc 含量变化与贮藏时间呈显著负相关。陈学平[45]认为可能是 SO_2 通过果皮进入浆果内部，与水结合形成 HSO_3^-，HSO_3^- 可以抑制多酚氧化酶和抗坏血酸氧化酶活性，从而减少抗坏血酸和单宁等多酚类物质的氧化，维生素 C 含量下降变缓。1993 年，新疆农业大学果蔬采后处理研究所研制出了不同 SO_2 释放速度的葡萄保鲜纸，对无核白葡萄在 0 ℃冷库贮藏 2 个月，好果率达 98.0%，落粒率 2%。

Avissar 等[46]研究结果表明，与对照相比，5 000 mg/L 乙醛蒸汽处理 24 h 能明显抑制根霉、毛霉等霉菌的生长，葡萄腐烂率降低 92%，乙醛处理以后没有残留和异味，并且可防止脱粒[47]；魏宝东等[48]认为，对于长期贮藏的葡萄，适宜剂量的乙醛能抑制葡萄果实的呼吸强度，具有很好的保鲜作用。用量过低，起不到保鲜作用，过高，又会加速葡萄衰老，Archbold 等[49]研究了 MA 包装条件下乙酸蒸汽处理葡萄的保鲜效果，结果表明，8.0 mg/L 的乙酸蒸汽熏蒸后包装，并于 0 ℃下贮藏 74 d，葡萄的腐烂率由 94%降至 2%。

Zoffoli[50]利用氯气发生装置保鲜葡萄，发现氮气发生装置处理与 SO_2 发生装置处理具有相同的保鲜效果，并且无伤害；傅茂润等[51-53]研究发现，适宜浓度的 ClO_2 浸泡处理有利于保持无核白葡萄(Thompson Seedless)果梗的颜色和果粒的颜色、形态、硬度，保留果实中可滴定酸和 Vc 含量，减少葡萄的腐烂率，高浓度的处理则不利于葡萄品质的保持。

原京超[55]将蜂胶配制成 150～200 倍的稀释液，均匀地喷洒在葡萄表面，经自然风干后入库贮藏。贮藏期间温度 1～4 ℃，湿度 80%～90%，经过 90 天后，喷洒过蜂胶提取液葡萄的好果率为 91.8%，鲜果指数为 80.0%；而未经蜂胶处理的葡萄好果率为 70.5%，鲜果指数为 75.0%。总的来看，研究减少 SO_2 保鲜剂用量的天然无害保鲜剂是葡萄保鲜的重要研究方向之一[56]。

4. 低剂量辐射预处理保鲜

苏联等国家的实验证明,采用射线处理可明显延长葡萄贮藏期和货架寿命[39],用不同剂量辐射处理贮藏无核白葡萄,所有处理在长达3个月贮藏期内没有霉烂和异味[56]。

新鲜果蔬的辐射处理要选用相对低的剂量,否则容易使果蔬变软并损失大量的营养成分。许多种果蔬均可以通过低剂量辐射来延长货架期,提高贮藏质量。低剂量辐射预处理保鲜可以和其他技术复合使用,如与冷冻、漂烫等技术相结合可以减少辐射保鲜所要求的辐射剂量。通过热水浸渍或蒸汽(50～55 ℃)加热5 min,可以产生更好的保鲜效果。紫外线保鲜技术具有安全、环境友好、高效等特点,紫外线最大杀菌效果的波长为260 nm。Nigro[57]利用0.125～4 kJ/m^2的UV-C短波紫外线照射葡萄,0.125～0.54 K/m^2剂量的UV-C照射能够提高葡萄抗病性,但超过1 kJ/m^2剂量会引起果皮变色,果柄处出现斑点,用γ射线辐射和SO_2结合处理鲜食葡萄可以减弱由灰霉葡萄孢引起的腐烂病,是很好的防腐保鲜方法[58]。

5. 涂膜保鲜

涂膜保鲜通过包裹、浸渍、涂布等途径覆盖在食品表面或食品内部异质界面上,选择性地阻止气体、湿度、内容物散失及隔阻外界环境的有害影响,抑制呼吸,延缓后熟衰老,抑制表面微生物的生长,提高贮藏质量等多种功能,从而达到食品保鲜,延长其货架期的目的。李桂峰等[59]以鲜切红地球葡萄粒为试材,分别用壳聚糖、海藻酸钠和羧甲基纤维素可食性膜处理,结果表明,用可食涂膜处理能抑制鲜切葡萄粒的呼吸代谢,延缓可溶性固形物和可滴定酸的降解,保持硬度,减少褐变,降低腐烂。其中壳聚糖可食性膜处理组保鲜效果比其他处理更为显著,贮藏75 d,商品率达到88.1%,较对照提高25.1%。

目前,广泛应用于果蔬保鲜的涂膜材料有糖类、蛋白质、多糖类蔗糖酯、聚乙烯醇、单甘酯以及多糖、蛋白质和脂类组成的复合膜。

壳聚糖(Chitosan, CTS)是仅次于纤维素的第二大天然聚合物,具有安全、无毒、可生物降解、环境友好、生物相溶性、可食用性等特点[54]。壳聚糖涂膜能提高果实品质,减少果实失水,增进果实色泽,延缓果实中Vc氧化速度,减缓果实硬度下降,抑制果蔬在贮藏过程中含糖酸量的下降,增大果皮致密度,增加果实硬度和形成果表,能在一定程度上抑制果实的呼吸强度,减少贮藏物质的消耗,延长果蔬的贮藏寿命。田春莲[54]研究表明,用1%壳聚糖浸涂红地球葡萄1 min,0.5 ℃温度贮藏效果较好。在壳聚糖保鲜过程中,随着落粒率、腐烂率和失重率的上升,红地球葡萄可溶性固形物减少,果实硬度下降,SOD活性降低而MDA含量增加,呼吸强度与果胶酶活性由增强到减弱,POD酶活性增强,膜脂过氧化作用加强,果实逐渐衰老。

随着葡萄种植面积的不断扩大,葡萄的总产量也在不断提高,必然会出现葡萄的大量过剩的情况。解决这种危机的办法除了对过剩的葡萄进行榨汁、酿酒、制干外,贮藏保鲜也是一种较为科学的解决办法。因此,研究葡萄的贮藏保鲜及其贮藏机理和贮藏期间的落粒及其防落粒技术就成为今后葡萄，尤其是无核白葡萄的一个重要的发展方向。

事实表明，葡萄自身的品质是影响葡萄保鲜质量的根本性因素。葡萄自身的品质来源于其母体，即葡萄树。葡萄树的田间管理措施是影响葡萄树的生殖生长和营养生长的重要措施。生长调节剂是葡萄生长期间应用非常广泛的田间管理技术。因此，本实验主要研究和分析采前生长调节剂处理对无核白葡萄贮藏期间的一些重要参数，如呼吸强度、TSS、总糖、总酸和糖酸比、维生素 C、丙二醛含量、SOD 活性、POD 活性、PPO 活性、CAT 活性、纤维素酶活性、果胶甲酯酶活性、褐变指数、落粒率、商品率、腐烂率的影响，讨论采前生长调节剂处理对无核白葡萄落粒率的影响，从而最终确定了无核白葡萄贮藏期间防落粒的最佳采前方案，为无核白葡萄的贮藏保鲜补充科学方法。

1.3　样　品

采前经过生长调节剂奇宝、玉米素、赤霉素处理的无核白葡萄。

根据实验方案中的要求，在每个处理中，用电子天平准确称取所需样品。

1.4　采后贮藏方式、保鲜剂处理

葡萄采收后，立即放入 0～1 ℃、90％～95％的湿度条件下贮藏。入库前保鲜库需经过二氧化氯气体消毒，且保鲜库预先降温到 0～1 ℃，并通过温湿度仪测定库内湿度为 90％～95％。葡萄清晨采收后装入保鲜袋中，立即送入保鲜库，预冷降温到 1 ℃，并加入 CT－2 葡萄专用保鲜剂，保鲜袋封口，码垛贮藏。共 3 个处理，每个处理 26 个平行，每个平行 5 kg。

1.5　相关指标

呼吸强度、糖酸比、可溶性固形物、维生素 C 的测定同第七章第七节。

丙二醛含量的测定　　分光光度计法

纤维素酶活性的测定　　DNS 显色法

果胶甲酯酶活性的测定　　NaOH 滴定法

过氧化物酶活性的测定　　愈创木酚法

过氧化氢酶活性的测定　　H_2O_2法

多酚氧化酶活性的测定　　邻苯二酚法

超氧化物歧化酶活性的测定　　NBT 法

褐变指数：采用感官分级法，各级指数规定如下：

0 级：无褐变；

1 级：褐变部分为 0～1/4；

2 级：褐变部分为 1/4～1/2；

3 级：褐变部分为 1/2～3/4；

4 级：全部褐变。

褐变指数＝(褐变果个数×褐变级值)/(总调查果个数×最高褐变级值)×100%；

腐烂率(%)＝腐烂果重/总果重×100；

商品率＝(0 级＋1 级)的未腐烂果数/总未腐烂果数×100%；

落粒率(%)＝脱粒果重/总果重×100。

1.6 无核白葡萄贮藏期间的呼吸强度

贮藏初期，呼吸强度很高，但很快就下降了，随后又不断轻微上升和下降，贮藏后期，又有一个上升高峰，但很快又下降了。这表明，无核白葡萄采摘后光合作用已经停止，但是呼吸作用并没有结束，贮藏期间不停进行着有生命的物质交换和消耗过程。只是在初期和后期这种现象更明显，贮藏中期还是较平稳的。初期的呼吸高峰主要是无核白葡萄刚采摘回来，外界的环境温度较高而没有及时降下来。但是入库后，由于库房的低温使葡萄的品温很快降到了贮藏温度。贮藏后期，呼吸强度突然升起来了，原因主要是保鲜库有限，此期间又有人进入库房做实验，从而导致库房的温度快速升高，致使呼吸强度突然上升，但是经过快速降温后，呼吸强度很快就降下来了。由此可见，呼吸强度与温度密切相关。图 8-1 是无核白葡萄贮藏期间呼吸强度的变化曲线，由图可见该典型呈 S 型。

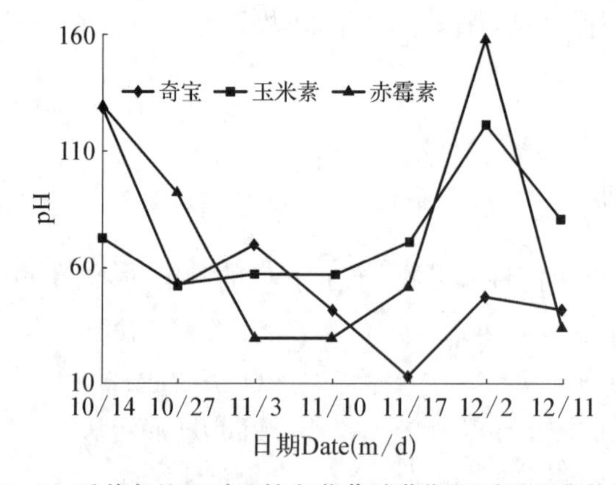

图 8-1　采前各处理对无核白葡萄贮藏期间呼吸强度的影响

葡萄采收后，仍然是活着的有机体，还在进行着一系列的生命活动，因此，物质成分的积累停止，生命体的新陈代谢以分解代谢为主，必然经历从后熟到衰老的整个过程。呼吸强度高，会加速积聚在葡萄组织中的各种营养成分的消耗，缩短后熟过程。因此，要延长保鲜期，减少营养成分损失，就要降低葡萄的呼吸强度，随着温度的降低，葡萄呼吸作用减慢，后熟速度减缓。对于非跃变型果实，钙处理降低呼吸速率的效果在贮藏后期比前期更明显。虽然果梗呼吸强度很高，但由于果梗在果穗中占的比重很小，所以果穗呼吸强度呈现出与果粒呼吸强度相似的变化曲线。

1.7　无核白葡萄贮藏期间的 TSS

由图 8－2 可以看出，无核白葡萄在贮藏期间 TSS 的变化总是保持在一定的范围内，无论是奇宝处理还是玉米素、赤霉素处理，一直保持在 18％至 23％之间。这一现象表明，生长调节剂对无核白葡萄在贮藏期间的 TSS 的变化影响不明显，而且也表明，TSS 的含量不受环境条件的影响，无核白葡萄贮藏期间的落粒与 TSS 没有直接的关系，这与前人的结果基本一致。

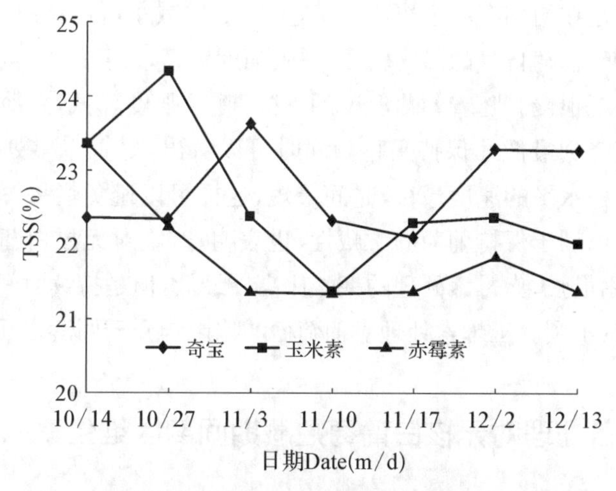

图 8－2　采前各处理对无核白葡萄贮藏期间 TSS 的影响

1.8　无核白葡萄贮藏期间的总糖、总酸和糖酸比

总糖、总酸和糖酸比对葡萄的贮藏保鲜非常重要，糖酸比在一定范围内越高，葡萄贮藏性越好。表 8－1 显示了整个贮藏后期，奇宝、玉米素和赤霉素处理的无核白葡萄的糖酸比变化情况。

表 8－1　采前各处理对无核白葡萄贮藏期间总糖、总酸和糖酸比的影响

		10/14	10/27	11/3	11/10	11/17	12/1	12/13
总糖(％)	奇宝	10.48±1.12	14.94±1.35	13.76±1.36	11.67±1.25	13.35±1.32	11.23±1.32	11.54±1.24
	玉米素	11.78±1.23	10.86±1.26	12.55±1.32	13.01±1.29	12.86±1.33	13.37±1.25	11.89±1.28
	赤霉素	12.37±1.21	12.65±1.22	14.22±1.24	14.89±1.34	12.11±1.36	11.86±1.24	9.76±1.38

续　表

		10/14	10/27	11/3	11/10	11/17	12/1	12/13
总酸(%)	奇宝	0.46±0.01	0.21±0.01	0.26±0.03	0.54±0.02	0.57±0.06	0.42±0.03	0.46±0.06
	玉米素	0.53±0.12	0.24±0.02	0.17±0.02	0.53±0.06	0.45±0.02	0.52±0.02	0.42±0.02
	赤霉素	0.45±0.15	0.28±0.12	0.25±0.01	0.33±0.05	0.46±0.01	0.47±0.04	0.43±0.01
糖酸比	奇宝	22.78±1.32	71.14±1.36	52.92±1.34	21.61±1.32	23.42±1.24	26.74±0.15	25.09±1.34
	玉米素	22.23±1.26	45.25±1.38	73.82±1.36	24.55±1.25	28.58±1.32	25.72±1.26	28.31±1.24
	赤霉素	27.49±1.32	45.18±1.34	56.88±1.38	45.12±1.25	26.33±1.11	25.23±1.35	22.70±1.36

表 8-1 显示，整个贮藏后期，奇宝、玉米素和赤霉素处理的无核白葡萄的糖酸比变化趋势较平稳，但是在初期有一个快速升高过程，随后减小，保持在 20∶1 左右。主要是因为在贮藏初期，葡萄自身的温度较高，呼吸强度较高，自身的营养物质，尤其是总酸消耗较快，总糖消耗很慢。随着葡萄温度的下降，呼吸强度降低，总酸的消耗量迅速降低，直至消耗速度降到最低才保持平稳。同时可以看出，尽管奇宝处理的高峰出现最早，但是降低到平稳水平的速度最快，时间最短，这样可以避免烂果、落粒，又可以减少营养物质的消耗，以利于保持葡萄的贮藏性，也表明，奇宝对无核白葡萄贮藏期间糖酸比变化的抑制作用最强，赤霉素处理的糖酸比高峰最低，但是持续时间较长，出现较晚，因此对葡萄的贮藏不利。玉米素处理对葡萄糖酸比影响介于两者之间。

1.9　采前各处理对无核白葡萄贮藏期间离区维生素 C 的影响

朱璇等[60]研究发现，葡萄浆果褐变的一个直接原因是有机酸和 Vc 含量的减少，使其对 PPO 活性抑制作用减少。因此，贮藏期间保持果实中较高的有机酸和 Vc 含量，就能有效保持葡萄的贮藏品质。

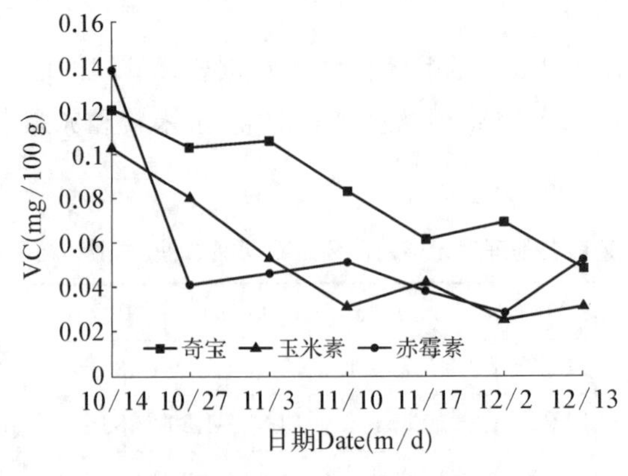

图 8-3　采前各处理对无核白葡萄贮藏期间离区维生素 C 的影响

由图 8-3 可知，无论是奇宝，还是玉米素和赤霉素，尽管 Vc 含量在不断变化，但是在贮藏前期迅速下降，不久就保持平稳，不再下降，始终保持在一定的范围内，表明采前各处理、低温贮藏和保鲜剂处理，对保持无核白葡萄贮藏期间的 Vc 含量非常有效。Vc 含量出现前期的迅速下降，只是因为葡萄从树体摘除以后，营养物质的来源中断，消耗不断加大。由上图还可以看出，三者处理的效果不同，奇宝处理的 Vc 含量最高，抑制 PPO 活性的作用最强，对褐变的抑制作用最强，防落粒的效果最好；玉米素处理的效果次之，但是贮藏后期含量最低；赤霉素处理的初期 Vc 含量最少，但是中后期保持的水平却仅次于奇宝。

1.10　采前各处理对无核白葡萄贮藏期间离区丙二醛的影响

大量研究表明，植物衰老过程中，细胞内代谢平衡被破坏，产生自由基，过剩的自由基会引发或者加剧膜脂质过氧化作用，造成细胞膜系统结构和功能破坏。丙二醛（MDA）是膜脂质过氧化最终产物之一，可以作为判断衰老和膜脂质过氧化强弱的指标。植物在衰老过程中膜脂质过氧化，使 MDA 含量增加，破坏了膜的结构和功能。

图 8-4 显示，随着贮藏期的延长，除了奇宝处理的葡萄外，其他葡萄 MDA 含量的上升幅度都比较大，玉米素上升的幅度最大，为 0.832 0 μmol/g，其次是赤霉素，为 0.749 3 μmol/g，奇宝处理的 MDA 含量上升的幅度非常小，仅为 0.010 6 μmol/g，与葡萄的落粒相反。由此可见，奇宝处理的葡萄可以抑制 MDA 含量的增加，推迟膜脂质过氧化进程，延缓葡萄的衰老和落粒。

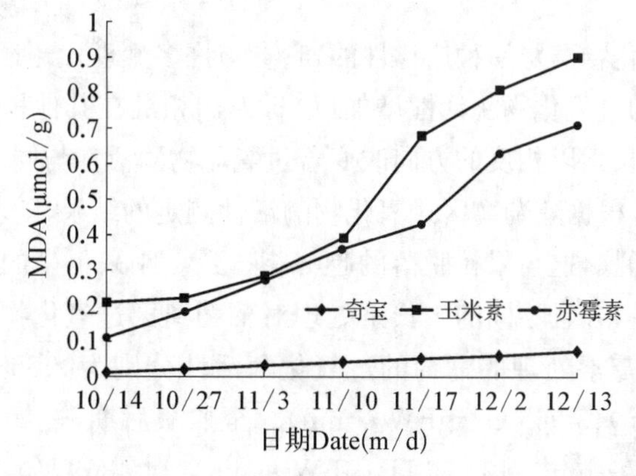

图 8-4　采前各处理对无核白葡萄贮藏期间离区丙二醛含量的影响

1.11　采前各处理对无核白葡萄贮藏期间离区 SOD 活性的影响

由图 8-5 可以看出，各个处理的 SOD 活性呈下降趋势。但是在 11 月 15 日出现了一个高峰，主要是由于此时我们对保鲜库进行了一次消毒，减弱了微生物的活动，从而出现了上升趋势。其中奇宝处理的SOD活性比其他两种都略高，它们的最高值分别为600.380 U/(gFW·h)、535.123 U/(gFW·h)、569.235 U/(gFW·h)，这些值越高，对于无核白葡萄的贮藏越有利，SOD活性越高，葡萄越耐贮藏。低温贮藏不仅能够有效地抑制浆果呼吸作用，还能降低乙烯生成量与释放量，抑制浆果内过氧化物酶的活性，维持超氧化物歧化酶(SOD)活性在一定水平，利于清除组织内有害物质，同时可抑制致病菌生长繁殖，避免褐变腐烂，有利于葡萄保鲜。因此，适宜的低温贮藏可维持较高的SOD活性，减少乙烯释放量并推迟其峰值出现，减缓后熟软化。

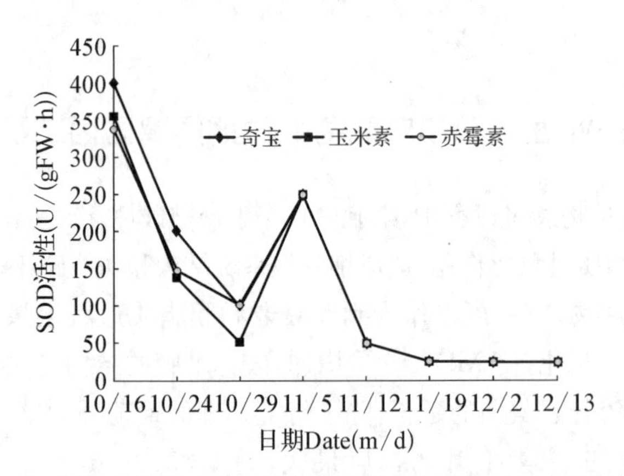

图8-5 采前各处理对无核白葡萄贮藏期间离区SOD活性的影响

1.12 采前各处理对无核白葡萄贮藏期间离区POD活性的影响

众所周知，过氧化物酶是一种广谱性酶，它参与许多生理代谢过程。自发现果实脱落伴随着离区组织的过氧化物酶活性增加以来，人们相继在其他植物上发现了同样的结论，外源乙烯和生长素以相反的方向改变着过氧化物酶活性与同功酶谱。

如图8-6所示，根据葡萄离区过氧化物酶活性测定的结果，随着贮期的延长，过氧化物酶的活性不断增加，这与果粒脱落的趋势相一致。刚采下来的葡萄组织的离区过氧化物酶的活性很弱，并且不同的生长素处理对葡萄离区过氧化物酶活性影响程度不同，奇宝、玉米素、赤霉素处理的葡萄的过氧化酶活性分别为2.368 U/(gFW·min)、3.654 U/(gFW·min)、3.965 U/(gFW·min)。至贮藏后期，过氧化物酶活性分别上升到11.236 U/(gFW·min)、13.256 U/(gFW·min)、14.486 U/(gFW·min)，最后又出现下降。整个贮藏过程中酶活性分别上升了4.74倍、3.63倍和3.65倍，因此，从总体上看，三者对葡萄落粒的影响由大到小依次为赤霉素、玉米素、奇宝，即整个贮藏过程中，奇宝对离区过氧化物酶活性的抑制作用最显著，最能有效减少果粒的脱落。

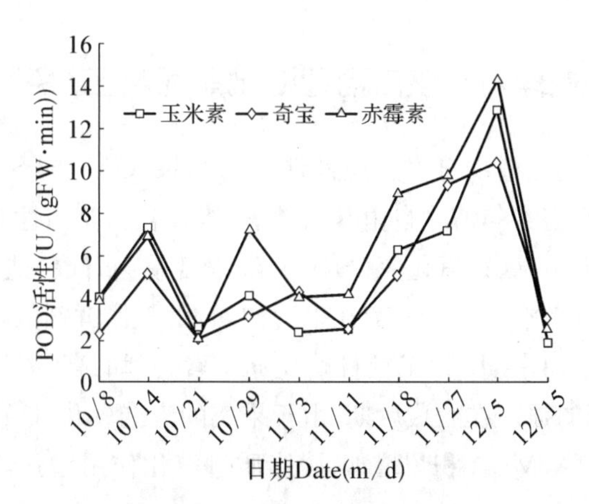

图 8－6　采前各处理对无核白葡萄贮藏期间离区 POD 活性的影响

1.13　采前各处理对无核白葡萄贮藏期间离区 PPO 活性的影响

褐变是果蔬采后贮藏过程中的一个普遍现象。褐变严重影响了果品的外观和食用价值。研究表明，果实褐变是由氧化酶，主要是多酚氧化酶对酚类底物的氧化引起。只要酶和底物接触，又有氧气存在，就会发生褐变。褐变程度与组织中多酚氧化酶活性和酚类物质含量呈显著正相关。只要抑制这种酶的活性，就可以推迟褐变发生，延缓衰老。

图 8－7 可以看出，入库初期，果实 PPO 很高，但是随后就快速降了下来，这是由于低温和保鲜剂抑制了 PPO 的活性，延缓了果实的褐变，这有利于葡萄贮藏，其中玉米素处理的 PPO 活性最高，但是降低速度最快，这种快速的升降对葡萄的贮藏极为不利，而奇宝处理的 PPO 活性最低，而且降低的程度也是最低，赤霉素介于两者之间，然而后期，又有轻微升高，奇宝处理始终升高的最小。由此可见，奇宝对 PPO 活性的抑制效果最显著。在整个贮藏期间，利用奇宝处理对无核白葡萄贮藏期间的防落粒效果最好。

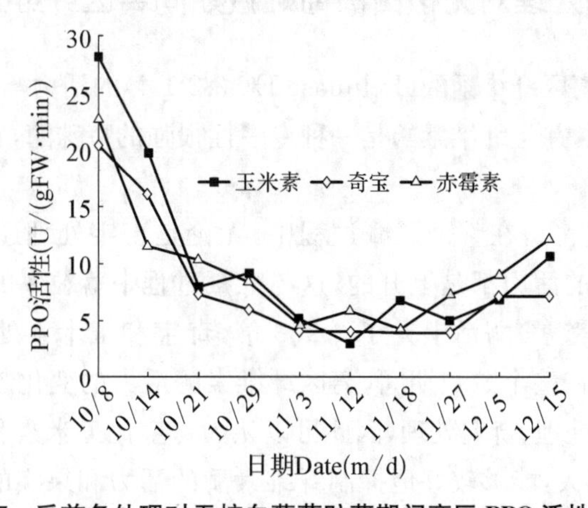

图 8－7　采前各处理对无核白葡萄贮藏期间离区 PPO 活性的影响

1.14 采前各处理对无核白葡萄贮藏期间离区 CAT 活性的影响

植物的抗氧化作用是植物自身适应性调节的结果，CAT 同 SOD、POD 一样，是酶系统的重要保护酶，它们参与清除自由基活性氧，维持自由基活性氧代谢平衡。一旦活性下降，细胞内的氧自由基、过氧化氢（H_2O_2）等浓度就会升高，造成膜系统受到损伤。图 8-8 可知，奇宝、玉米素处理的葡萄在采后初期，由于保鲜剂的抑制作用，CAT 活性均比赤霉素处理的低，而中期，CAT 活性均比赤霉素处理的高，清除活性氧自由基的能力明显较赤霉素处理的强。在贮藏后期，由于果实的衰老软化，CAT 活性下降，清除活性氧自由基的能力下降，MDA 积累增加，膜脂质过氧化作用增强，落粒率增加，且赤霉素处理的落粒率最大。

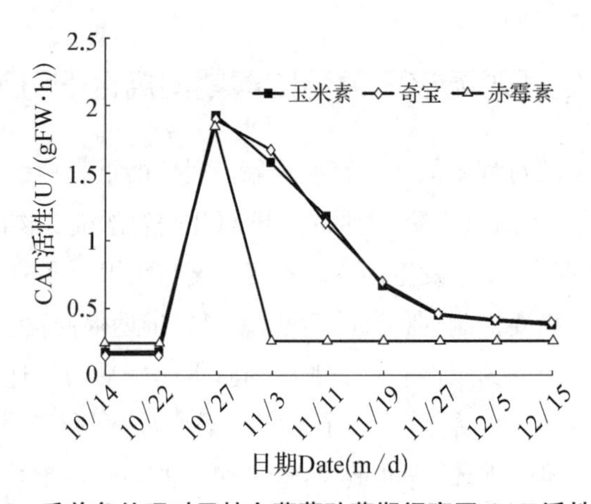

图 8-8 采前各处理对无核白葡萄贮藏期间离区 CAT 活性的影响

1.15 采前各处理对无核白葡萄贮藏期间离区纤维素酶活性的影响

许多实验证实，离区纤维素酶（Lellulase EC.3.2.1.4）的活力与植物果实、外植体的脱落有很高的相关性，并且纤维素酶是一种专一性很强的特殊酶，它的活力受植物激素的调节和控制[5,8,33]。

由图 8-9 可以看出，在整个贮藏过程中，无论是奇宝处理还是玉米素和赤霉素处理，离区纤维素酶的活力都是上升的，这与贮藏过程中落粒率的增加一致。整个贮藏过程中对照组（赤霉素）酶活上升了 2.283 倍，奇宝和玉米素处理酶活分别上升了 1.403倍、1.934 倍。在整个贮藏期间，离区纤维素酶活力的变化趋势由大到小依次为赤霉素处理、玉米素处理、奇宝处理，因此可以认为奇宝比玉米素和赤霉素对纤维素酶的活力调节起的作用大，能够较好地抑制纤维素酶的活力和果实的软化与落粒。在果实采后软化过程中，离区纤维素的含量明显减少，这是纤维素酶作用的结果，同时也说明，纤维素酶对果实的落粒也起着调节作用。

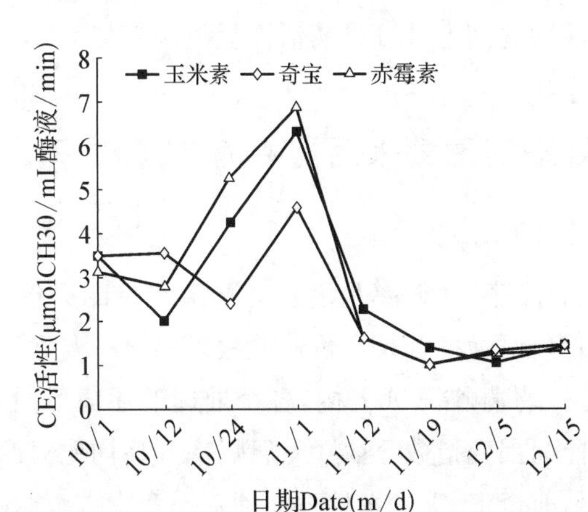

图 8-9　采前各处理对无核白葡萄贮藏期间离区纤维素酶活性的影响

1.16　采前各处理对无核白葡萄贮藏期间离区果胶甲酯酶活性的影响

果胶是细胞壁的结构物质，果胶物质的降解会引起细胞壁的解体和果实硬度的下降，因此果胶物质组成和含量的变化与果实的硬度有直接关系；而果胶的降解与果胶甲酯酶(PE 酶)的活性有关，所以果实硬度的变化也与 PE 酶的活性有关。

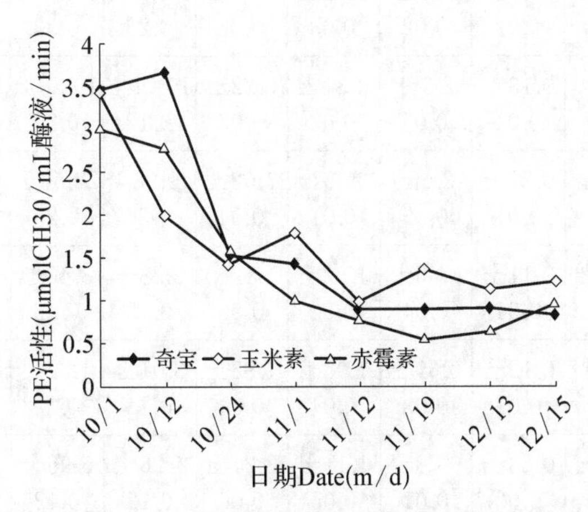

图 8-10　采前各处理对无核白葡萄贮藏期间离区果胶甲酯酶活性的影响

由图 8-10 可以看出，随着贮藏期的延长，离区 PE 酶活力总的趋势是逐渐下降的，对照组(赤霉素)的下降趋势较平缓，而奇宝处理的 PE 酶活力波动最大，有轻微的高峰出现，只是在中后期略低于玉米素处理。玉米素处理的变化趋势与之相似，只是在后期酶活性较对照组高，而较奇宝处理低。由于 PE 酶在软化过程中的活性越来越低，且 PE 酶能够水解果胶的甲酯，使果胶分子由高甲酯化变为低甲酯化，更有利于 PG 酶的作用，因此PE酶在为PG酶准备作用底物方面起着一定的辅助作用。采后由于呼吸高峰的出现，纤维素酶活性逐渐上升，PE酶活性呈下降趋势。

1.17 采前各处理对葡萄采后褐变指数、腐烂率、商品率、落粒率的影响

褐变指数、腐烂率、商品率、落粒率是消费者购买水果的必选指标。出库后水果的褐变程度、落粒率、商品率、腐烂率等是评价贮藏效果的第一要素。

由表8-2可以看出，葡萄贮藏90 d内，各个处理下葡萄不同指标均有不同程度的变化，经过采前处理的葡萄褐变指数、落粒率、腐烂率升高均比对照缓慢，商品率降低缓慢。相同时间内，经过采前奇宝、玉米素处理的葡萄褐变指数、落粒率、腐烂率均分别低于对照(赤霉素)，商品率高于对照。实验结果表明，采前生长调节剂喷穗能有效减少无核白葡萄采后褐变指数、落粒率、腐烂率，提高其商品率，这主要是由于奇宝、玉米素、赤霉素处理可明显调节果实离区酶活性和增强清除离区自由基能力，降低果实膜脂过氧化水平，保持果肉细胞膜的相对稳定性，从而降低果实贮藏期间的腐烂速率，延缓果实软化，降低葡萄落粒率，延长果实货架期，但是赤霉素的处理效果最差。

表8-2 采前各处理对无核白葡萄贮藏期间褐变指数、腐烂率、商品率和落粒率的影响

		1 d	10 d	18 d	26 d	34 d	46 d	55 d	64 d	72 d	82 d	90 d
褐变指数(%)	奇宝	0	0.08±0.01	0.2±0.02	1.5±0.02	2.26±0.03	6.32±0.02	10.36±0.26	17.12±0.32	22.34±0.12	23.39±0.21	26.13±0.13
	玉米素	0	0.1±0.02	0.13±0.01	2.5±0.05	3.31±0.02	5.22±0.06	10.11±0.12	19.88±0.21	25.66±0.23	24.76±0.22	30.13±0.23
	赤霉素	0	0.15±0.01	0.21±0.01	2.6±0.05	3.45±0.01	7.62±0.04	10.98±0.26	22.56±0.25	31.22±0.14	32.46±0.16	33.57±0.25
腐烂率(%)	奇宝	0	0.01±0.01	0.11±0.01	0.56±0.04	1.02±0.02	1.12±0.05	2.23±0.15	3.46±0.26	4.37±0.15	6.28±0.15	8.26±0.26
	玉米素	0	0.02±0.02	0.12±0.01	0.61±0.03	1.08±0.04	1.55±0.04	3.01±0.12	4.22±0.12	5.12±0.26	7.65±0.24	9.01±0.11
	赤霉素	0	0.15±0.01	0.23±0.02	0.78±0.01	1.11±0.05	3.21±0.06	4.26±0.12	5.98±0.12	6.76±0.21	7.68±0.12	10.22±0.22
商品率(%)	奇宝	100	99.86±1.32	99.74±1.32	99.46±1.33	99.23±1.33	96.02±1.34	94.15±1.33	91.32±1.34	84.25±1.34	86.34±1.32	86.13±1.24
	玉米素	100	99.53±1.26	99.52±1.36	98.56±1.32	98.13±1.36	95.12±1.35	94.24±1.32	91.45±1.35	85.36±1.26	85.49±1.33	85.34±1.24
	赤霉素	100	99.34±1.35	99.01±1.34	98.01±1.25	97.34±1.25	92.36±1.32	90.15±1.24	86.43±1.26	83.25±1.26	82.41±1.25	80.26±1.26

续　表

		1 d	10 d	18 d	26 d	34 d	46 d	55 d	64 d	72 d	82 d	90 d
落粒率(%)	奇宝	0	0.05±0.02	0.14±0.02	1.12±1.24	1.86±1.24	3.12±1.26	6.01±1.24	8.16±1.36	9.14±1.32	10.16±1.26	10.56±1.25
	玉米素	0	0.04±0.01	0.12±0.01	1.35±1.26	2.14±1.36	4.55±1.25	6.02±1.26	10.12±1.24	12.23±1.33	13.34±1.24	12.48±1.24
	赤霉素	0	0.18±0.03	0.34±0.02	1.68±1.25	2.98±1.36	5.96±1.24	8.33±1.24	12.45±1.25	15.06±1.22	16.45±1.24	17.99±1.23

1.18　采前钙处理对无核白葡萄的影响

与前人的结果相似，采前钙处理果实的离区 SOD 活性显著增加，MDA 含量明显减少，果实耐贮性增加；而 NAA 能使一方面促进了果实的钙素吸收，另一方面果实中残存的 NAA 促进了贮藏果肉质膜微囊 Ca^{2+}-ATP 酶活性，从而有利于降低胞质 Ca^{2+} 浓度，维持细胞正常的生理活动。因而，喷钙配施 NAA 延缓果实后熟衰老的作用更大。钙处理可以明显增加果实中的钙含量，从而提高果实硬度和可溶性固形物含量，抑制果实内单宁、维生素 C 等物质的转化降解和果实内部褐变，提高果实中糖酸比，降低果实中游离果胶酸含量，使果胶酸含量增加，减少果实膜透性变化，最终增强果实的抗腐能力和耐贮性。钙还能抑制果实呼吸作用，延缓其衰老；钙也能抑制乙烯合成酶的活性并由此抑制乙烯合成。与对照相比，采前 10 天在小珍珠葡萄上喷钙的实验组，经过对采后 3 天浆果的外观品质的观察发现，钙处理减少了腐烂。

1.19　采前生长调节剂处理对无核白葡萄落粒率的影响

本研究通过采前喷施奇宝、玉米素和赤霉素的对比实验综合分析发现，采前喷施奇宝是无核白葡萄贮藏期间防落粒技术最理想的方案。

奇宝、玉米素和赤霉素都是植物生长调节剂。赤霉素的主要作用是促进细胞的伸长和果实生长，虽然它们也能促进细胞分裂，但这一作用是次要的。赤霉素是应用最早、最广泛、也是应用最多、广大葡萄种植者和科研工作者普遍认可的植物生长调节剂，但是由于其使用在葡萄上，一方面使葡萄果实膨大，这是葡萄种植者希望的；另一方面，葡萄果实过分膨大，果实内部的营养成分和结构发生了巨大变化，从而影响了果实的风味和品质。同时，前人的研究实验表明，赤霉素也使果梗的直径增粗过度，导致果梗质地脆硬，容易折断，尤其是离区处的果梗在果实的重压下更易折断，从而加重了葡萄果实贮藏期间的落粒情况，对葡萄的商品性是一大障碍。本实验也得到了相同的结果。因此，本实验希望研究出一种可以避免赤霉素这一弱点的植物生长调节剂，就目前看，奇宝和玉米素是我们经过查阅大量相关资料和实验筛选出来的两类生长调节剂，它们是否具有发展和推广的前景，还需进一步的研究。

玉米素是一类游离态天然细胞分裂素，而细胞分裂素类则是以促进细胞分裂为主的一类植物激素。玉米素的综合效果仅次于奇宝，是一类游离态天然细胞分裂素(Cytokinin，CTK)，其生理活性远强于激动素。1963年，由莱撒姆(D.S.Letham)从未成熟的玉米籽粒中分离出的一种类似于激动素的细胞分裂促进物质，命名为玉米素(zeatin，ZT)。外源CTK直接处理花或刚受精的子房能促进结实。CTK明显抑制水稻SOD和CAT活性的下降和脂质过氧化产物丙二醛增加，提高膜不饱和脂肪酸的指数，保护膜的稳定性[62]。

奇宝是一种含有20%纯GA_3的高质量细胞裂变激活素，具有拉长花穗、促进早期果粒生长发育的作用，对于健壮植株效果尤佳。它也是一种高效广谱植物生长调节剂，可促进细胞分裂，增加细胞个数而不拉长细胞，增加细胞的水分，可调节植物营养的输送方向，加快植物横向营养运输能力。

通过采前喷施以奇宝、玉米素和赤霉素为主的生长调节剂，采后用CT-2系列葡萄专用保鲜剂在相同的低温下贮藏葡萄，研究结果表明，经过三者处理后，糖酸比、可溶性固形物含量、维生素C含量、MDA含量、呼吸强度、SOD活性、POD活性、PPO活性、果胶甲酯酶活性、纤维素酶活性都维持在适宜的范围内，除了褐变指数相对较高外，处理后葡萄的腐烂率、商品率、落粒率分别保持较好的水平，尤以奇宝效果最好。三者中对无核白葡萄贮藏期间的防落粒效果最好的是奇宝，其次是玉米素，赤霉素为最差。因此，我们可以初步得出结论，奇宝最有可能替代赤霉素成为葡萄生长期间的生长调节剂。另外，研究还表明，适宜的浓度范围是葡萄生长必需的，低于或高于一定的范围，对葡萄生长均不利。

1.20 低温贮藏对无核白葡萄的营养物质、落粒率和离区相关酶活性的影响

陈贻竹等[32]研究认为，低温贮藏不仅能有效地抑制浆果的呼吸作用，还能降低乙烯的生成量和释放量，抑制浆果内过氧化物酶的活性，维持超氧化物歧化酶活性在一定水平，以清除组织内产生的有害物质，抑制致病微生物的滋生，避免褐变腐烂。低温贮藏显著降低了果实的落粒率，延缓Vc、TSS含量的降低，有利于延缓果实色泽的转变和软化后熟的进程，有利于减少水分散失、病害发生以及果实后熟衰老中营养成分的损失。

果实的后熟衰老是一个复杂的生理生化过程，自由基学说认为衰老过程是活性氧代谢失调与积累的过程[63]。超氧阴离子(O^{2-})是重要的活性氧，在有氧条件下，O^{2-}被认为是导致细胞损伤和细胞膜中不饱和脂肪酸氧化的关键因子[64]。随着果实的衰老，O^{2-}产生速率迅速增加，活性氧大量积累，启动膜脂中不饱和脂肪酸发生过氧化作用，

诱导 MDA 大量产生，促进膜脂过氧化，MDA 的累积促进膜透性增加，最终导致果实衰老。

另外，在正常低温情况下，自由基与清除它们的酶类(SOD、CAT、POD 等)、非酶类物质(Vc、谷胱甘肽类胡萝卜素等)区域化分布在细胞内，细胞内自由基的产生和清除处于动态平衡状态，因而自由基水平在低温控制下很低，不会伤害细胞，这表明低温可以保持 SOD 等保护酶系统活性，避免因自由基累积过多而启动和加速膜脂过氧化链式反应或膜脂脱脂作用，导致积累许多有害的过氧化产物 MDA，损伤大分子生命物质，引起一系列生理生化紊乱，最终导致膜的损伤和冷害发生。因此，低温贮藏能显著调节果蔬组织中自由基代谢，抑制 MDA 含量的累积，降低贮藏中果皮的细胞膜透性，从而延缓果实的衰老。

本研究也发现，低温贮藏可以维持葡萄离区较高的 SOD、CAT 活性，提高清除氧自由基的能力，避免自由基代谢平衡被打破，膜脂过氧化加剧，MDA 含量增加，加速果实膜脂过氧化，引起果皮褐变和落粒。

本实验还发现，随着葡萄贮藏期的延长，离区纤维素酶活性持续上升，果实的硬度则不断下降，说明纤维素酶活性与硬度呈显著负相关，也说明此酶在葡萄果实软化中的确起重要作用。而贮藏后期下降幅度减慢，表明低温处理能通过抑制纤维素酶活性上升和果实硬度的下降，从而延缓软化进程，有利于葡萄果实保鲜。

抗坏血酸氧化酶能催化抗坏血酸与 H_2O_2反应，使 ASA 氧化成单脱氢抗坏血酸。在葡萄贮藏期间，虽然 Vc 损耗减少，但 H_2O_2的清除减少，导致活性氧增多，促进果皮衰老、褐变，加剧落粒。

综上所述，在葡萄贮藏过程中，上述有关酶的活性变化是葡萄褐变和落粒的重要因素。前人发现 4 ℃下葡萄果皮 POD 活性下降和 PPO 活性上升与果实色变相吻合。因此，酶促氧化直接影响了荔枝的采后色变。

将葡萄由田间运入低温保鲜库后，奇宝、玉米素和赤霉素处理过的呼吸强度分别快速降低了 85.10 CO_2 mg/kg・h、27.02 CO_2 mg/kg・h、37.71 CO_2 mg/kg・h，降低速度非常快，避免了营养物质的快速损失；可溶性固形物保持在一定范围内，表明低温对可溶性固形物没有明显影响；除了赤霉素处理的离区 Vc 含量降低速度非常快(0.094 mg/100 g)外，奇宝、玉米素降低均很慢，分别降低了 0.022 mg/100 g、0.024 mg/100 g，因此，奇宝和玉米素处理相对赤霉素处理可以明显抑制果实抗坏血酸氧化酶的活性，推迟果实的氧化褐变和营养物质的快速损失；离区 PPO 的活性分别降低了 14.796 0(gFW・min)、20.418 0(gFW・min)、14.812 0(gFW・min)；离区 CAT 活性分别上升了 2.540 2(gFW・h)、2.841 8(gFW・h)、1.897 1(gFW・h)，离区 SOD 活性和 POD 活性也保持了较好的水平，从而增强了清除离区自由基的能力，延缓了褐变的恶化程度和离区 MDA 含量增加，进而降低了果实的膜脂过氧化水平，保持了果肉细胞膜的相对稳定性；避免了离区纤维素酶活性和果胶甲酯酶(PE 酶)活性的升高，从而避免果皮软化和葡萄贮藏期间的养分快速消耗，延缓了果粒脱落。因此，在葡萄贮藏中，应尽量降低温度并保持稳定，但是应注意冷害现象的发生。

1.21 PVC膜包装对无核白葡萄商品价值的影响

PVC膜包装能有效地抑制葡萄水分损失，延缓果实内部物质的转化。PVC包装为果实提供了高湿度的环境，减少了组织水分的蒸腾，从而延长了正常生理活动状态的时间，同时为果实提供了一个微气调状态，使果实内形成一个低O_2和高CO_2浓度的环境，抑制呼吸作用，减少物质转化和呼吸基质的消耗。另外，由于阻止氧气进入，膜脂过氧化作用减弱，可延迟细胞衰老死亡进程，进而抑制果实衰老。2007年的实验结果表明，与对照相比，有PVC膜包装的葡萄果实的商品率上升了8%，腐烂率、褐变率和落粒率分别下降了3.95%、5.87%、2.1%。分析原因是PVC膜包装调节了葡萄贮藏微环境的气体结构，控制了葡萄的呼吸强度，抑制了果实和果梗营养成分和水分的损失，避免了果梗的干瘪、果实的萎蔫和褐变，调节了葡萄离区相关酶的活性，降低了葡萄果粒的落粒速率，缓解了葡萄果实硬度的降低和葡萄膜脂结构的氧化分解，又由于葡萄处于低温贮藏条件下，更加有利于葡萄各项指标的控制，从而延长了葡萄的贮藏期。由此可见，适宜的贮藏条件对葡萄贮藏期间的防落粒是非常有利的。

1.22 低温贮藏条件下保鲜剂处理对葡萄落粒率的影响

随着贮期的延长，果实失重率增加，糖酸比和Vc含量逐渐降低，TSS含量先上升后降低但是保持在一个平衡范围内，丙二醛的含量升高，果胶甲酯酶活性降低和纤维素酶活性升高，POD活性上升而PPO活性、SOD活性、CAT活性下降，褐变指数、腐烂率、落粒率都在上升，商品率在下降。低温和PVC包装能够显著抑制果实水分蒸发，保持TSS和糖酸含量的相对稳定，减少养分损耗。PG和纤维素酶的活性与果实硬度均呈显著相关，它们在果实软化过程中起着主要作用，而低温贮藏能显著抑制PG和纤维素酶的活性，因而明显延缓果实后熟软化进程。本实验研究发现，低温处理影响了无核白葡萄贮藏期间的呼吸强度，阻止了糖、酸、维生素C、TSS等营养物质的转换和损失，维持相关酶活性在一定范围内，从而减少了落粒率。同时，CT-2系列保鲜剂的主要成分SO_2的杀菌、抑菌作用，减少了灰霉菌等真菌病害的发生，从而使无核白葡萄的腐烂率在整个贮藏期间分别为对照(GA_3)10%、玉米素11.3%、奇宝9.3%，落粒率分别为对照17.89%、玉米素13.1%、奇宝11.25%，从而减少了营养物质的损失。

当前，葡萄保鲜剂均具有缓慢、均匀释放的作用。葡萄采后保鲜剂处理，通过控制葡萄贮藏微环境的的气体构成和微生物数量，抑制葡萄的呼吸强度，进而抑制微生物的生长速度，还通过抑制葡萄果柄与果粒连接处的离区微生物的生长繁殖、蔓延，而控制葡萄的霉变腐败，进而减少微生物因生长繁殖而对葡萄营养物质的消耗，通过抑制离区相关酶的活性，减少离区和整个果穗营养物质的损耗，抑制 MDA 含量的升高，延长果柄和果实活力，从而使果粒和果实结合相应地能保持较长时间，并使果实硬度得以保持，从而减少了果粒脱落。实验证实，采后保鲜剂对葡萄的防脱落作用与对纤维素酶和果胶甲酯酶的活力有关，这与 Carpita[65]的实验结论基本一致。

适量的 SO_2能降低果实的呼吸强度，减少呼吸基质消耗，从而增加果实的耐贮性，抑制氧化酶类的活性，延缓果实的落粒和衰老；减少糖、酸、TSS 和 Vc 的损失，有利于果实营养物质的贮备，较好地保持了葡萄的品质和风味；由于维持了酸和 Vc 的贮备水平，可控制和减轻果实的褐变。但当葡萄接触过高剂量 SO_2时，葡萄汁液酸化，导致葡萄抗氧化酶促防御系统的过氧化物酶、超氧化物歧化酶和苯丙氨酸解氨酶活性下降，丙二醛（MDA）大量积累，细胞膜伤害率增高。葛毅强[66]发现，用适量的 SO_2处理葡萄，对葡萄各部位的呼吸强度及乙烯释放具明显抑制作用，使促进成熟衰老的激素 ABA 含量降低，而抑制脱落的激素 IAA 和 GA 含量增加。这些生理变化不仅可抑制葡萄的呼吸作用，还可调节其内源激素水平，抑制落粒，从而延长葡萄的采后寿命。并且经 SO_2保鲜处理的葡萄，含糖量降低不明显，其有机酸和维生素 C 含量的损失率均明显低于对照，说明 SO_2对保持葡萄的风味和品质有比较显著的作用。因此，1986 年，FDA 重新修改 SO_2类添加剂使用标准，撤消原来的“一般认为安全”级（GRAS），规定葡萄采后处理中 SO_2最高残留限量为 10 mg/L。

采后立即将葡萄送入已经预冷好的保鲜库，在最短的时间内将葡萄果穗整体的温度降低到 0～1 ℃，可以避免葡萄呼吸强度较高导致营养物质的损耗速度加快，同时加入的保鲜剂的量可以适当减少，以避免葡萄发生漂白伤害，导致葡萄果粒酸度升高，产生硫化味，影响葡萄食用品质。这种保鲜措施还可以影响 SOD、POD、CAT 等酶的活性和清除自由基活性氧的活力，维持自由基活性氧代谢平衡。一旦酶活性下降，细胞内的氧自由基、过氧化氢（H_2O_2）等浓度就会升高，造成膜系统损伤。另外，这种处理还可以使葡萄贮藏的微环境保持较高的相对湿度，避免葡萄在贮藏期间失水、萎蔫、脱落。

1.23　离区水解酶活性对无核白葡萄采后脱落的影响

果实细胞壁降解是引起果实成熟软化的关键原因之一。越来越多的研究者认为，多种细胞壁水解酶参与了细胞壁的降解而引起果实软化[67]。影响这些物质降解的酶很多，在不同果实中起主导作用的水解酶有所不同，且在果实的不同发育阶段也有差异[68-69]。水解酶主要是指多聚半乳糖醛酸酶（PG）、果胶甲酯酶（PE）活性、淀粉酶与纤维素酶活性。糖苷酶类在果实成熟软化中所起的作用已有报告[70-71]。本实验研究发现，果胶甲酯酶（PE）活性和纤维素酶活性与无核白葡萄贮藏期间的落粒有直接的关系。贮藏期间，随着果胶甲酯酶（PE）活性的降低，果胶甲酯酶分解果胶甲酯的能力在降低，果胶的分解受到抑制，从而抑制了果皮的软化，与此同时，纤维素酶的活性在升高，但是升高的速度在减慢，从而维持了细胞壁骨架。在本实验中，整个贮藏期间，无论是对照组还是奇宝和玉米素处理组，离区纤维素酶的活力都有所上升，这和贮藏过程中落粒数的增加一致；而果胶甲酯酶的活性下降，这对葡萄贮藏期间的防落粒有利。同时，处理组（奇宝和玉米素）酶活均低于对照组（图 8－10），因此可以认为，不同的生长调节剂对无核白葡萄贮藏期间的纤维素酶和果胶甲酯酶活力影响不同，进而对无核白葡萄采后的防落粒有不同的效果。

1.24 生长调节剂对呼吸代谢的影响及与采后落粒的关系

生长调节剂奇宝、玉米素和赤霉素是具有同类功能的植物调节物质，它们对植物的调节都具有促进作用，但是由于各自分子结构和组成上的差异，这些生长调节剂又具有不同的功能。呼吸代谢是植物进行正常生命活动必需的生理活动，呼吸代谢的强度和持续时间影响着植物的贮藏期限。呼吸代谢强，营养物质损耗严重，尤其是葡萄离区的营养物质的损耗影响着葡萄的落粒率；相反，呼吸代谢弱，葡萄离区的营养物质损耗少，葡萄的落粒率少。由图 8－5 和图 8－10 可见，奇宝处理的葡萄呼吸强度始终低于玉米素和赤霉素处理的，而褐变指数、腐烂率、落粒率最低，商品率最高。由此可见，随着呼吸强度的升降，相关酶活性，尤其是 PPO、POD、SOD、CAT 酶等的活性发生着变化，影响着抗氧化性、清除自由基的能力、MDA 含量、果胶甲酯酶活性和纤维素酶活性，进而影响着果实的硬度和脱落情况。

1.25 离层的形成与无核白葡萄采后脱落的关系

葡萄贮藏保鲜中常见的问题是果粒脱落，它们影响葡萄的商品价值。葡萄果柄和果粒连接处的细胞离层是逐步形成的。贮藏初期，果柄和果粒中央结合部离层细胞尚未分化，而果柄侧面离层细胞开始形成。随着贮期的延长，果柄韧皮部、髓部均分化产生离层细胞，但在中央木质部导管不形成离层，这样果实的重量就会集中于木质部，在不能忍受果实重量的情况下，输导组织就会折断，果粒便会脱落。童昌华等[5]研究表明，葡萄的脱落与离区细胞的关系非常密切。葡萄果柄与果粒连接处的细胞在成熟期就开始变化，随着葡萄的成熟，这些细胞逐渐变稀、变大，最后溶解消失，形成离层。因此，在此过程中喷洒植物生长调节剂可延缓这些细胞的变化，推迟离层的出现，从而减少果粒的脱落。加包装袋和保鲜剂也降低了果粒脱落率，但离层区细胞的变化与果粒脱落率并不表现出一致性。吴有梅等[7]对葡萄采后脱粒的研究表明，葡萄贮藏期间脱粒的主要原因是，果实中产生了大量的 ABA 和乙烯，而果柄端 GA_3 减少，果穗中原有的激素平衡被打破，导致果梗离层的形成。同时，他们还研究了几种激素对葡萄脱粒的影响，结果表明，采后用 ABA 和乙烯处理，无论是低温还是室温条件，均能促进果粒脱落，而采后用 NAA、GA_3 和 AOA 处理都能不同程度地减少脱粒。张有林等[2]实验研究认为，贮藏期间脱粒的主要原因在于离层区的形成，葡萄果梗和果粒之间的离层区在葡萄生育初期就已形成，其发育速度与 ABA 峰值呈正相关。因此，能阻止 ABA 产生的措施均能有效防止脱落。王春生等[21]用植物生长调节剂分别在葡萄采前和采后处理果穗，结果表明，一定浓度的 GA_3、2,4 - D、NAA 均能减少采后脱粒。研究认为，病原菌感染会导致葡萄果粒和果梗呼吸强度提高，使乙烯含量增加，葡萄大量脱粒[9,33]。吕昌文[72]在研究有关葡萄果实成熟衰老的酶时，发现巨峰葡萄果刷部位果胶甲酯酶活性分别是果肉和果皮的 21.3 倍和 3.5 倍，多酚氧化酶活性分别是果肉和果皮的 7.1 倍和 4.3 倍，这会使果蒂部位果胶迅速溶解，造成细胞分离，果粒脱落。

现在普遍认为，果粒脱落的主要原因是水解离层细胞壁和胞间层酶类的产生、分泌和发生作用[73-74]。无核白葡萄采后落粒与离区纤维素酶、PG 和 LOX 等离区酶系统的活动密切相关，外源激素通过改变内源激素的水平和各激素间的平衡状态，进而调节离区水解酶系的分泌和浆果脱落。ABA 能促进水解酶，特别是 PG 酶和 PI 碱性纤维素酶的合成，或激活 PG 酶和 PI 碱性纤维素酶的活性[75]，使胞间层果胶物质由原果胶降解为水溶性果胶，并使构成细胞壁的纤维素和半纤维素溶解，导致离层形成。$CaCl_2$ 能促进果胶形成和提高果胶的胶凝性。

总之，无核白葡萄贮藏期间的脱落是一个复杂的生理生化过程，期间会发生许多的生理生化现象，只要我们采取有效的措施，总能获得较好的实验效果，如采前施用适宜的生长调节剂，在贮藏期间使用适宜的保鲜剂和保鲜袋，适宜的低温贮藏，最好结合气调贮藏，注意控制保鲜库的温度和湿度，值得注意的是，不要将不同的实验材料在同一保鲜库内保鲜。

在研究中我们也发现了一些问题。在研究中应注意采前各处理生长调节剂的施用浓度，不可过高，否则易造成药害，使葡萄在生长期间的落粒率上升，品质下降，导致产量下降，对贮藏不利；也不可太低，太低起不到应有的作用。也应该注意采后保鲜措施，采前处理再好，不注意采后的保鲜管理，也是前功尽弃。

葡萄采收后，应立即送入已经预冷到保鲜温度的保鲜库中，在 12～18 h 内将葡萄预冷到该品种的保鲜温度内，并及时放入保鲜剂，将保鲜袋扎口。

在进行葡萄保鲜研究时，禁止在同一保鲜库内同时进行其他果蔬的保鲜研究，即便贮藏条件相同或相似。同时禁止频繁开关保鲜库的门或时常进人，这种行为一方面会放入或带进库外有不良微生物的空气，污染库房环境和保鲜材料，另一方面，会造成库房内温度的大幅度波动，使葡萄呼吸代谢增强，养分损失严重，褐变增强，影响葡萄贮藏。

参考文献

[1] 张有林,陈锦屏,张宝善.用溴甲基五氟苯衍生气相色谱法测定葡萄浆果中的脱落酸和吲哚乙酸[J].西北植物学报,1999,19(2):357-361.

[2] 张有林,李华,陈锦屏等.应用生长调节物质控制葡萄采后果粒脱落[J].园艺学报,2000, 27(6):396-400.

[3] 陈发河,于新,张维一等.无核白葡萄果柄结构与落粒关系的研究[J].新疆农业大学学报,2000,23(1):44-48.

[4] 陈发河,吴光斌,冯作山等.葡萄贮藏过程中落粒与离区酶活性变化及植物生长调节物质的关系[J].植物生理与分子生物学学报,2003,29(2):133-140.

[5] 童昌华.防止葡萄采后脱粒的试验初报[J].葡萄栽培与酿酒,1996,1:20-21.

[6] Beyer, E.M., Abscission, the initial effect of ethylene is in the leaf blade[J]. *Plant Physiol*, 1975, 55:322-327.

[7] Wu Y M, Ren J C, Hua X Z, Liu Y. Postharvest berry abscission and storage of grape fruits[J]. *Acta Phytophysiol Sin*, 1992,18(3):267-272(in Chinese).

[8] 王春生,冯津, 赵猛等. 植物生长调节剂对巨峰葡萄贮藏的影响[J].中国果树,1996,4:28-29.

[9] 周丽萍,张维一.外源激素和病原侵染对采后葡萄呼吸速率及组织内源激素的影响[J].植物生理学报,1997,23(4):353-356.

[10] 马会勤,陈尚武,罗国光.葡萄贮藏中的灰霉病害及其防治[J].中外葡萄与葡萄酒,1999,2:4-7.

[11] 蒋如生,骆震谷,吕昌文.果品贮藏保鲜实用技术[M].天津:天津农业科技出版社,1995,35-37.

[12] 高海燕,刘邻渭.葡萄采后贮运中 SO_2 伤害的研究进展[J].食品与发酵工业,2005,31 (5):153-157.

[13] 张有林,陈锦屏,苏东华.葡萄、鲜枣采后贮期脱落酸(ABA)变化与呼吸非跃变性研究[J].西北植物学报,2002,22(5):1197-1202.

[14] 田建文,贺普超.植物激素与柿子后熟的关系[J].天津农业科学,1994,3:30-32.

[15] 孔秋莲,修德仁,胡文玉等.SO_2 伤害与葡萄汁液含酸量、pH、缓冲容量的关系[J].保鲜与加工,2001,(3):13-15.

[16] 张华云,王善广,修德仁等.SO_2 对红地球葡萄的伤害及调控技术[J].中外葡萄与葡萄酒, 2000,3:19-21.

[17] 孔秋莲,胡文玉,修德仁等.葡萄贮藏中 SO_2 伤害与活性氧代谢的关系[J].沈阳农业大学学报,2001,32(6):449-451.

[18] 王慧,阿地力.葡萄贮藏中有机酸代谢与果实褐变的关系[J].干旱区研究,1992,9(4):68-71.

[19] 彭世清,李华.葡萄贮藏过程中的褐变初探[J].食品科学,1995,16(7): 54-56.

[20] 潭兴杰,周永成.荔枝果皮多酚氧化酶酶促褐变的研究[J].植物生理学报,1987,13 (2):197-203.

[21] 蒋跃明,陈绵达,林植芳等.香蕉低温酶促褐变[J].植物生理学报,1991,17(2): 157-163.

[22] 刘曼西.有机酸对马铃薯多酚氧化酶活性的研究[J].植物生理学通讯,1991,27(5):350 - 353.

[23] 林哲甫,张维钦.香蕉果肉组织的多酚氧化酶[J].植物生理学报,1965,2:94.

[24] 马献增.气调库贮藏桃、葡萄、猕猴桃技术[J].河南农业科学,2001,1:25 - 26.

[25] 王平,马太英,邓志斌等.鲜食葡萄贮藏保鲜技术[J].新疆农垦科技,2003,4:15 - 17.

[26] 罗江会,眭顺照.鲜食葡萄采后保鲜技术研究进展[J].西南园艺,2001,29(2):9 - 10.

[27] 卢春生,雷苗最,张新华.无核白葡萄果实发育期间矿质元素和营养成分变化[J].西北农业学报,1999,8(1):91 - 94.

[28] 吕忠恕.果树生理[M].上海:上海科学技术出版社,1984:147 - 160.

[29] 盛玮,薛建平,刘亚萍等.葡萄贮藏保鲜技术研究进展[J].淮北煤炭师范学院学报,2004,25(1):37 - 43.

[30] Saltveit M E Jr, Ballinger W E. Effect of anacrobic nitrogen and carbon dioxide atmos pheres on ethanol production and postharvest quality of 'Carlos' grape [J]. *J Amer Soc Hort Sci*, 1983, 108(3): 385 - 390.

[31] 张范,柳萍.国内外果蔬保鲜技术发展状况及趋势分析[J].保鲜与加工,2004,12:21 - 23.

[32] 陈贻竹,李平,王以柔等.低温对采后荔枝果实的呼吸、果皮泄露和贮藏效果的影响[J].园艺学报,1987,14(3):169 - 173.

[33] 周丽萍,陈尚武,张维一.无核白葡萄采后果实呼吸和乙烯释放特性及病原浸染的影响[J]植物病理学报,1996, 26(4):330.

[34] 田梅生,盛其潮,李钰.低温贮藏对鸭梨乙烯释放、膜通透性及多酚氧化酶活性的影响[J].植物学报,1987,29(6): 614 - 619.

[35] 丛欣夫.商品鲜葡萄贮藏运输技术[J].果蔬贮藏保鲜技术培训班资料汇编.1998,53 - 61.

[36] 及华,关军锋,冯云霄等.温度和包装对巨峰葡萄贮藏品质的影响[J].食品与发酵工业, 2006, 32(1):138 - 140.

[37] 王平,马太英,邓志斌等.鲜食葡萄贮藏保鲜技术[J].新疆农垦科技 2003,4: 15 - 17.

[38] 张华俊,严彩球,刘勇等.气调贮藏及气调库制冷系统综述[J].低温与特气,2003,21 (2):6 - 9.

[39] 李桂芬,刘廷松.葡萄贮藏生理研究进展[J].果树科学,2000,17(1): 63 - 69.

[40] Nelson, K E.Controlled atmosphere storage of table grapes[J]. *Proc. Nat1.Calif. Res. Conf*, Michigan state Univ., HortRpt.1969, 9: 69 - 70.

[41] 关文强,刘兴华,张华云等.极值气体条件下玫瑰香葡萄中乙醇和乙醛含量变化的研究[J].保鲜与加工 2001,1:17 - 19.

[42] 关文强,张华云,刘兴华等.葡萄贮藏保鲜技术研究进展[J].果树学报,2002,19(5):326 - 329.

[43] 林锋,陈文辉.果蔬气调贮藏保鲜的原理与方法[J].福建果树,1999,108:47 - 49.

[44] 梁丽雅,郝利平,闫师杰保鲜剂对红地球和巨峰葡萄呼吸强度和贮藏品质的影响[J].农业工程学报,2003,19(4):205 - 208.

[45] 陈学平,叶兴乾.果品加工[M].北京:农业出版社,1988,46 - 47.

[46] Avissar L, Marinansky R, Pesis E. Postharvest decy control of grape by acetaldehyde vapor[J]. Acta Horticulturae, 1999, 258: 655 - 660.

[47] 关文强,张华云,刘兴华等.葡萄贮藏保鲜技术研究进展[J].果树学报,2002,19(5):326 - 329.

[48] 魏宝东,李江阔,宿哲然等.乙醛对葡萄保鲜效果的研究[J].中国果树,2005,2:21 - 24.

[49] Archbold D D, Hamilton-kemp R, Clements A M, et al. Fumigating crimson seedless table tapes with (E)-2-aexend deduces mold during long-temm postharvest storage[J]. *HortScience*, 1999, 34 (1):705 - 707.

[50] Zoffoli J P. Modified atmosphere packaging using chlorine gas generators to prevent Botrytis cinerea on table grapes[J]. *Potharvest Bilogy and Technology*. 1999, 15:135 - 142.

[51] 傅茂润,杜金华.二氧化氯在食品保鲜中的应用[J].食品与发酵工业,2004,30(8):113 - 116.

[52] 傅茂润,杜金华,谭伟等.ClO_2对葡萄贮藏品质的影响[J].食品与发酵工业,2005,31 (4):154 - 157.

[53] 傅茂润,陈庆敏,杜金华.二氧化氯气体(ClO_2)处理对葡萄内源激素含量的影响[J].食品科学,2006,127(6):227 - 230.

[54] 田春莲.壳聚糖对红地球葡萄保鲜效果研究[D].长沙:湖南农业大学,2005.

[55] 原京超.蜂胶在葡萄贮藏保鲜上的应用[J].果农之友,2003,1:43.

[56] 高海生,刘新生.鲜食葡萄的现在贮藏技术[J].世界农业,1993,12: 25 - 26.

[57] Nigro F, Ippolito A Use of UV-C light to reduce Botrytis storage rot of table grapes[J]. *Postharvest Biology and technology*,1998,3:171 - 181.

[58] 盛玮,薛建平,刘亚萍等.葡萄贮藏保鲜技术研究进展[J].淮北煤炭师范学院学报,2004,25 (1):37 - 43.

[59] 李桂峰,刘兴华,付娟妮.可食涂膜对鲜切红地球葡萄粒呼吸强度和品质的影响[J].西北农业学报, 2005,14(1):66 - 70.

[60] 朱璇,王彦章,杨世忠等.葡萄保鲜纸SO_2缓释作用的研究[J].新疆农业大学学报,2000, 23(2):30 - 34.

[61] 尹金华, 高飞飞.乙烯对荔枝果实成熟的影响[J].果树科学,1999,16(4):272 - 275.

[62] 王三根,梁颖.6-BA对低温下水稻幼苗胞膜系统保护作用的研究[J].中国水稻科学,1995,9(4):223 - 229.

[63] 张华云,王善广,高海燕等.葡萄SO_2伤害与影响因素研究[J].保鲜与加工,2002,5:17 - 18.

[64] 高海燕,刘邻渭,张华云等.SO_2对采后葡萄的急性伤害研究[J].西北农业学报,2001,10 (1):14 - 16.

[65] Carpita, N. C., Gibeaut, D. M., Structural model of Primary cell walls in flowering plants: Consistency of molecular structure with the Physical properties of the walls during growth[J]. *Plant J*, 1993, 3:1 - 30.

[66] 葛毅强,叶强,张维一.鲜食葡萄采后的SO_2熏蒸贮运保鲜[J].中国果树,1998,1:47 - 49.

[67] Fischer R..L, Bennett A. B. Roleofcellwallhydrolasesin fruit ripening [J]. *Annul Rev Plant Physiol Plant Mol Boil*, 1991, 42:675 - 703.

[68] Huber D J. The role of cell wall hydrolyses in fruit softening [J]. *Horticultural Reviews*, 1983, 5:169 - 219.

[69] Hinton D, M Pressey. Cellulose activity in peaches during ripening[J]. *Food Sci*, 1974, 39:783 - 785.

[70] Watkins C B, Haki J M, Frenkel C. Activities of polygalacturonase, D-mannosidase, and-D-and D-galactosidases in ripening tomato[J]. *HortScience*, 1988, 23(1):192 - 194.

[71] Bouranis D L Niavis C A. Cell wall metabolism in growing and ripening stone fuits [J]. *Plant Cell Physiol*, 1992, 33(T):999－1008.

[72] 吕昌文,欧阳寿如.采前喷钙对葡萄耐藏力的影响[J].园艺学报,1990,17(2):103－110.

[73] Sexton R. Cell biology of abscission. Ann. Rev[J]. *Plant PhysioL*, 1982, 33:133－162.

[74] Rasmussen G K. Cellulase activity in separation zone of Citrus fruit treated with abscisic acid undernormal and hypobaric atmospheres[J] J Am. Soc. Hort. Sci., 1974, 99:229－231.

[75] Sageeo, Goren R, Riov J. Abscissionof Citrus leaf explants. Interrelationships of abscisic acid, ethylene and hydrolytic enzymes[J]. Plantphysiol, 1980, 66:750－753.

第二节　采前 $CaCl_2$ + NAA 喷穗与无核白葡萄贮藏期间的落粒

2.1 背　景

植物生长调节剂具有与天然植物激素相似的生理效应，已被广泛用于调控植物生长、保花保果、增加产量、保绿保鲜、提高抗性等。采前用萘乙酸处理果穗，可有效抑制乙烯产生，推迟果实成熟，减少落粒和运输过程中病害，提高果实抗旱、抗寒及耐盐性[1-2]。另外，研究表明，钙处理可以明显增加果实中的钙含量，从而提高果实硬度和可溶性固形物含量，提高果实的保水力，延迟果实质膜透性的增大，抑制果实呼吸作用，延缓衰老，最终增强果实的抗腐能力和耐贮性，减少采后果粒的脱落[3]。钙能够延缓果实衰老，主要是由于钙能维持细胞膜和细胞壁的结构功能。Ca^{2+} 能与膜磷脂的磷脂基及膜蛋白的羰基形成 Ca 离子桥，使膜结构稳定，从而抑制和延缓果实的软化和脱落，而萘乙酸处理则有利于果实更充分地吸收 Ca^{2+}，比单独使用钙或萘乙酸的效果要好。

无核白葡萄成熟时耐贮性极差，采后落粒严重，损失率高达 20%～30%。为此，我们通过采前氯化钙及生长调节剂喷穗试验，探讨无核白葡萄采前处理与采后落粒之间的关系。以石河子地区的无核白葡萄为材料，研究采前采用 $CaCl_2$ + NAA 喷穗处理对葡萄浆果采后落粒的影响。结果表明：随着贮藏期的延长，采前喷穗处理的浆果离区过氧化物酶(POD)活性不断增加，褐变指数、腐烂率、落粒率都有不同程度的增加，呼吸强度不断降低，商品率降低明显，而对照组的变化更明显。因此，采前喷穗处理可明显减轻无核白葡萄贮藏期间的落粒情况。

2.2 材　料

无核白葡萄，采自石河子火车站葡萄基地。

2.3 采前处理

8 月 15 日第一次处理浓度：(4 g $CaCl_2$ + 20 mg NAA)/kg；喷水对照。

8 月 28 日第二次处理浓度：(12 g $CaCl_2$ + 160 mg NAA)/kg；喷水对照。

8 月 29 日早上修剪果穗，去除生青、霉、烂果，软果。

9月2日均喷多菌灵700倍液。

9月15日均喷葡萄专用防落剂0.5%。

9月24日均喷葡萄专用防落剂1%。

9月25日采收。

2.4 采后处理

将无核白葡萄果穗在喷施葡萄专用防落剂2 d后采收，每个处理5 kg葡萄，剔除病虫伤烂果，用PVC袋半封口包装，预冷18～24 h，再加入CT系列保鲜剂[4]（对照不放保鲜剂），然后贮藏于保鲜库内（温度－2～1 ℃，相对湿度80%～94%），定期统计落粒率，并进行有关项目的测定[5-6]。

2.5 测定方法

贮藏期间褐变率采用感官分级法，规定如下[7]：

0级：无褐变；

1级：褐变部分为0～1/4；

2级：褐变部分为1/4～1/2；

3级：褐变部分为1/2～3/4；

4级：全部褐变。

褐变率（%）＝（褐变果个数×褐变级值）/（总调查果个数×最高褐变级值）×100；

腐烂率（%）＝腐烂果重/总果重×100；

落粒率（%）＝脱粒果重/总果重×100；

商品率（%）＝（0级＋1级）未腐烂果数/总未腐烂果数×100；

POD活力变化：愈创木酚比色法[8-9]；

贮藏期间呼吸强度的测定：静置法[10]。

2.6 采前喷穗对浆果采后褐变率、落粒率、商品率、腐烂率的影响

出库后水果的褐变率、落粒率、商品率、腐烂率等是评价贮藏效果的重要标准。由表8－3可以看出，葡萄贮藏72 d内，各指标均有不同程度的变化，经过采前处理的葡萄褐变率、落粒率和腐烂率升高均比对照缓慢，商品率降低缓慢。采前处理的葡萄在贮藏72 d后仍然能保持良好的外观，褐变率只有35%、腐烂率为6.21%、落粒率为13.7%、商品率为83.6%；而未经处理的葡萄褐变率为40.37%、腐烂率为10.16%、落粒率为15.8%、商品率为75.6%。由此可见，采前处理可显著减少葡萄贮藏期间的腐烂和落粒，抑制褐变，提高商品率。

表 8-3 无核白葡萄储藏期间的褐变率、落粒率、商品率、腐烂率

时间(d)	褐变率		落粒率		商品率		腐烂率	
	对照	处理	对照	处理	对照	处理	对照	处理
1	0	0	0	0	0	0	0	0
10	0.84±0.01	0.83±0.03	0	0	99.6±2.11	100±0.12	0	0
18	1.89±0.02	1.67±0.22	0.2±0.01	0	99.0±2.11	99.2±1.23	0.10±0.01	0.10±0.01
26	4.12±0.12	3.33±0.21	1.7±0.02	1.5±0.12	98.2±1.33	99.0±1.33	0.51±0.02	0.35±0.02
34	6.17±0.13	4.17±0.11	2.9±0.12	2.6±0.12	97.5±1.12	98.2±1.32	1.13±0.12	0.90±0.12
46	13.55±0.16	11.67±0.11	5.6±0.15	4.5±0.15	92.1±1.36	93.5±1.24	3.52±0.13	2.46±0.23
55	19.26±1.32	16.67±0.15	8.9±0.15	7.5±1.33	85.1±1.23	89.2±1.26	4.78±0.23	3.75±0.12
64	23.82±1.22	20.00±0.12	13.1±1.21	10.6±1.32	81.6±1.24	85.4±1.34	7.29±1.22	4.82±0.26
72	40.87±1.23	35.00±0.11	15.8±1.22	13.7±1.24	75.6±1.38	83.6±1.23	10.16±1.33	6.21±0.12

2.7 采前氯化钙和生长调节剂喷穗对浆果采后离区 POD 活力变化的影响

POD 在植物组织中的作用较为复杂，一般认为 POD 具有清除自由基和诱发褐变的作用，因而将 POD 作为果实衰老的一个指标。如图 8-11，采后 10～15 d，POD 活性变化小，而随着贮期的延长，POD 活性不断增加，这与果粒脱落的趋势相一致。刚采下来的对照葡萄组织离区的 POD 活性很弱(0.72 U/(mL·min))，至贮藏后期活性上升到 4.95 U/(mL·min)，整个贮藏期上升了 6.88 倍；而处理过的葡萄组织离区的 POD 活性至贮藏后期上升到 3.02 U/(mL·min)，整个贮藏期上升了 4.19 倍，明显比对照低。因此采前处理对整个贮藏过程中离区 POD 活性有明显的抑制作用，减轻了脱粒现象。

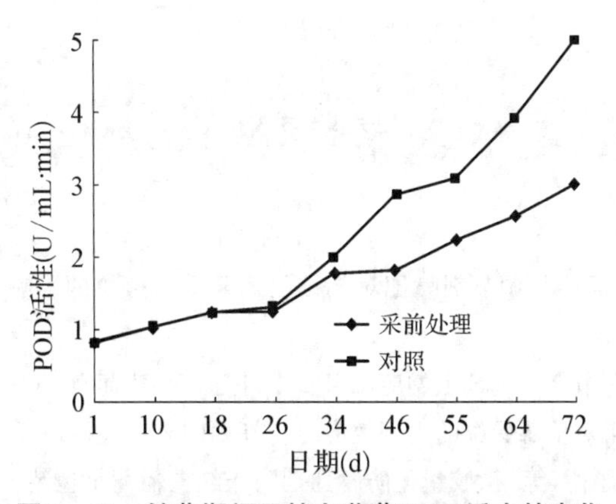

图 8-11　储藏期间无核白葡萄 POD 活力的变化

2.8　采前喷穗对浆果采后离区呼吸强度的影响

如图 8-12 所示，采前处理果与对照果呼吸强度变化趋势相似，都在不断降低。刚贮藏时呼吸强度均较高，差异不显著，而之后采前处理抑制果粒的呼吸强度明显比对照强。采前处理果贮藏过程中呼吸强度变化比未处理的要快，呼吸强度始终比未处理的低。综合分析表明，采前处理能有效抑制葡萄的呼吸强度，使酶活性增强缓慢，延缓了果皮褐变、果实软化和脱粒现象。因此，呼吸强度是影响葡萄脱粒的重要因素，葡萄采后必须及时入库、预冷，快速降温，从而降低呼吸强度。

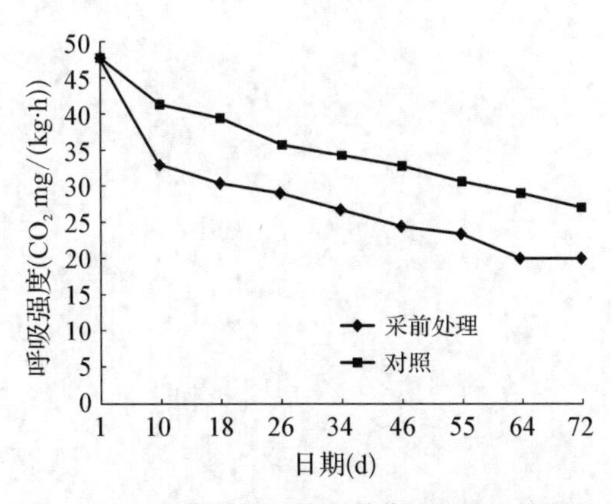

图 8-12　储藏期间无核白葡萄呼吸强度的变化

因此，采前处理无核白葡萄果穗，可有效抑制果实呼吸强度，延缓离区 POD 活力的升高，推迟贮藏期间葡萄的落粒。另外，NAA 处理满足了发育中果实对生长素的要求，促进了细胞的生长，延缓和防止了果实衰老的进程。葡萄在贮藏过程中最重要的问题是干柄、腐烂和掉粒。为此要求库内适宜温度为 -1 ℃～0 ℃，相对湿度 90%～95%，以延缓穗梗的干枯，同时采用防腐措施，阻止葡萄腐烂和掉粒。

参考文献

[1] 陈发河，张维一，于新.生长调节剂喷穗对无核白葡萄采后落粒的影响[J].新疆农业大学学报，2000，23(2)：1-5.

[2] 邱文华. 植物生长调节剂在葡萄上的应用[J]. 中外葡萄与葡萄酒，2004，1：35-36.

[3] 匡银近. 氯化钙浸果对草莓保鲜的生理效应[J]. 江西园艺，2001，1：17-18.

[4] 宋惠月，田金强，张子德，等. 微胶囊化防腐药剂防止红提葡萄小包装 MA 贮藏中 SO_2 伤害的研究[J]. 食品科学，2006，27(09)：261-263.

[5] 关文强，张华云，刘兴华. 葡萄贮藏保鲜技术研究进展[J]. 果树学报，2002，19(5)：326-329.

[6] 田勇，修德仁. 影响红地球贮运保鲜主要因素及其调控技术[J].中外葡萄与葡萄酒，2003，5：29-33.

[7] 关文强，张华云，修德仁，等. 玫瑰香葡萄贮藏环境气体阈值和极值的研究[J]. 食品科学，2002，23(3)：135-138.

[8] 张有林，李华，陈锦屏，等.应用生长调节物质控制葡萄采后果粒脱落[J].园艺学报，2000，27(6)：396-400.

[9] 王丽. 外源氯化钙、水杨酸对不同葡萄品种抗寒性的影响[D]. 乌鲁木齐：新疆农业大学，2005.

[10] 张桂. 果蔬采后呼吸强度的测定方法[J]. CA 理化检验——化学分册，2005，41(8)：596-597.

第三节　无核葡萄贮前采摘技术及预冷技术

3.1 背　景

无核葡萄是新疆的特优品种。其皮薄肉嫩汁多，营养丰富，为水果中的极品，但由于采收、预冷等技术因素，葡萄在贮藏期间极易腐烂、脱粒、霉变。研究发现，葡萄从采收到上市前损失可达 20%～30%。为此，研究无核葡萄的采收和预冷技术对贮藏工艺和增强保鲜效果有十分重要意义。

近年来，农八师石河子市大面积推广、发展无核葡萄，其中 1/3 用于贮运外销，1/3 用于制干，1/3 则用于贮藏保鲜。2006 年，石河子市葡萄研究所立项了“北疆无核葡萄贮运保鲜技术研究”。迄今为止，对新引进的无核品种无核白鸡心、克瑞森及新培育的品种紫香无核，研究所就如何提高品质、增强耐贮性做了一系列研究，发现采摘技术和预冷技术对无核葡萄的耐贮藏性不可忽视，现将无核葡萄的采摘技术和预冷技术要点简要介绍。

3.2 采收技术

3.2.1 采前处理

在采前 7～10 d 喷施多菌灵、百菌清或甲基托布津等广谱杀菌剂进行杀菌；采前1 d 用施加乐与扑海因喷果，可抑制贮藏期间青绿霉、灰霉的发生、发展。

3.2.2 采收标准

1. 感官品尝

果粒停止增大，浆果有弹性、具光泽，果皮变成品种特有的颜色，穗轴变褐。风味甜酸适口、香味浓郁。

2. 理化指标

(1) 葡萄上色均匀程度(不同葡萄成熟时的色泽不一样，依品种而定)；(2) 可溶性固形物达 18%以上；(3) 总糖(还原糖计)15%左右；(4) 总酸 0.40～0.45。糖酸比 25∶1～35∶1，且糖分迅速增高后又趋缓直至平稳时，说明达到充分成熟期，即可采收。

3.2.3 采收时间

葡萄属于呼吸非跃变型果实，采后无后熟过程，因此，在气候和生产条件允许的情况下，应尽可能推迟采收时间。石河子地区正常年份无核白鸡心于9月10日左右具备上述4项指标，并且果色为绿黄色，可于9月10日以后进行采收；克瑞森无核在9月20日左右基本达到采收要求，可于9月20日后进行采收；紫香无核于9月15日可溶性固形物达20%以上(超标)，可于9月15日以后进行采收。采收时间会随葡萄品种、每年的气候变化而改变，应根据各项指标的检测结果确定具体采收时间，来取得较好的贮藏效果。

3.2.4 采收方法

选择天气晴朗、无风、气温较低的上午或傍晚，果面无露水时采收，阴雨、大雾天不宜采收。采用剪刀，手抓果梗剪下，剪除穗尖1/4～1/3，并将病果、伤果、小粒青粒等一并疏除，轻拿轻放，避免碰伤果穗、穗轴和擦掉果霜，然后将果穗平放在衬有3～4层纸的箱或筐中。另外，容器要浅而小，以能放3～5 kg为好。果穗装满后，迅速运往保鲜库，禁止将果穗在阳光下直晒。

3.3 预冷技术

3.3.1 库房杀菌

选用无二次污染的库房杀菌剂进行封闭熏蒸24 h。包装物(筐、箱)及采摘用具等均用0.7%的福尔马林溶液喷施消毒。

3.3.2 预冷方式

葡萄采摘后在进行呼吸代谢活动时，会释放大量热量，在装箱及装车后经过热量汇集，温度会不断升高，如果不及时预冷，葡萄的贮藏性能会下降，并且会加重病害的危害程度，因此要及时采取预冷措施。一般用MA气调贮藏保鲜(塑料薄膜袋气调)，首先敞口预冷，预冷时包装箱中的保鲜膜口应顺包装箱边缘全部伸平挽下，避免热空气在褶皱处结露，增大保鲜膜壁的湿度。当膜湿度较大时，膜与SO_2气体接触后容易造成葡萄药害，此时，应先用高温消毒后的软纸或纯棉纱布擦干后再扎口或半封口。

3.3.3 预冷时间

预冷时间的长短跟果粒大小及每次的入库量有关，一般每次入库量不超过总库容的40%；另外，保鲜间应与预冷间分开，预冷完全后的葡萄才能放置在保鲜间，以确保保鲜间的温度变化幅度在0～19 ℃以内。预冷间每秒释放冷量应是保鲜间的1.5～2.0

倍。而往往目前建造的预冷间与保鲜间相同，因此相应延长了预冷时间。在这种状况下，一般4～5 kg包装，单粒重在9～13 g的葡萄需15～18 h预冷（无核葡萄单粒重突破10 g以上的品种较少）；单粒重7～9 g的需预冷13～15 h，单粒重5～7 g的需预冷12～13 h；单粒重小于5 g的葡萄，预冷时间也应在12～13 h以内。这是由于果粒较小，果粒间隙相应缩小，果粒之间的热量不容易散失出去，同时包装箱下部没有散热的出口，热量也不容易散失出去，就会在果粒之间和包装箱下部聚集起来，散热缓馒，等下部果粒预冷完全时，上部的果梗、穗轴已失水过重，丧失其商品价值，大果粒恰恰相反。因此果粒过小，果梗、穗轴较软，易采用2～3 kg的小包装，来缩短预冷时间。

3.3.4　预冷温度范围

贮藏前应先测定不同糖度冰点的变化，确定葡萄最适宜的贮藏温度。几种无核葡萄的冰点变化范围见表8-4，供参考。

表8-4　几种无核葡萄的冰点变化范围

	克瑞森无核	无核白鸡心	费雷无核	优无核	紫香无核
可溶性固形物(%)	16～18	17～19	20～21	15～17	18～21
冰点(℃)	−2.0～−3.0	−3.0～−3.5	−2.0～−3.0	−2.0～−2.5	−2.0～−3.5

3.4　保鲜剂的投放与封口

葡萄预冷完毕后，立即投放保鲜剂，并且封口，就可以进行保鲜贮藏。

3.4.1　保鲜剂的投放

依据不同品种、不同包装投放不同量的保鲜剂。一般采用SO_2防腐保鲜剂，如CT-2系列保鲜剂，每包保鲜剂可保鲜葡萄0.5～1.0 kg。

3.4.2　封口

先测定库温和果心温度，一般温差不超过2 ℃。封口应在葡萄预冷完全后进行，否则会在葡萄贮藏期间产生结露或起雾，造成葡萄腐烂、霉变。

3.5　采摘包装方法

采用田间直接采摘分级包装。人为过多接触葡萄，容易造成葡萄不同部位的机械损伤、掉粒裂果，果梗容易失水干枯，影响保鲜效果。因此，在田间直接采摘分级包装效果较好。

3.6 保鲜技术

保鲜葡萄是以整穗体现商品价值,贮藏中不能只重视果粒保鲜而忽视果梗的新鲜度,果梗的失水程度更能体现葡萄的保鲜效果。因为葡萄果梗是果穗中生理活动最活跃的部分,有呼吸跃变,是果实呼吸强度的 8～14 倍[2]。另外,经由穗轴和果梗损失的水分占整个果穗蒸发水分的 49%～66%[2]。而穗轴和梗的重量仅占整个果穗的 2%～6%[2],因此更容易受损,造成褐变、脱粒。因此,在采摘入库和预冷时把握好时间、方法,晴天的早上,采摘后保鲜膜不封口,但应及时盖箱盖,迅速拉入保鲜库内预冷。

不同的葡萄品种,果梗粗细、果粒直径大小不同,不能采用相同的预冷方法,具体可以如下操作:(1) 一般预冷温度为 0 ℃左右,经常测定库温和果心温度,对比温差(不超过2 ℃)后再进行保鲜膜封口;(2) 果心温度的温度测定应由放置在保鲜库外的温度计测定,不能选用放置在保鲜库内的温度计测定;(3) 预冷时不可操之过急,应在葡萄预冷完全后再扎口,否则会有结露或起雾现象出现。

3.7 机　房

压缩机组房通风差,机器运转产生的热量不易散失,制冷效果差。因此,应保证压缩机组房三面通风、透气良好,并缩短冷风机与压缩机之间的铜管距离,这样制冷效果更好,同时可延长机器的使用寿命。

参考文献

[1] 张国海,郭香风,史国安,等.鲜食葡萄采后贮藏研究进展[J].河南科技大学学报(农学版),2003,23(3):31-34.

[2] 张季中,王玉莲.影响葡萄保鲜的因素分析及保鲜技术措施[J].中国林制特产,2006,82(3):91-93.

第四节　果胶酶与常温恒温下的葡萄果实品质

4.1 背　景

温度会影响葡萄果实中成分的组成和果胶酶的活性。葡萄从萌芽到开花和果实成熟所需积温为 2 100～3 700 ℃。光照长和昼夜温差大对糖的积累有利，高温和光照有利于酸的降解。夏季炎热，有效积温高，虽然有利于果实增糖，但会使果实中酸含量低，色泽和香气差；夏季凉爽，有效积温适中，果实的含糖量适中（15%～22%），含酸量稍高（0.8%～1.4%）。温度升高，葡萄表皮总的花色苷降低。果皮中花色苷的积累在 20 ℃时显著比30 ℃时高，表明花色苷的积累需要适宜的温度范围。而温度对黄酮醇的浓度没有影响。温度也影响果胶酶的生物活性，果胶酶的适宜温度为 15 ℃～55 ℃，最适温度为50 ℃，最佳储藏温度为 4 ℃～15 ℃。本研究采用 7～9 ℃恒温条件，通过探究恒温条件下夏黑葡萄和黑提葡萄中花色苷、单宁、酸糖含量及表皮果胶酶活性的变化，研究果胶酶对不同品种葡萄品质的影响。

果实成熟和软化的主要原因是细胞壁降解酶，特别是 PG 等果胶酶含量的增加及活性的升高，它们使不溶性果胶转化为可溶性果胶，果实细胞壁降解，果实硬度下降，当果实进一步成热时，可溶性果胶继续分解为果胶酸和甲醇，果胶酸没有黏性，果实呈现水烂状态，而关于果胶酶对葡萄表皮变软分解的影响及果胶酶在葡萄表皮残留浓度最大及最适范围的研究至今未见报道。因此研究果胶酶对葡萄果皮品质的影响十分必要。基于前人的研究结果，本研究旨在探究果胶酶对葡萄的影响，确定保持葡萄表皮品质适宜的果胶酶浓度范围，探讨果胶酶在葡萄果实贮藏过程中的作用和机理，为葡萄果实贮藏保鲜提供理论依据，为应用果胶酶制剂调控葡萄果实品质这一技术提供参考和依据。

本实验以夏黑葡萄和黑提葡萄为实验材料，以蒸馏水为对照，将五个不同浓度梯度的果胶酶溶液均匀喷洒在两种葡萄表皮上。在恒温条件下，观测十二天，每两天观测一次，同时测定果胶酶活性、酸、糖、果皮和果肉中的花色苷和单宁含量。每处理设置三次重复。其结果为，温度对果胶酶活性有抑制作用，同时随实验进行，果胶酶活力下降，对相关指标的影响也减弱。在酸糖含量变化方面，果胶酶对葡萄果实有一定的促成熟作用，随果实成熟，酸降低，糖升高，最后慢慢趋于平稳。在花色苷含量变化方面，果胶酶对葡萄组织果胶的分解，使果皮中花色苷部分向果肉中转移。单宁含量变化与花色苷的变化情况一致。研究表明，不同浓度果胶酶溶液对夏黑葡萄和黑提葡萄果皮、果肉品质分别存在不同程度的影响，人为抑制果胶酶活性可以提高葡萄贮藏品质。该实验为通过果胶酶调控葡萄果实贮藏保鲜提供参考和依据。

4.2 材　料

购买市场上夏黑葡萄和黑提葡萄，要求果梗鲜绿，果穗整齐，果粒成熟度、大小、颜色相似。

4.3 果胶酶溶液的配制及对照实验

果胶酶水溶液的制备：将果胶酶称量，配制五个浓度梯度的果胶酶溶液，其浓度设计如下，分别为 0.01 g/L、0.05 g/L、0.10 g/L、0.15 g/L、0.20 g/L。取等量果胶酶溶液放入 5 支试管中，并编号 1～5，插入喷头，用果胶酶水溶液喷夏黑葡萄表皮和黑提葡萄表皮，并加空白对照。具体喷洒方式如下：

(1) 实验组用不同浓度果胶酶的水溶液进行喷洒。

(2) 对照用蒸馏水进行喷洒。

每处理设置三次重复，置于冰箱内放置，保持冰箱内温度 7～9 ℃，每两天测定果胶酶活性、酸、糖、果皮花色苷和单宁含量、果肉花色苷和单宁含量，观察十二天。记录实验数据。

4.4 相关指标的测定

第一天未喷果胶酶前测一次，喷了后再测第二次，之后每两天测一次。

4.4.1 葡萄果皮和果肉花色苷含量测定

采用分光光度计法[11]。

4.4.2 葡萄果皮和果肉单宁含量测定

采用 $KMnO_4$ 滴定法。

4.4.3 葡萄果肉中总酸总糖测定

总糖采用糖度计。总酸采用酸度计。

4.4.4 果胶酶活性测定

采用滴定法。

4.5 不同浓度果胶酶处理葡萄糖度的变化

实验表明，夏黑葡萄与黑提葡萄总糖含量变化的显著性分别为 0.425（>0.05）与 0.002（<0.05），因此，夏黑葡萄总糖含量的差异性不显著，黑提葡萄总糖含量的差异性显著。糖含量是判断葡萄果实成熟度、影响风味的重要指标之一。据候玉如[12]报道，含糖量与果实的着色呈正相关，糖度高则颜色深。糖的积累与呼吸速率、光合速率存在一定的相关性。在代谢及物质运输过程中，糖一部分被消耗，一部分被储存下来。

从图 8-13 和图 8-14 可以看出，夏黑葡萄对照组和处理组的总糖含量均随着贮藏期的延长而提高。每一个贮藏期对照组的每一个数值都比处理组高，表明夏黑葡萄的总糖含量随着贮藏期的延长会提高，果胶酶并不能明显提高夏黑葡萄的总糖含量；黑提葡萄对照组和处理组的总糖含量均随着贮藏期的延长而提高，但是提高幅度不如夏黑多，这与葡萄采收前的成熟度有关。但是，黑提葡萄的成熟度比夏黑葡萄高，这是黑提葡萄的总糖含量在实验期间提高量不如夏黑葡萄的重要原因，从图中可以看出，两种葡萄最高的糖度几乎一致，这也表明两种葡萄的极限糖度一致。与夏黑葡萄不同的是，每一个贮藏期的黑提葡萄对照组的每一个数值都比处理组低，表明黑提葡萄的总糖含量随着贮藏期的延长会提高，果胶酶能通过释放葡萄中的糖分明显提高黑提葡萄的总糖含量。实验中两种葡萄总糖含量变化幅度较大，夏黑葡萄的总糖含量呈现快速上升趋势，黑提葡萄总体上呈现先缓慢上升再趋于平稳的趋势，夏黑葡萄总糖的变化趋势比黑提葡萄的明显，且各浓度处理组对比蒸馏水对照组有明显差别，喷果胶酶的葡萄有稍大的总糖含量变化，因此，葡萄的含糖量随果实的成熟逐渐升高，到一定值趋于平稳，果胶酶有一定的促果实成熟作用，但在恒温 7～9 ℃下并不明显。图中个别指标有不一样的浮动，主要与当天实验葡萄的选取有关，同一串葡萄各果粒之间无法达到完全一致的成熟度。为了排除这些实验误差，实验前剔除成熟不一致的葡萄，并重复三组实验取平均值。相比而言，黑提葡萄含糖量明显高于夏黑葡萄，这与李健恒[13]的研究恰恰相反，原因主要是，与选购的夏黑葡萄比，黑提葡萄成熟度低（图 8-13 和 8-14），但在实验进行到 12 天时，黑提的含糖量趋于平稳，夏黑的则还在上升。

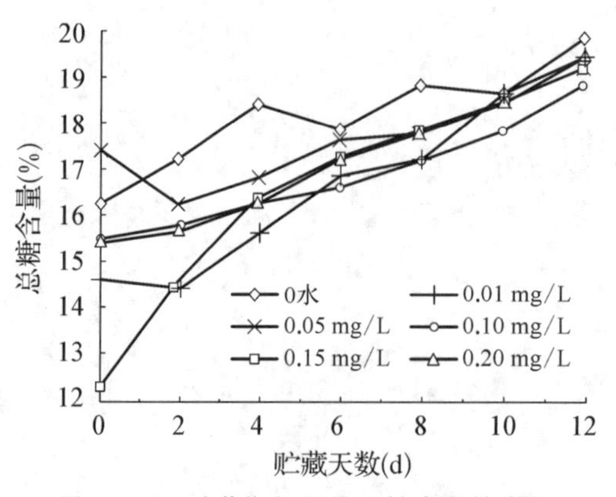

图 8-13 贮藏期间夏黑总糖含量的变化

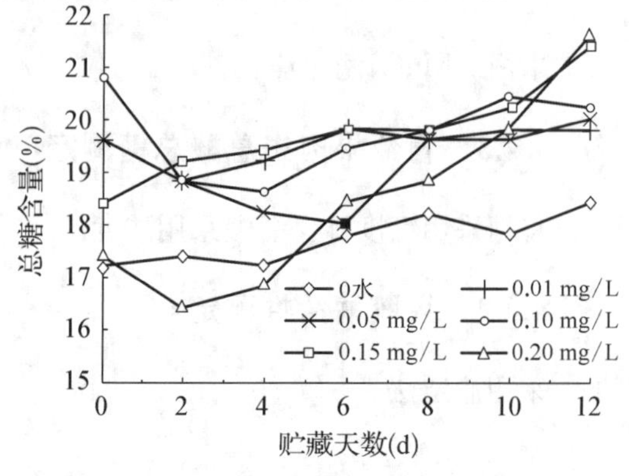

图 8-14 贮藏期间黑提总糖含量的变化

4.6　不同浓度果胶酶处理下葡萄 pH 的变化

实验表明，夏黑葡萄与黑提葡萄 pH 变化的显著性分别为 0.726（>0.05）与 0.137（>0.05），因此，两种葡萄 pH 变化的差异性都不显著。从图 8－15 和图 8－16 可以看出，夏黑葡萄对照组和处理组的 pH 均随着贮藏期的延长而提高，每一个贮藏期对照组的每一个数值都比处理组低，表明夏黑葡萄的 pH 随着贮藏期的延长会提高，果胶酶能够明显提高夏黑葡萄的 pH；黑提葡萄对照组和处理组的 pH 同样均随着贮藏期的延长而提高。

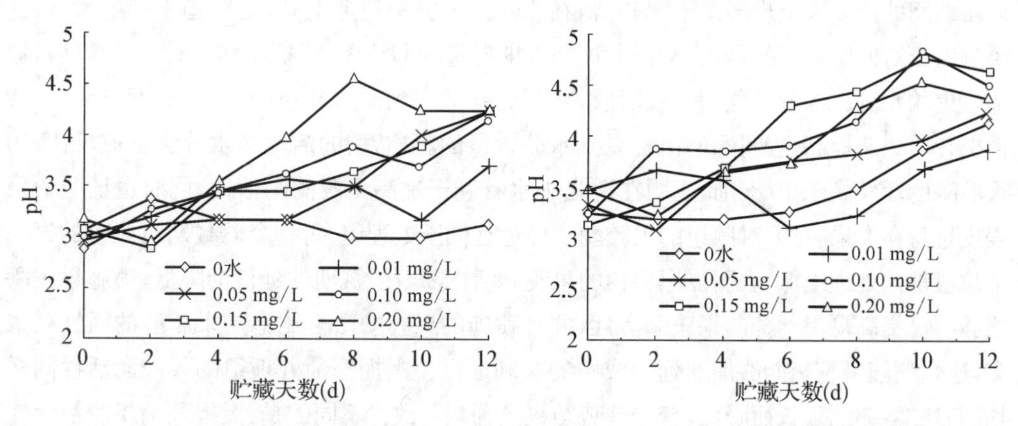

图 8－15　贮藏期间夏黑 pH 的变化　　**图 8－16　贮藏期间黑提 pH 的变化**

从图 8－15 和图 8－16 明显看出，黑提葡萄的 pH 从最初的比夏黑葡萄高至实验结束达到和夏黑葡萄几乎一致，这也表明两种葡萄的极限 pH 一致。对于同一种葡萄而言，pH 随着果胶酶浓度的提高而上升，当果胶酶浓度达到一定值后，开始下降，表明果胶酶的使用有一个最佳的浓度值。夏黑葡萄最佳的使用浓度是 0.10 mg/L，黑提葡萄的最佳使用浓度是 0.15 mg/L。每一个贮藏期的黑提葡萄对照组的每一个数值都比处理组低，表明黑提葡萄的 pH 随着贮藏期的延长会提高，果胶酶能通过分解葡萄中的酸明显提高黑提葡萄的 pH。酸度跟 pH 有着直接的关系，酸度越高，pH 越低。随着果实成熟，糖分开始积累，而酸度开始下降，下降的原因与浆果的呼吸速率与风味物质等有重要关系。糖度与酸度变化呈负相关关系，同一实验葡萄糖度值与酸度值一一对应。葡萄果实中的总酸（主要以酒石酸计）逐渐下降，主要是因为其合成受抑制或者降解、转化等。由图 8－15 和图 8－16 可以看出，开始时夏黑 pH 低于黑提，酸含量多，这与夏黑比黑提中糖含量少的结果一致。夏黑 pH 变化值比黑提的大。对比果胶酶各处理浓度对 pH 的影响发现，果胶酶有一定的促果实成熟作用，但在恒温 7～9 ℃下并不明显。酸含量与杨成涛等[14]研究中无核白鸡心葡萄酸糖含量变化值相似。

4.7 不同浓度果胶酶处理下果胶酶活性的变化

实验表明，夏黑葡萄与黑提葡萄果胶酶活性变化的显著性分别为 0.008(<0.05)与 0.002(<0.05)，因此，两种葡萄果胶酶活性变化的差异性都显著。

从图 8－17 和图 8－18 可以看出，夏黑葡萄处理组的果胶酶活性均随着贮藏期的延长而降低，其中贮藏的前两天下降速度最快，随后开始缓慢下降，表明果胶酶的最佳活跃期只有两天时间；同时，每一个果胶酶处理的样品的酶活性在实验期间都是相互平行的，表明对于同一个样品，果胶酶的活性在贮藏期间的变化趋势一致；对照组的果胶酶活性在贮藏期间的前 8 天呈现轻微下降趋势，在 8～10 天突然快速上升，之后趋于平稳状态，主要是由于对照组采用的是水，稀释了葡萄表皮自身的酶浓度，降低了酶活性，8 天以后，葡萄表皮的水分一部分被葡萄表皮吸收，一部分被散失到贮藏环境中，酶的浓度升高了，活性也开始快速提高，表明酶的活性受到水分含量的影响，酶的活性与水分含量成反比，10 天后酶的活性高于 10 天前，表明在适当失水有利于提高果胶酶的活性，同时也证明葡萄表皮自身存在果胶酶；对照组的果胶酶活性远远低于处理组，每一个贮藏期对照组的每一个数值都比处理组低，表明夏黑葡萄的果胶酶活性随着贮藏期的延长会降低，喷施果胶酶能够明显提高夏黑葡萄的果胶酶活性，并且喷施的果胶酶活性比原始果胶酶的活性高很多，这是喷施果胶酶能够加速葡萄成熟的有利证据。黑提葡萄处理组的果胶酶活性同样均随着贮藏期的延长而降低，变化趋势与夏黑葡萄一致。不同的是，黑提葡萄果胶酶活性在整个实验期间呈现轻微的下降趋势，这与葡萄的成熟度有关。夏黑葡萄的成熟度比黑提葡萄低(图8－13 和图 8－14)，有果胶酶可以利用的营养成分，所以，对照组夏黑葡萄的果胶酶活性比黑提高，这也证明了果胶酶的活性与葡萄的成熟度成反比。

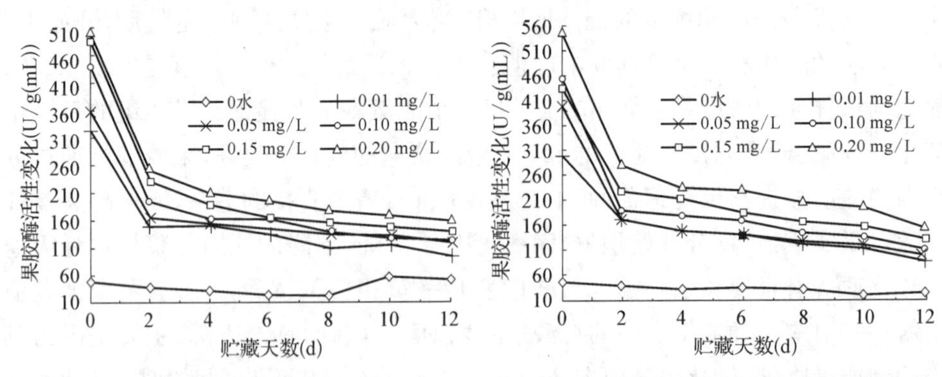

图 8－17　贮藏期间夏黑果胶酶活性的变化　**图 8－18　贮藏期间黑提果胶酶活性的变化**

果胶以原果胶、果胶和果胶酸三种形态存在果实组织中。原果胶在原果胶酶作用下，分解成为了果胶。果胶溶于水，和纤维素分离，进入葡萄汁中，细胞之间的结合变松散，果实显得松软，果皮慢慢失水皱缩，与果肉逐渐分离。当果实进一步成热时，果胶继续分解成果胶酸和甲醇，果胶酸没有粘性，果实成水烂状态。果胶酶的作用温度为

15 ℃～55 ℃，最适温度为 50 ℃，在温度低于 15 ℃时，酶活性极低，室温下酶活性随反应时间变化值也很大。本实验在冰箱 7～9 ℃恒温条件下进行，由图 8 - 17 和图8 - 18 可以看出，两组葡萄酶活性在第一次和第二次测定之间有明显降低，之后降低幅度缓和很多。第一次变化明显是存放温度造成，刚开始从室外放入冰箱，温度较高，酶的活性很高，之后随着温度的降低，活性变小，果胶酶逐渐失活。张娟[14]研究证明，从理论上说，酶活力大小与稀释倍数无关，不同的稀释倍数下测得的酶活力为一定值。本实验的结果与之相反。由图 8 - 17 和图 8 - 18 知，果胶酶活性与果胶酶浓度梯度呈正相关，与张娟的实验结论符合。据叶玉平[1]关于采后菠萝果实品质及果胶分解酶活性变化的研究，果实表皮存在天然的果胶酶，其活性慢慢上升，在果实成熟后呈缓慢下降趋势。在此实验中喷蒸馏水的对照组中也测到较小的果胶酶活力，实验结果与叶玉平的结论相似。

4.8　不同浓度果胶酶处理下果皮和果肉中花色苷含量的变化

实验表明，夏黑葡萄与黑提葡萄果皮中花色苷含量变化的显著性分别为 0.311(＞0.05)与 0.249(＞0.05)，果肉中的为 0.071(＞0.05)与 0.887(＞0.05)。因此，两种葡萄果皮和果肉中花色苷含量变化的差异性都不显著。

从图 8 - 19 和图 8 - 21 可以看出，总体上，夏黑和黑提葡萄表皮花色苷的含量均随着贮藏期的延长而降低，夏黑表皮的花色苷含量高于黑提表皮的花色苷含量，并且最终夏黑表皮的花色苷含量仍然高于相应果胶酶浓度处理的黑提表皮的花色苷含量；夏黑和黑提葡萄果肉花色苷的含量均随着贮藏期的延长而升高，尽管如此，夏黑果肉的花色苷含量低于黑提果肉的花色苷含量，并且对照处理的夏黑果肉的花色苷始终保持在平稳的状态，而黑提果肉的花色苷处于上升趋势(图 8 - 20 和图 8 - 22)。综合以上分析，果肉中的花色苷含量的提高来源于果皮，果胶酶具有释放果皮中花色苷，并将其输送到果肉的作用。不同的是，释放的浓度不同。夏黑葡萄的总糖含量比黑提葡萄低(图 8 - 13 和图 8 - 14)，但是其花色苷含量比黑提葡萄高，表明总糖含量的积累与花色苷含量的积累成反比。

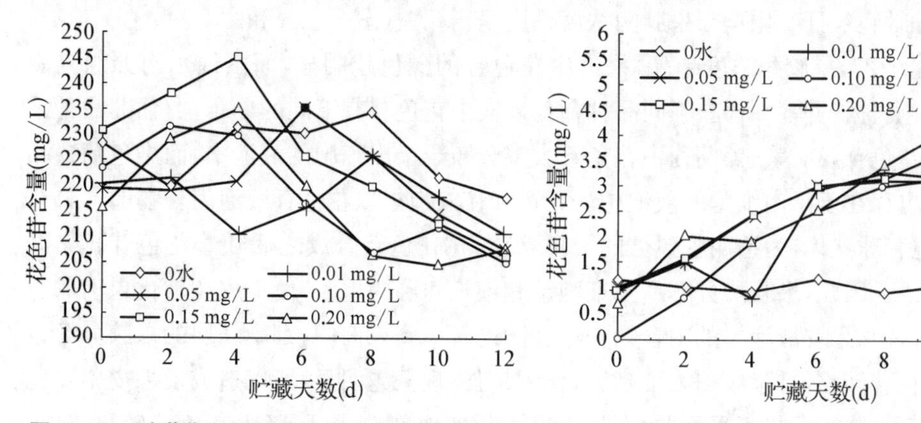

图 8 - 19　贮藏期间夏黑表皮花色苷含量的变化　　**图 8 - 20　贮藏期间夏黑果肉花色苷含量的变化**

花色苷在葡萄中决定着葡萄果实的颜色，是葡萄成熟度的主要评价指标之一。据候玉如[12]关于葡萄果实膨大剂生理效应及其残留分析的研究，花色苷由花色素和糖组成，所以花色苷的积累与糖的含量关系密切，只有当葡萄浆果内的糖达到一定浓度时方能开始着色，且浆果内含糖量愈多，着色愈佳。本实验中夏黑糖含量低于黑提（图 8-13 和图 8-14），但是其花色苷却高于黑提（图 8-19 和图 8-20）。糖和花色苷都是评判果实成熟度的指标，它们的含量都随果实的成熟逐渐积累并趋于平稳[12]。本实验中，两种葡萄皮花色苷在实验期间都有明显的波动，大体上呈现先上升后下降然后趋于平稳的变化趋势，而蒸馏水对照组处理的葡萄花色苷含量从实验开始到结束变化不大，中间有个别数据变化偏高，原因有两个方面：一是每次测定的葡萄原料的选取不完全一致；二是在测定花色苷过程中不稳定，每组研磨时间不一致造成误差。要解决这两个问题，需要操作快速精准，采用冰浴研磨，在原料选取上尽量相似，多做重复取平均值排除误差。

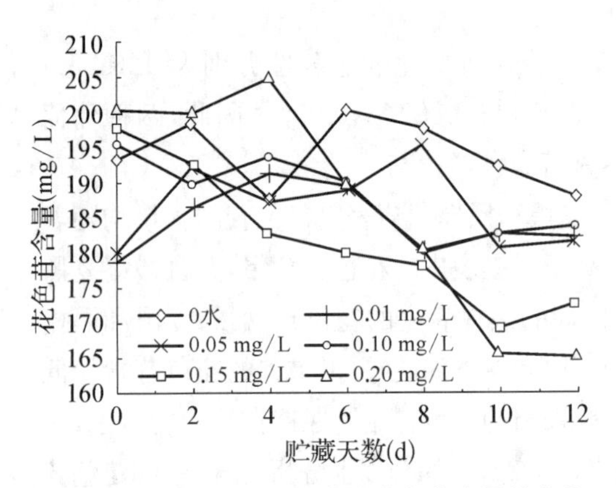

图 8-21　贮藏期间黑提表皮花色苷含量的变化

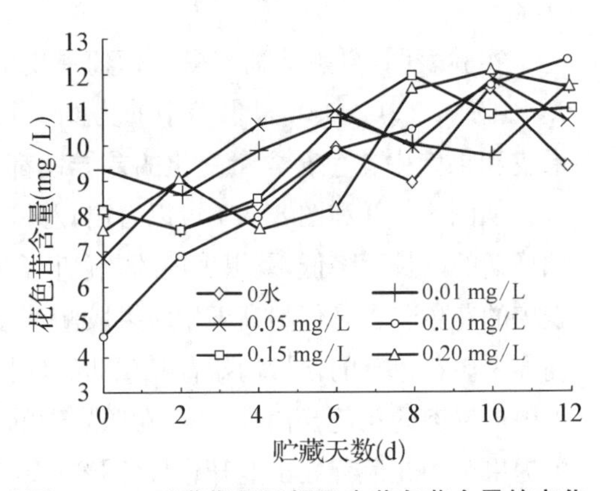

图 8-22　贮藏期间黑提果肉花色苷含量的变化

图 8-20 和图 8-22 中，黑提果肉中花色苷含量比夏黑果肉中多，除了与品种本身有关外，黑提皮薄，而且皮与果肉结合紧密的特点也至关重要。两种葡萄果肉中花色苷含量都逐渐增多，且变化量与果胶酶浓度梯度呈正相关（图 8-13 和图 8-14）。

如图 8-23，果胶酶浓度越高，果肉中花色苷的颜色越明显，而蒸馏水对照组夏黑几乎无紫色。据王博[8]研究，不同品种葡萄果实中花色苷有不同的分布，白葡萄品种果实中没有花色苷，红、紫、黑葡萄中花色苷大多分布于果皮细胞的液泡中，而染色葡萄品种花色苷也存在于果肉细胞的液泡中。花色苷在液泡里以花色苷液泡内含物的形式存在，称花色苷球状体，为透明膜包被的类球状体，在花色苷合成之后随着花色苷积累而逐渐形成[8]。因此，果胶酶分解产生细胞壁和细胞间层的果胶，使果皮在软化果肉的过程中毁坏液泡，果皮液泡中的内含物花色苷随之转移到果肉中；细胞间层的果胶分解也更利于花色苷转移，且果胶酶浓度越大，作用越强，现象越明显，所以造成了果皮中花色苷先上升后下降最后趋于平稳的结果，上升由果实成熟造成，下降由花色苷转移造成，对照组花色苷含量的变化则由葡萄自身果胶酶造成。此结论也与王愈[15]对贮藏山楂果胶酶活性及果胶含量变化规律的研究结果相似。

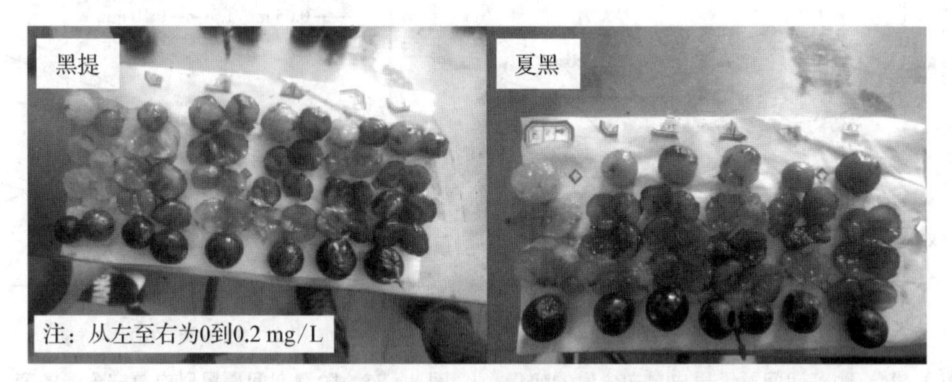

图 8－23　恒温条件下，果皮花色苷浸入果肉的情况

4.9　不同浓度果胶酶处理下果皮和果肉中单宁含量的变化

实验表明，夏黑葡萄与黑提葡萄果皮中单宁含量变化的显著性分别为 0.000（<0.001）与 0.083（>0.05），果肉中 0.000（<0.001）与 0.000（<0.001）。因此，两种葡萄果肉和夏黑葡萄果皮中的单宁含量变化的差异性都极显著，而黑提葡萄果皮中单宁含量的变化不显著。

从图 8－24 和图 8－26 可以看出，总体上，夏黑和黑提葡萄表皮单宁的含量均随着贮藏期的延长而降低，表明果胶酶能够释放葡萄果皮中的单宁；夏黑表皮中单宁含量的降低趋势很微小（除了 0.20 mg/L 果胶酶处理的单宁含量降低很明显），并且随着果胶酶处理浓度的升高，单宁含量降低；夏黑葡萄表皮中的单宁含量高于黑提表皮的单宁含量，表明果胶酶对葡萄表皮中单宁含量的释放与葡萄品种有关；夏黑葡萄果皮比黑提葡萄薄，释放速度快，效果明显。如图 8－25 和图 8－27，夏黑和黑提葡萄果肉中单宁的含量均随着贮藏期的延长而升高，其中 0.10～0.20 mg/L 果胶酶处理的夏黑葡萄果肉中的单宁含量随着贮藏期的延长，增加明显，并且浓度越高，增加越明显，这主要来源于果皮中不断降低的单宁含量（图 8－24）。黑提葡萄也呈现同样的变化趋势，不同的是黑提果肉中单宁含量的变化趋势线比夏黑葡萄松散，表明果胶酶对葡萄果肉中的单宁含量的积累与葡萄品种有关。综合以上分析，果肉中的单宁含量的提高来源于果皮，果胶酶具有释放果皮中单宁并将其输送到果肉的作用。不同的是，释放的浓度不同。夏黑葡萄的总糖含量比黑提葡萄低（图 8－13 和图 8－14），但是其单宁含量比黑提葡萄略高，表明总糖含量的积累与单宁含量的积累成反比。

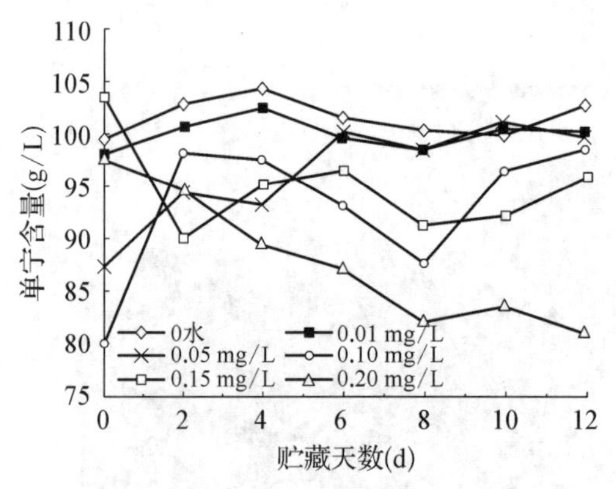

图 8－24　贮藏期间夏黑果皮单宁含量的变化

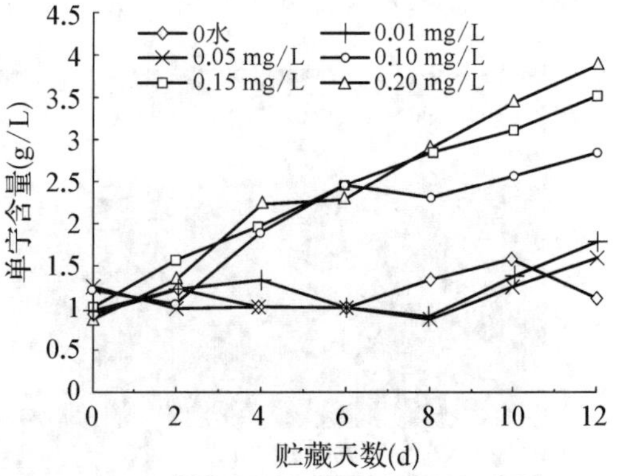

图 8－25　贮藏期间夏黑果肉单宁含量的变化

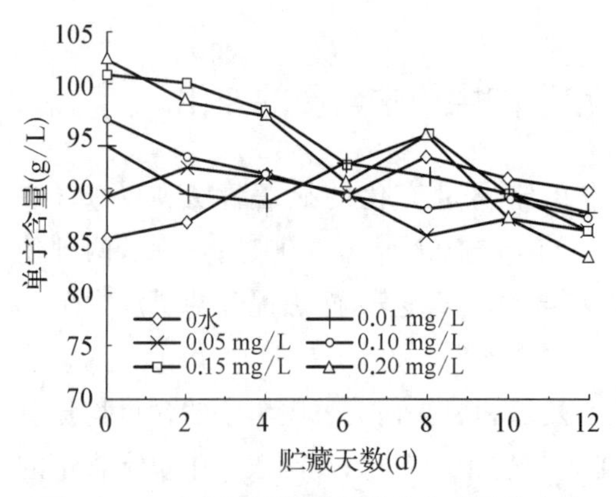

图 8－26　贮藏期间黑提果皮单宁含量的变化

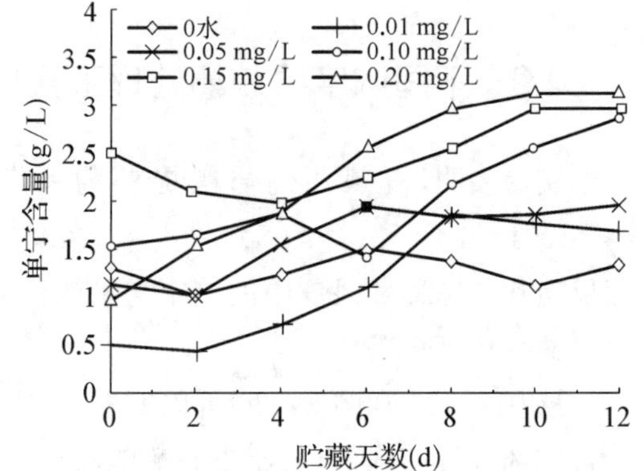

图 8－27　贮藏期间黑提果肉单宁含量的变化

在葡萄果实中，单宁由儿茶素和原花青素两类聚合多酚构成。单宁存在于葡萄的种子、果皮和果梗之中，葡萄果皮中的单宁主要存在于液泡中，在接近表皮细胞处密集成群，其颗粒一直扩散到中果皮，因此厚壁细泡又被称为“单宁细胞”[9]，而且单宁能够与液泡膜非常强烈地结合，部分单宁结合在纤维素果胶壁上。果胶酶先分解葡萄果皮中的果胶，造成细胞破坏，从细胞中释放出单宁向果肉中转移，造成果肉中的单宁缓慢上升，果皮中的单宁逐步下降，且此变化的幅度与果胶酶浓度梯度正相关。而蒸馏水处理组单宁含量变化幅度较小，也说明果胶酶加速了果皮成熟软化。

实验过程中，夏黑和黑提葡萄实验组果实各项指标的变化幅度随果胶酶浓度的增加而变化，对照组果实各项指标也在发生改变，但相较于实验组变化要小得多，黑提的变化又小于夏黑的变化，因此，果胶酶对夏黑葡萄和黑提葡萄有一定的促成熟作用和导致果皮软化、果肉稀烂的作用；黑提果皮厚、果肉硬脆，更能抵御果胶酶作用，这与葡萄品种的特性有关，因此，黑提比夏黑更耐储运。果胶酶能使葡萄品质变坏，果胶分解，果皮中的花色苷和单宁向果肉转移，果实中的糖、酸含量随果实的成熟达到一定值后，果胶酶对糖和酸无明显影响。而温度对果胶酶活性有很大抑制作用，7～9 ℃冰箱实验延缓了果皮软化,未导致果肉稀烂。随实验天数的延长,果胶酶的活性下降,果实变化幅度也逐渐变小,趋于平稳。实验表明,果胶酶在果实成熟和果皮软化过程中扮演重要角色,它作用于果胶,破坏了果胶分子的完整性,从而引起了一系列品质的改变,这与叶玉平等[1]在菠萝采后后熟软化过程中贮藏品质及果胶酶活性变化研究的结果一致。

因此,果胶酶处理能够促进葡萄中总糖含量和 pH 的升高,外源果胶酶的作用更明显,这主要与果胶酶活性有关。果胶酶能够释放果皮中的花色苷,从而提高果肉中花色苷的含量,果胶酶浓度越高,释放的花色苷越多。果胶酶释放花色苷的能力还与葡萄品种有关,葡萄果皮厚而坚硬,释放花色苷的能力弱,反之,释放花色苷的能力强。

果胶酶释放果皮中单宁的能力与花色苷相似,不同的是,果胶酶释放单宁和花色苷的强弱有差异,这与单宁和花色苷的结构有直接关系。

果实软化,耐藏力下降。为了增加果实的贮藏效果,必须设法抑制果实中果胶酶活力,阻止果胶分解。相反,要使果实快速成熟,可以通过果胶酶催熟,通过外源果胶酶的喷施浓度调节果实的成熟速度,使果实在需要的时候成熟。这也是一种安全的运用生物制剂调节果实成熟的方法。此实验相关数据可为人为调控葡萄品质提供一定参考依据。

参考文献

[1] 叶玉平,夏杏洲,刘海等.采后菠萝果实品质及果胶分解酶活性的变化[J].安徽农业科学, 2014, 9:2735-2738.

[2] 屈慧鸽,李荣,缪静等.果胶酶对红葡萄酒主要成分的影响[J].酿酒科技,2005,8:71-73.

[3] 陈晓宇,张小栓,朱志强等.基于NIR的鲜食葡萄物流过程安全系统[J].光谱学与光谱分析, 2016,36(10):3154-3158.

[4] 郑小林,励建荣,徐辉等.果胶酶对芦荟凝胶汁澄清效果的研究[J].中国食品学报,2008,8(5): 98-103.

[5] 任雅萍,郭俏,来航线等.马铃薯渣发酵饲料4种水解酶活性研究[J].西北农业学报, 2016,25 (5):750-757.

[6] 朱新鹏,孙敏,何涛等.果胶酶在拐枣果汁提取应用中的工艺优化[J].中国食品添加剂,2014,1: 163-166.

[7] 薛茂云,杨爱萍,郑萍等.果胶酶酶学性质研究[J].中国调味品,2016,41(3):74-76.

[8] 王博.根域限制促进鲜食葡萄果皮花色苷合成的机制研究[D].上海:上海交通大学,2013.

[9] 李蕊蕊.葡萄酒酿造过程中单宁的变化规律[D].济南:齐鲁工业大学,2016.

[10] 陈辰,鲁晓翔,张鹏等.玫瑰香葡萄贮藏期间糖酸品质的近红外检测[J].食品与发酵工业,2015, 41 (6):175-180.

[11] 李丹,沈才洪,马懿等.夏黑葡萄花色苷的提取及抗氧化活性研究[J].应用化工,2016,45 (8): 1418-1423.

[12] 侯玉茹.葡萄果实膨大剂生理效应及其残留分析[D].天津:天津科技大学,2010.

[13] 李健恒,方站民.浅谈提子葡萄的冬季修剪[J].现代农业,2008,1:9.

[14] 张娟.双水相萃取果胶酶的研究[D].西安:陕西科技大学,2007.

[15] 王愈,张和平.贮藏山楂果胶酶活性及果胶含量变化规律的研究[C].//第二届中国浙江学术节——食品安全监管与法制建设国际研讨会暨第二届中国食品研究生论坛论文集.2005, 622-625

[16] 马文婷.脱落酸、乙烯利和芸苔素内酯对蛇龙珠葡萄果实品质及果皮花色苷的影响[D].宁夏:宁夏大学, 2015.

[17] 杨成涛,孙丽平,孙云.云南省4个主产区无核白鸡心葡萄果皮组成成分及抗氧化能力分析[J].食品科学, 2015,36(22):85-89.

[18] 冯建岭,韩晴,代增英.果胶酶在食品中的应用研究[J].江苏调味副食品,2014,2:9-11.

[19] 陈健旋.应用果胶酶澄清甘蔗汁[J].闽江学院学报,2005,5:51-53.

[20] 周兴本.套袋对葡萄果实发育及品质性状的影响[D].沈阳:沈阳农业大学,2005.

[21] 谢周,张萌,余智莹.脱落酸对不同品种葡萄的着色及果实品质的影响[C].//第十六届全国葡萄学术研讨会暨上海马陆葡萄产业高峰论坛论文集.2010,184-190.

[22] 马文婷,王振平.脱落酸和乙烯利对‘蛇龙珠’葡萄果实品质及花色苷的影响[J].西北农业学报,

2015,24(5):81-88.

[23] 李灿婴,常永义,商佳胤.套袋对红地球葡萄果皮色素和果实品质的影响[J].中外葡萄与葡萄酒,2006,2:9-12.

[24] 任俊鹏,郑焕,江楠.脱落酸浸果对夏黑葡萄果实着色及品质的影响[J].江苏农业科学,2012,40(11):156-158.

[25] 乔玲玲,马雪蕾,张昂.不同因素对赤霞珠果实理化性质及果皮花色苷含量的影响[J].西北农林科技大学学报(自然科学版),2016,44(2):129-136.

[26] 姜璐璐,朱虹,焦凤.乙醇处理对葡萄果实常温保鲜的效果[J].食品科学,2013,34(18):285-289.

[27] 王秀芹,陈小波,战吉成.生态因素对酿酒葡萄和葡萄酒品质的影响[J].食品科学,2006,27(12):791-797.

[28] 李为福,何建军,谢兆森.外源脱落酸对巨玫瑰葡萄着色及浆果品质的影响[J].中国南方果树,2012,41(1):22-26.

第五节　果胶酶与葡萄采后果实品质

5.1　背　景

果胶酶主要通过微生物提取，可分解葡萄中的果胶，有效提高质量[1]。花色苷属于黄酮类多酚化合物，具有生物活性[2]。其天然种类繁多，来源广泛，具有营养、安全等特点。目前天然色素的开发和应用已成为国内外的研究热点[3]。单宁主要存在于葡萄皮、种子和果梗中，有提高结构感、抗自由基、抗氧化、稳定色素、抗菌等作用[4-5]。在葡萄成熟期间，不溶性单宁溶解为可溶性单宁，提高可溶性单宁含量[6]，已引起国内外的广泛关注。总糖在葡萄成熟期间随果实发育逐渐积累，在采收时达最高值[7]。贮藏60 d后，总糖含量下降，至贮藏后期，果实失水皱缩，总糖又开始升高[8]。在成熟期间，酸代谢对浆果品质有重要影响，呼吸作用能够降低果实成熟和贮藏期间的总酸含量[9-10]。

夏黑葡萄，又称夏黑无核，具有抗病、耐贮运、丰产、高糖、早熟和口感好等特点。贮藏期间易失水、脱粒、干梗，降低葡萄商品价值和保鲜效果[11]。瑞必尔葡萄耐贮藏、不落粒、穗长、粒大、汁多、肉厚，略带淡涩味和玫瑰香，富含花青素[12]。在贮运期间，腐烂和脱粒会影响葡萄品质和保鲜效果[13]。果胶酶能分解葡萄果皮中的果胶，促进果皮细胞中有益物质释放，增强香气和色泽[14]。因此，在葡萄贮藏期间，葡萄果实品质的改善可以通过果胶酶对葡萄表皮细胞的分解软化解决。果胶酶含量和活性的上升，导致葡萄细胞壁降解，果实硬度下降。而目前关于果胶酶对葡萄果实软化作用的研究和葡萄皮可残留的最大果胶酶浓度的研究较少。因此，研究果胶酶对葡萄表皮品质的影响，明确葡萄表皮可残留的最适宜果胶酶浓度，可为制定葡萄保鲜技术提供理论依据。

用不同浓度的果胶酶溶液对葡萄进行处理，对照组用蒸馏水喷洒处理，定期测果皮中花色苷、单宁、果胶酶活性的变化，以及果肉中花色苷、单宁、糖和酸含量的变化。结果表明，常温下随着果胶酶的浓度增大，葡萄果皮的品质明显下降。果胶酶对葡萄表皮有分解作用，会导致葡萄果皮中的花色苷向细胞外转移，果皮中花色苷含量下降，果肉中的花色苷含量上升；单宁处于细胞液泡中，在表皮细胞处集积的单宁也因果胶被果胶酶分解向果肉中转移。由于果胶酶具有一定促进果实成熟的作用，果肉中的糖含量慢慢升高，最后趋于稳定，酸含量慢慢下降，最后趋于稳定。通过本实验可以看出，果胶酶对夏黑葡萄和瑞必尔葡萄果实的品质有不利的影响，且果胶酶浓度越大，对夏黑葡萄和瑞必尔葡萄果实品质的影响越大。

5.2　材　料

夏黑葡萄和瑞必尔葡萄，分个剪下（留着一截果梗），分组后放于实验室在常温下保存。

5.3　溶液配制及材料处理

（1）果胶酶溶液制备：浓度分别为 0.01 g/L；0.05 g/L；0.1 g/L；0.15 g/L；0.2 g/L。

分别准确称取 0.01、0.05、0.1、0.15、0.2 g 果胶酶，分别放入贴有 0.01 g/L、0.05 g/L、0.1 g/L、0.15 g/L、0.2 g/L 标签的 1 000 mL 容量瓶中，用蒸馏水定容至刻度线，放入水浴锅中加热至果胶酶溶解。

（2）将两种葡萄各分成 6 组，每组 80 粒，用配制好的果胶酶溶液对葡萄分别进行喷洒处理，对照组用蒸馏水喷洒处理。在 12 天内每 2 天对葡萄进行测定。测定果皮和果肉中花色苷、单宁含量和果胶酶活性；果肉中总糖、总酸的含量。

5.4　相关指标

花色苷含量：分光光度法[18]。

单宁含量：滴定法[19]。

总糖含量：糖度计法[20]。

总酸含量：酸度计法[21]。

果胶酶活性：滴定法[22]。

5.5　果胶酶对葡萄中花色苷含量的影响

5.5.1　夏黑葡萄皮中花色苷的含量变化

在葡萄成熟过程中，花色苷迅速积累，导致葡萄果皮颜色变化[18]。随着花色苷的大量积累，果实中绿色消退，逐渐变成红色，最后加深变成紫黑色。因此，花色苷含量是评判葡萄成熟和果实品质的重要指标。

从图 8-28 中可以看出，不同浓度果胶酶处理后的葡萄花色苷含量均发生变化。首先，夏黑葡萄果皮中的花色苷含量在处理后的 6～8 d 均呈上升趋势，但是上升趋势不明显。主要是葡萄采购时已经非常接近成熟，在初始的 0～4 d 中，葡萄自身在乙烯等生长素的作用下慢慢成熟[19]，随着果胶酶溶液浓度的增大，花色苷含量上升的速度越快，表明果胶酶能促进葡萄果实的成熟，促进花色苷含量上升。之后，果胶酶会分解葡萄表皮细胞中的果胶，释放出花色苷[3-4]，导致成熟过程中的花色苷积累速度缓慢。在贮藏 6～8 d 后，葡萄几近成熟，此时葡萄自身的花色苷含量不再积累，同时在果胶酶分解作用下，葡萄皮中的花色苷被释放到果肉中，导致葡萄表皮中的花色苷含量下降，下降幅度随着果胶酶溶液浓度的增大而增大。当花色苷含量到达最高后，0～0.1 g/L 果胶酶处理后花色苷含量下降的趋势相较平缓。当果胶酶溶液浓度0.15 mg/L 时，花色苷含量下降趋势较大，但是当果胶酶溶液浓度为 0.2 g/L 时，花色苷含量有上升趋势，主要是高浓度的果胶酶加速了果皮中花色苷的溶解；对照处理的葡萄皮花色苷含量下降，主要在于该处理的葡萄表皮中的花色苷没有被溶解。因此，并不是果胶酶含量越高越好，适当浓度的果胶酶可以促进葡萄的成熟和花色苷的形成。当果胶酶浓度大于 0.1 g/L 时，随着果胶酶溶液浓度的增大，夏黑葡萄表皮被破坏的程度增大，表皮中的花色苷进入果肉中的速度加快。

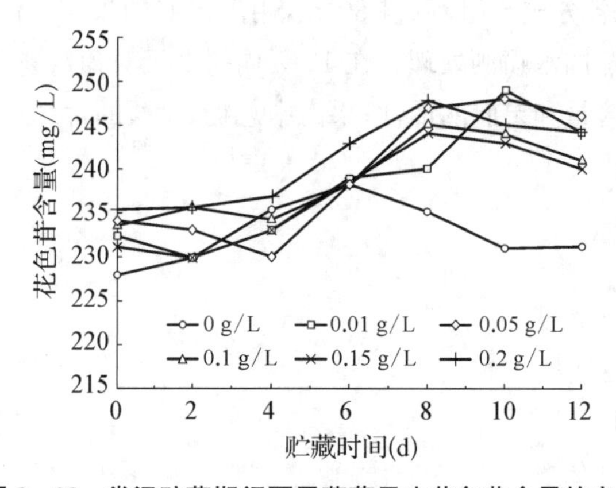

图 8-28　常温贮藏期间夏黑葡萄果皮花色苷含量的变化

5.5.2　夏黑葡萄果肉中花色苷含量的变化

从图 8-28 可以看出，在整个实验期间，夏黑葡萄果肉中的花色苷含量持续上升，但是上升幅度不大，且在各个浓度的果胶酶溶液处理之间的变化不大。主要是果胶酶对葡萄表皮细胞具有分解作用，导致葡萄表皮细胞破损[20]，引起不同浓度的果胶酶溶液处理的各组葡萄中的花色苷有部分从表皮细胞中溢出，浸入果肉中，使果肉中的花色苷含量上升(图 8-29)。因此，随着果胶酶溶液浓度的上升，果肉中花色苷含量的上升速度越快，主要是果胶酶的浓度越大，对葡萄皮的分解作用越强，导致果胶酶浓度高的实验组中花色苷的含量高。

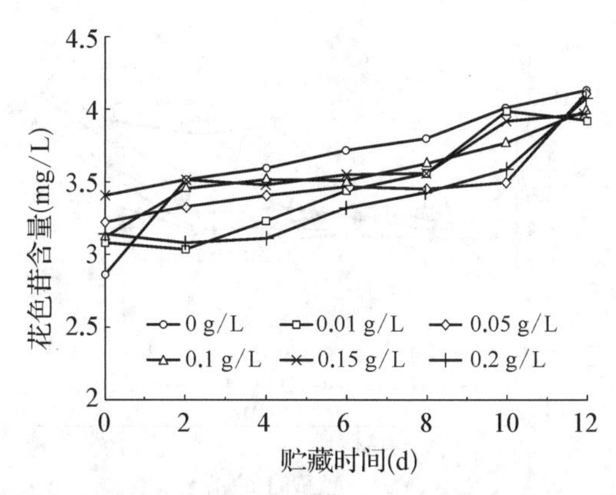

图 8-29 常温贮藏期间夏黑葡萄果肉花色苷浓度的变化

5.5.3 瑞必尔葡萄皮中花色苷含量的变化

随着葡萄的成熟,花色苷的变化趋于一致。从图 8-30 可以看出,随着果胶酶溶液浓度的增大,在相同条件下,果皮中的花色苷含量也在上升。实验前 6~8 d,花色苷含量上升的速度最快,之后速度变慢。这主要是因为随着果实的成熟,果肉中的花色苷含量会有少许增加,阻止了果皮中的花色苷向果肉转移。在贮藏 6~8 d 后,果实自身花色苷含量增加缓慢,同时会有部分果胶酶失活,分解葡萄皮的速率变慢,所以浸入果肉中的花色苷速度减小,导致果皮中的花色苷含量上升的速度变缓,且有下降趋势。在果胶酶溶液浓度小于 0.05 g/L 时,花色苷含量下降幅度不大。当果胶酶溶液浓度大于 0.05 g/L 时,花色苷含量下降幅度相对较大,因此,果胶酶溶液浓度大于 0.05 g/L 时,对夏黑葡萄皮的分解作用明显,葡萄品质下降较快。

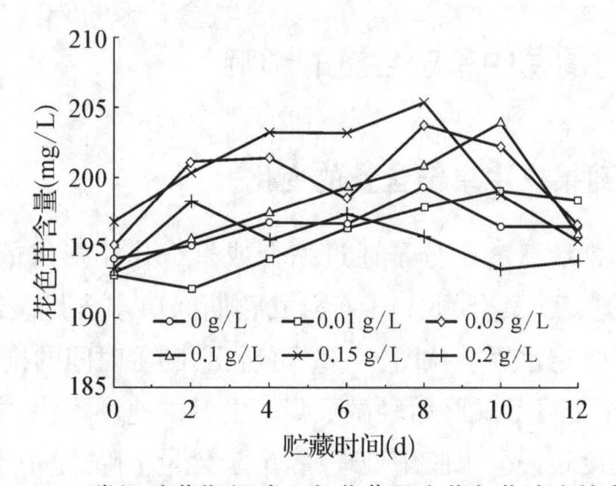

图 8-30 常温贮藏期间瑞必尔葡萄果皮花色苷浓度的变化

5.5.4 瑞必尔葡萄果肉中花色苷含量的变化

从图 8-31 可知,在整个实验期间,瑞必尔葡萄果肉中的花色苷含量都在上升,且在处理 8 d 后,花色苷含量的上升速度明显加快。

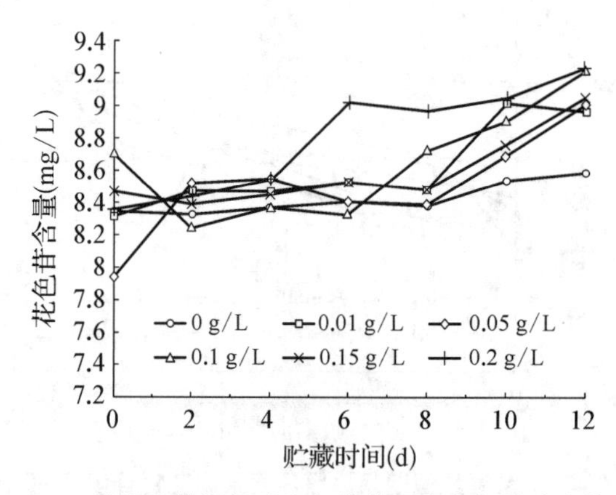

图 8－31　常温贮藏期间瑞必尔葡萄果肉花色苷浓度的变化

实验初期，葡萄果肉中有少量的花色苷浸入，但含量很少。由于葡萄剥皮时会残留少量的花色苷，同时在果胶酶溶液处理时，葡萄皮中的花色苷会浸入果肉中，使果肉中的花色苷含量上升。总体来看，各个浓度之间相差不大。处理 4 d 后，果胶酶浓度为 0.1、0.15、0.2 g/L 的三组中花色苷上升的速度明显比浓度为 0、0.01、0.05 g/L 的三组快，最后含量都趋于稳定。其中 0.2 g/L 处理的瑞必尔葡萄果肉中的花色苷含量最高(图 8－31)，表明高浓度的果胶酶能够加速果胶的分解，促进花色苷的浸出，这与果皮中研究的结果相对应。对照花色苷含量虽然上升不快，但总体都处于上升趋势，说明葡萄自身含有野生果胶酶，缓慢分解果皮中的花色苷。各组浓度上升的速度表明，不同浓度果胶酶的分解作用随着浓度的增大而增大。当果胶酶浓度大于 0.1 g/L 时，果胶酶对夏黑葡萄表皮的分解作用明显加快，即破坏性加大。

5.6　果胶酶对葡萄中单宁含量的影响

5.6.1　夏黑葡萄果皮中单宁含量的变化

单宁是由一些非常活跃的小分子通过缩合或聚合作用形成的一类特殊酚类化合物，包括非类黄酮和类黄酮聚合物[21]。葡萄成熟期间单宁含量缓慢上升，到达某一高峰后又缓慢降到一个特定水平。从图 8－32 可看出，随着时间的推移，葡萄皮中的单宁含量上升，个别处理组上升后又开始轻微下降。上升的速度不快，主要是由于葡萄成熟过程中单宁的积累速度很慢。果胶酶处理后，单宁含量下降，是由于果胶酶分解果皮中的细胞，破坏细胞组织，单宁从细胞中释放出来，进入果肉，或者与花色苷结合成大分子物质。果胶酶溶液的浓度越大，破坏作用越明显，葡萄皮中单宁的含量下降也越快。果胶酶浓度为 0.01、0.05 g/L 时变化幅度相对较小，果胶酶浓度大于 0.15 g/L 时变化最明显，表明当果胶酶浓度大于 0.15 g/L 时，对夏黑葡萄表皮的破坏作用最明显，葡萄品质下降最快。

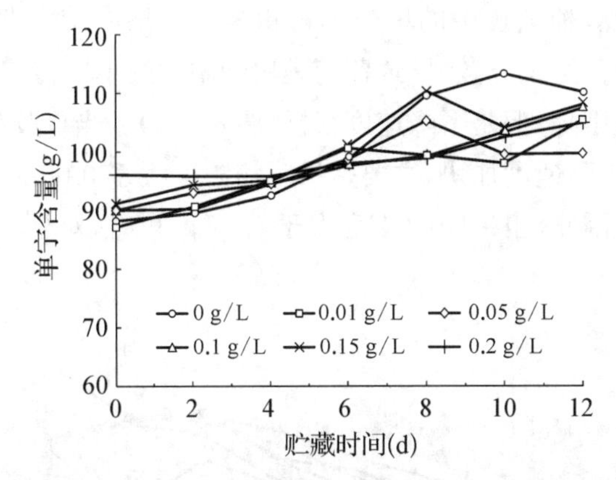

图 8-32　常温贮藏期间夏黑葡萄果皮单宁浓度的变化

5.6.2　夏黑葡萄果肉中单宁含量的变化

从图 8-33 中可以看出，每组夏黑葡萄果肉中单宁的含量都在不断增加，且果胶酶的浓度越大，单宁含量越高，上升速度越快，表明在葡萄成熟过程中，果肉中的单宁含量会增加，主要是由于葡萄皮中的单宁被分解释放转移到果肉中。果胶酶的分解作用导致葡萄皮细胞分解，使葡萄皮中的单宁转移至果肉中，果肉中的单宁含量上升。因此，果胶酶浓度越大，分解作用越强，对葡萄品质的影响越大。因此要促进葡萄的成熟，可以通过喷施果胶酶实现；要延长葡萄的保鲜期，就必须抑制果胶酶活性，或者降低葡萄皮中果胶酶含量。

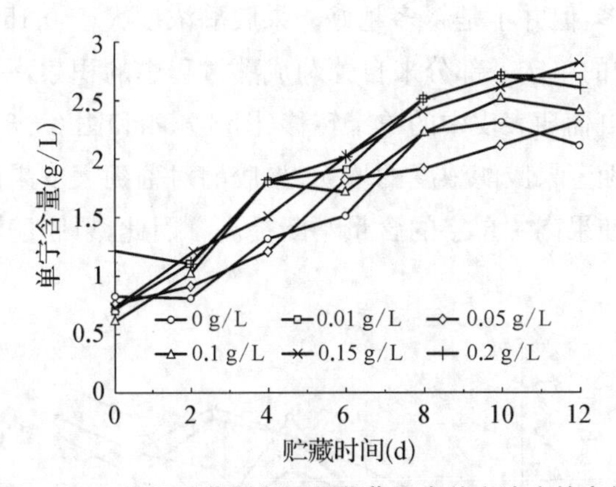

图 8-33　常温贮藏期间夏黑葡萄果肉单宁浓度的变化

5.6.3　瑞必尔葡萄果皮中单宁含量的变化

从图 8-34 中可以看出，贮藏 0～8 d 内，瑞必尔葡萄皮中的单宁含量缓慢上升，0.2 g/L果胶酶处理中单宁含量大于其他浓度处理组，单宁含量上升的速度也略大，说明果胶酶能促进葡萄果实的成熟，促进作用随着果胶酶浓度的增大而增大。在贮藏 8 d

后，葡萄果实几近成熟，葡萄皮中的单宁不再积累。在果胶酶对葡萄表皮的分解作用下，葡萄表皮细胞分解，组织分散，导致葡萄表皮细胞中的单宁转移到表皮细胞外，引起葡萄表皮中单宁含量下降，但是下降速度很慢(图 8－34)。当果胶酶浓度大于 0.05 g/L 时，葡萄皮中单宁的下降速度加快，主要是果胶酶浓度大于 0.05 g/L 时，对葡萄表皮果胶的分解作用加强。因此，当果胶酶浓度大于 0.05 g/L 时，对葡萄的品质影响随着浓度的上升而增加。

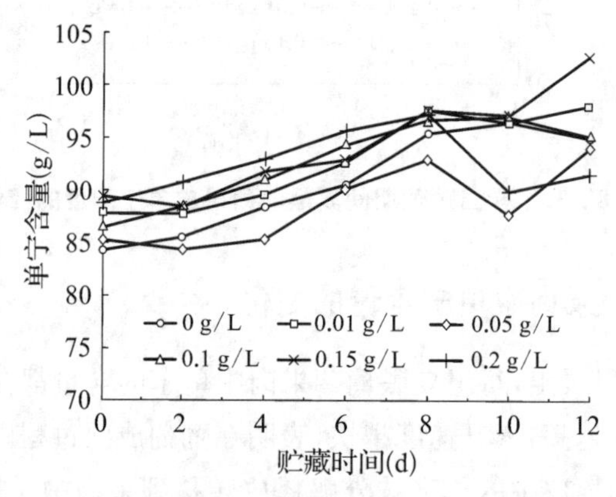

图 8－34　常温贮藏期间瑞必尔葡萄果皮单宁含量的变化

5.6.4　瑞必尔葡萄果肉中单宁含量的变化

从图 8－35 中可以看出，瑞必尔葡萄果肉中的单宁含量整体呈上升趋势，果胶酶浓度越大，单宁含量越多，但并不是越多越好。果胶酶浓度大于 0.15 g/L，单宁含量有下降趋势。葡萄果肉中的单宁一部分来自葡萄成熟过程中的积累，一部分来自葡萄籽的自然转移，大部分来自葡萄表皮中的单宁转移(图 8－34 和图 8－35)。总体上，在一定浓度果胶酶范围内，随着果胶酶浓度的增大，果胶酶对葡萄表皮果胶的分解作用增大，分解释放到果肉中，使果肉中单宁的含量不断提高。因此，果胶酶浓度越大，对葡萄品质影响越大。

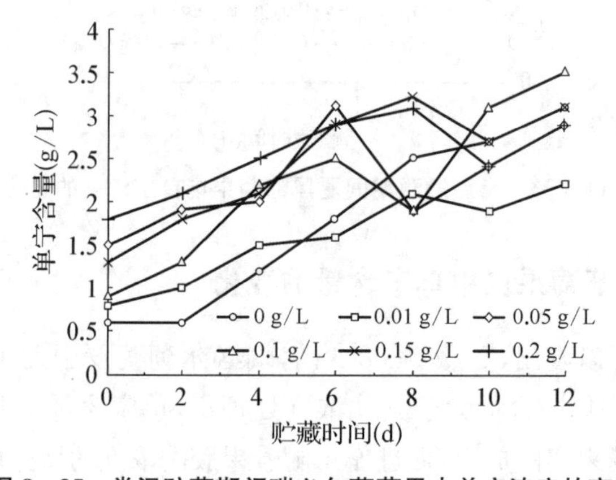

图 8－35　常温贮藏期间瑞必尔葡萄果肉单宁浓度的变化

5.7　果胶酶对葡萄中总糖含量的影响

5.7.1　夏黑葡萄果肉中总糖含量的变化

从图 8 - 36 中可以看出，夏黑葡萄果肉中的糖含量呈上升趋势，在 17%～19.4%波动，果胶酶浓度对总糖含量的变化有一定作用。引起波动的原因是不同浓度的果胶酶对葡萄成熟的促进作用不同。夏黑葡萄中的总糖含量随着成熟而增加，起始阶段，总糖含量 17.5%～18%，然后随着贮藏期的延长而快速积累，果胶酶浓度对总糖的积累也呈上升趋势。但是 0.15 g/L 果胶酶处理后的葡萄对糖的积累虽然呈上升趋势，但是上升最慢，其原因需要进一步研究。因此，贮藏时间的延长促进了葡萄的成熟，果胶酶加速了葡萄后熟，导致了总糖含量上升。贮藏后期，总糖含量趋于稳定，0.15 g/L 果胶酶对总糖的积累处于最低水平。

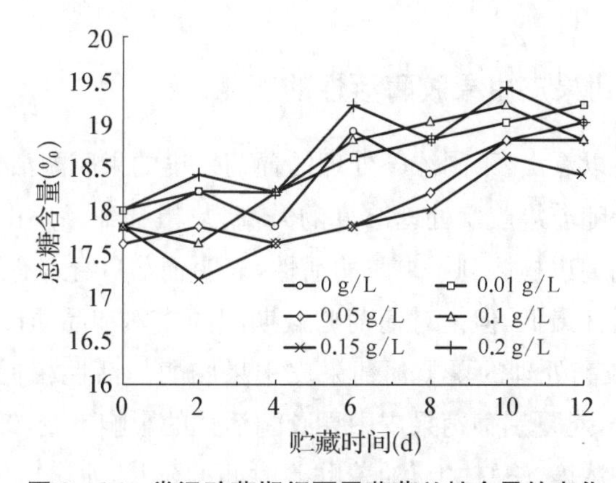

图 8 - 36　常温贮藏期间夏黑葡萄总糖含量的变化

5.7.2　瑞必尔葡萄果肉中总糖含量的变化

从图 8 - 37 中可以看出，瑞必尔葡萄果肉的总糖含量总体上在 18.6%～22.6%波动，贮藏 6～10 d 后呈上升趋势，果胶酶浓度的变化对其影响较明显。果胶酶浓度与总糖含量呈反比。但有趣的是，0.05 g/L 果胶酶处理使果肉总糖浓度在整个贮藏期间呈现"S"形变化趋势。贮藏前 4 d 呈下降趋势，主要是因为果胶酶在葡萄贮藏初期分解果皮中的果胶，致使果皮组织软化，导致糖向果皮转移而使果肉中总糖含量减少；贮藏 4～8 d 呈上升趋势，主要是由于此时果胶酶分解了果皮中的大部分果胶，使果皮中的糖、酸、花色苷和酚类物质等向果肉转移，致使果肉中的总糖达到了最大；之后又开始下降，说明此时果皮组织结构已经很疏松，果皮中的糖、酸、花色苷和酚类物质等已经最大限度转移到了果肉中，在果肉和果皮渗透势差的作用下，果肉中的总糖由开始向果皮转移，另外，糖转化成花色苷、酚类物质等。

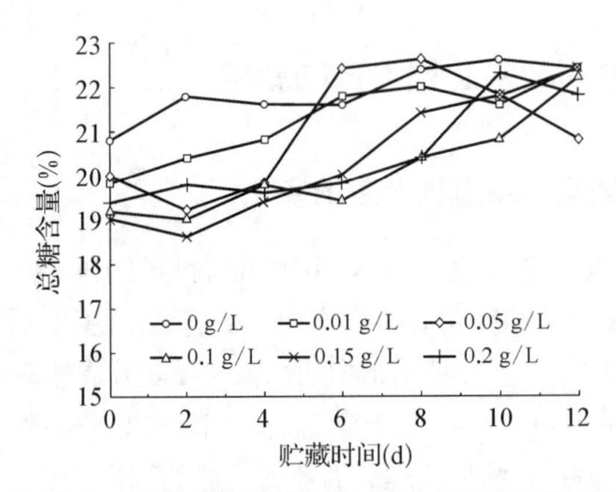

图 8-37　常温贮藏期间瑞必尔葡萄总糖含量的变化

5.8　葡萄表皮果胶酶活性的变化

5.8.1　夏黑葡萄果皮中果胶酶活性的变化

从图 8-38 中可以看出，不同浓度处理的葡萄果皮的果胶酶活性都稳定下降，而且下降幅度较大。但是随着果胶酶处理浓度的升高，夏黑葡萄果皮中果胶酶的活性也在上升。对照处理的葡萄也检测到了果胶酶活性，表明葡萄自身含有野生果胶酶，此处理的葡萄果皮果胶酶活性最低，但是对葡萄贮藏期间的成熟和品质改善有非常重要的作用；0.15、0.2 g/L 果胶酶处理的夏黑葡萄果皮中果胶酶的活性相近，而且是最高的，表明果胶酶浓度再上升，对夏黑葡萄果皮中果胶酶活性的影响不变，0.15 g/L 果胶酶应该是最佳的果胶酶处理浓度。总体上，随着贮藏时间的延长，水分、底物、温度等降低，果胶酶活性下降，这与刘战丽等[22]研究结果一致，主要是这些因素的不断变化对酶的活性有很大影响，所以出现果胶酶活性下降的现象。

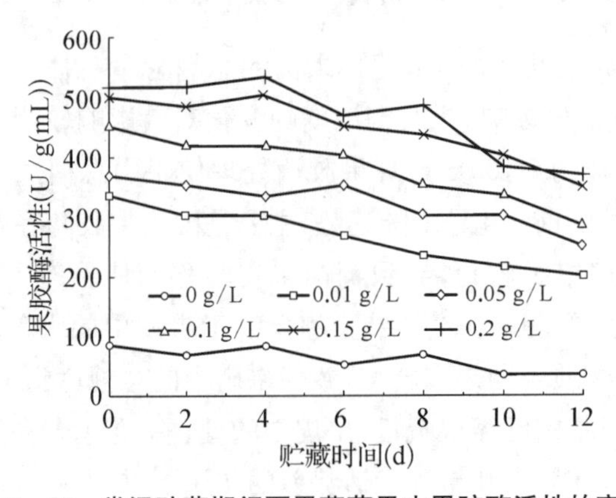

图 8-38　常温贮藏期间夏黑葡萄果皮黑胶酶活性的变化

5.8.2 瑞必尔葡萄果皮中果胶酶活性的变化

从图 8－39 中可以看出，葡萄果皮在各个浓度下果胶酶活性随着贮藏时间的延长而减小，且趋势平缓。对照组中也检测出果胶酶活性，表明葡萄自身存在野生果胶酶。与夏黑相比，瑞必尔葡萄果皮中的野生果胶酶浓度较高，所以，瑞必尔葡萄果实的总糖含量高，果皮中的单宁含量少，果肉中少，果皮花色苷少，但是果肉花色苷多。果胶酶处理浓度越高，瑞必尔葡萄皮中果胶酶的活性越强。与夏黑葡萄皮中果胶酶活性的变化相比，瑞必尔葡萄皮中果胶酶的活性较高，这与葡萄品种有关。贮藏时间越长，葡萄皮被果胶酶分解得越严重，果皮细胞间隙越大，蒸腾作用越强，造成葡萄失水，果皮皱缩，对酶的活性造成影响。品种不同，果皮细胞结构有差异，导致果胶酶分解果胶的作用不同，使葡萄品质产生较大差异。

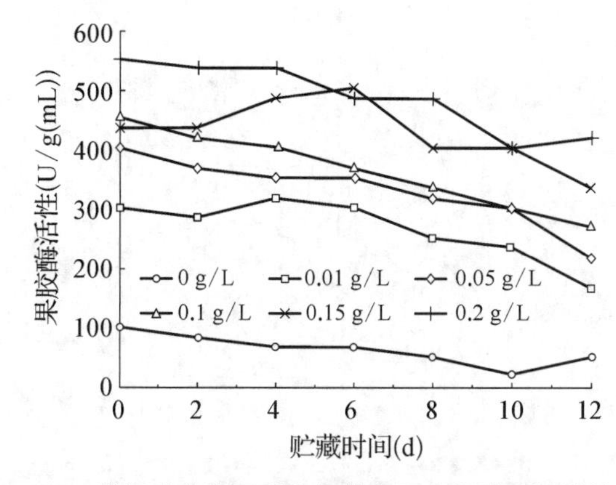

图 8－39 常温贮藏期间瑞必尔葡萄果皮果胶酶活性的变化

实验组中各个指标均发生明显变化，对照组中果实的各指标也有变化，但是对照组果胶酶活性变化幅度小于实验组的变化幅度，夏黑葡萄组的变化比瑞必尔葡萄组的变化明显，表明果胶酶对葡萄表皮具有分解作用和一定的促进成熟作用。它的分解导致葡萄表皮中的花色苷和单宁向葡萄果肉中转移，葡萄表皮的花色苷和单宁含量下降，而葡萄果肉中的花色苷和单宁含量上升。由于它有促进果实成熟的作用，故葡萄总糖含量先上升，最后趋于稳定，葡萄的总酸含量先下降最后趋于稳定。在果实成熟后，果胶酶对糖酸的影响不大。瑞必尔葡萄由于其果皮厚，结构紧密，相对于夏黑葡萄来说，更能抵御果胶酶的分解软化作用，所以瑞必尔葡萄中各指标的变化比夏黑葡萄各指标的变化幅度小。常温下，温度和湿度等变化很大，对果胶酶活性的影响很大，这与全桂静等[23]的研究结果一致。随着贮藏时间的增长，果胶酶活性慢慢下降，果实的变化慢慢变小，最后趋于稳定，说明果胶酶在果实的成熟和贮藏过程中有很重要的作用，分析认为：果胶酶能分解葡萄果皮中的果胶，破坏果皮细胞的完整性，导致葡萄的各项指标出现一些列变化。

因此，果胶酶与贮藏过程中葡萄表皮的软化、表皮细胞之间的缝隙增大、蒸腾作用加快、葡萄表皮皱缩、失水变干、脱粒等各种变化密不可分。果胶酶的存在导致葡萄的贮藏时间变短,品质遭到破坏。但是果胶酶也促进了葡萄的成熟。为了保障葡萄贮藏期间的品质,必须想办法抑制果胶酶活性,减小或去除果胶酶对葡萄品质的影响;反之,为了促进葡萄的成熟,缩短贮藏期,使葡萄尽快上市,可以喷施果胶酶,促进葡萄的早熟。本次实验数据可为制定葡萄贮藏保鲜技术提供一定的参考依据。

参考文献

[1] 裘纪莹，王未名，陈建爱，等. 微生物果胶酶的研究进展[J].中国食品添加剂，2010，4：238-241.

[2] 何静仁，邝敏杰，齐敏玉，等. 吡喃花色苷类衍生物家族的研究进展[J]. 食品科学，2015，36(7)：228-234.

[3] 李丹，沈才洪，马懿，等. 夏黑葡萄花色苷的提取及抗氧化活性研究[J]. 应用化工，2016，45(8)：1418-1423.

[4] 李蕊蕊，赵新节，孙玉霞. 葡萄和葡萄酒中单宁的研究进展[J].食品与发酵工业，2016，42(4)：260-265.

[5] 王哲，丁燕，韩晓梅，等. 蓬莱产区不同品种酿酒葡萄中多酚及单宁类物质含量测定[J]. 中外葡萄与葡萄酒，2015(3)：35-37.

[6] 李艳春. 果实成熟期光照对赤霞珠葡萄光合作用、果实品质养分积累的影响[D]. 保定：河北农业大学，2009.

[7] 李梦鸽. 避雨栽培对葡萄果实糖分积累及蔗糖代谢酶活性的影响[D]. 雅安：四川农业大学，2015.

[8] 童莉，王欣，雯茜姆，等. 葡萄贮藏过程中含糖量、维生素C、呼吸、膜透性的变化和耐贮性的关系[J]. 种子，2008，27(10)：23-25.

[9] 李桂芬，刘延松. 葡萄贮藏生理研究进展[J]. 果树科学，2000，17(1)：63-69.

[10] 史祥宾，刘凤之，王孝娣，等. 根域宽度对"红地球"葡萄产量和品质及贮藏营养的影响[J]. 中外葡萄与葡萄酒，2018(2)：12-16.

[11] 纪亚楠，李洪山，申玉香，等. 夏黑葡萄果粒品质及其挥发物SPMEGCMS分析[J]. 安徽农业科学，2012，40(22)：11205-11207.

[12] 赵鑫，陈国刚，郭文波. 瑞必尔葡萄临界低温高湿贮藏过程中品质变化的研究[J]. 中国果菜，2016，36(10)：10-14.

[13] 马骏，杨小玲，李春媛，等. 不同保鲜方法对新疆木纳格葡萄贮藏效果的影响[J]. 保鲜与加工，2013,3：24-27.

[14] 俞惠明，蔡建林，刘宗芳，等. 果胶酶在葡萄酒酿造中的作用及其实践应用[J]. 中外葡萄与葡萄酒，2010,7：65-68.

[15] 杨丽丽，石治敏，焦思棋，等. 显齿蛇葡萄种皮中花色苷及多糖体外抗氧化活性评价[J]. 食品工业科技，2017,16：65-68，87.

[16] 邓波，秦洋. 赤霞珠和蛇龙珠葡萄浆果中不同组分含量的研究[J]. 山东轻工业学院学报(自然科学版)，2012,3：27-30.

[17] 朱丹实，梁洁玉，曹雪慧，等. 巨峰葡萄低温贮藏过程中主要多糖降解酶活性变化的研究[J]. 食品工业科技，2014,4：331-333，337.

[18] 张彦芳. 河西走廊不同产地美乐(Merlot)果实成熟期间及原酒中花色苷成分比较[D]. 兰州：甘

肃农业大学，2015.

[19] 袁军伟，赵胜建，魏建梅，等. 葡萄采后生理及贮藏保鲜技术研究进展[J]. 河北农业科学，2009，13(4)：80－83.

[20] 赵红岩. 果胶酶在果蔬汁加工中的应用研究[J].中国酿造，2012，12：18－19.

[21] 郝笑云，王宏，张军翔. 酚类物质对红葡萄酒颜色影响的研究进展[J]. 现代食品科技，2013，5：1192－1197.

[22] 刘战丽，张龙，王相友，等. 温度对鲜切马铃薯生理和品质的影响[J]. 食品科技，2012，8：48－51.

[23] 全桂静，向文娟，陈宇山. 果胶酶高产霉菌的筛选及固体发酵条件的优化[J]. 沈阳化工学院学报，2008，1：35－39.

附　酿酒葡萄爬地龙栽培模式技术规程

世界优质葡萄酒产区

北方埋土防寒产区

酿酒葡萄爬地龙栽培模式技术规程

（第一版）

陕西省果业局
陕西省合阳县人民政府
西北农林科技大学合阳葡萄试验示范站（合阳酒庄）
西北农林科技大学

前　言

我国北方地区主要是温带大陆性气候，局部地区是高原气候。冬冷夏热，四季分明。与同纬度地区相比，光热资源较为优越，是酿酒葡萄最佳优生区之一。

但是，目前我国优质酿酒葡萄的栽培模式主要还是从南方照搬过来，根本不适应北方埋土防寒区优质酿酒葡萄发展的需要。而“爬地龙”栽培模式扬长避短，克服了传统栽培模式的缺点，管理简便、省工省力省成本、便于机械化作业，能改善葡萄植株及其果实的生存环境，实现葡萄“优质、稳产、长寿、美观”可持续发展。

我国葡萄种植和家庭自酿葡萄酒的历史悠久，但是在很长时间里没有形成产业。近二十年来，我们在发展现代葡萄酒庄的同时，积极进行爬地龙栽培模式的试验示范，逐步形成了涵盖陕西、山西、新疆、宁夏、甘肃等地的爬地龙栽培模式示范点。经科学论证，确认了爬地龙栽培模式为我国优质酿酒葡萄的优秀栽培模式。为了促进我国优质酿酒产区葡萄与葡萄酒产业的健康发展，强化葡萄酒产品的品质特征，推广现代化酿酒葡萄种植模式，规范优质酿酒葡萄栽培技术，特制定《酿酒葡萄爬地龙栽培模式技术规程》。

1　范围

本规程适用于我国北方优质酿酒葡萄产区（包括陕西、山西、新疆、宁夏、甘肃、内蒙古等）的酿酒葡萄基地。

本规程明确了爬地龙的定义、规范性引用文件、品质因素指标、建园准备、技术要点和配套技术等要求。为全面提升北方优质酿酒葡萄产区酿酒葡萄修剪的技术水平，提高葡萄原料的果品质量，保障优质葡萄酒的生产，特制定本技术规程。

2　爬地龙的定义及技术简要说明

爬地龙是为适应我国埋土防寒区葡萄的整形修剪、埋土防寒等机械化、简约化作业而设计的。它由一个（单爬地龙）或两个（双爬地龙）平行于地面的主干构成，其上着生的结果枝直立生长，冬剪时采用每个结果枝只留 3 个芽的整形方式。

技术简要说明：本发明涉及一种爬地龙式葡萄种植方法，它有利于提高葡萄质量和有效控制产量，有助于实现葡萄优质、稳产、长寿、美观。本发明包括以下步骤：(1) 第一年：沟植：定植沟宽 0.5 m，沟深 0.5 m；株距 0.5 m（单爬地龙）或 1.0 m（双爬地龙），行距2.5 m～3.0 m；将定植用苗剪留两芽，培育成一个或两个新梢；冬季将所培育的一年生枝剪留0.5 m压在地表，固定在第一道铁丝上；(2) 第二年：将由芽眼发出的新梢向上直立绑缚，使之在架面上分布均匀，在冬季修剪时，剪留3芽；(3) 第三年：将由芽眼发出的新梢向上直立绑缚，使之在架面上分布均匀；每个结果枝3个新梢；在冬季修剪时，将带有两个一年生枝的部分全部剪掉，另一个一年生枝剪留3芽。

本规范均是以单爬地龙为例进行示范，双爬地龙的技术只需将单爬地龙对称管理即可。

3　规范性引用文件

下列文件中的条款通过本规程的引用而成为本规程的条款。凡是注日期的引用文件，其随后所有的修改单(不包括勘误的内容)或修订版均不适用于本标准，然而，我们鼓励根据本标准达成协议的各方使用这些文件的最新版本。凡是不注日期的引用文件，其最新版本均适用于本规程。

201010013581(专利号)：一种爬地龙式葡萄种植方法

DB65/T2619-2006　酿酒葡萄标准体系总则

DB65/T2620-2006　酿酒葡萄育苗技术规程

4　品质因素指标

4.1　密度

依据葡萄品种和土壤状况，种植密度每667 m^2(1亩)200～400株，行距2.5～3.0 m，株距0.5 m(单爬地龙)或1.0 m(双爬地龙)；新梢密度每米7～14个新梢。葡萄主干为贴地双或者单爬地龙，地上部为立架形，架面宽0.5 m，行间免耕生草。

4.2　树形

平行龙干式架形，龙干高度距地面0～20 cm，实行单龙干(单爬地龙)或双龙干(双爬地龙)整形。

4.3　爬地龙的种类

根据是否保留多年生主蔓和龙蔓的数量，可将爬地龙分为以下四种类型：有主蔓单爬地龙、无主蔓单爬地龙、有主蔓双爬地龙和无主蔓双爬地龙(图1)。

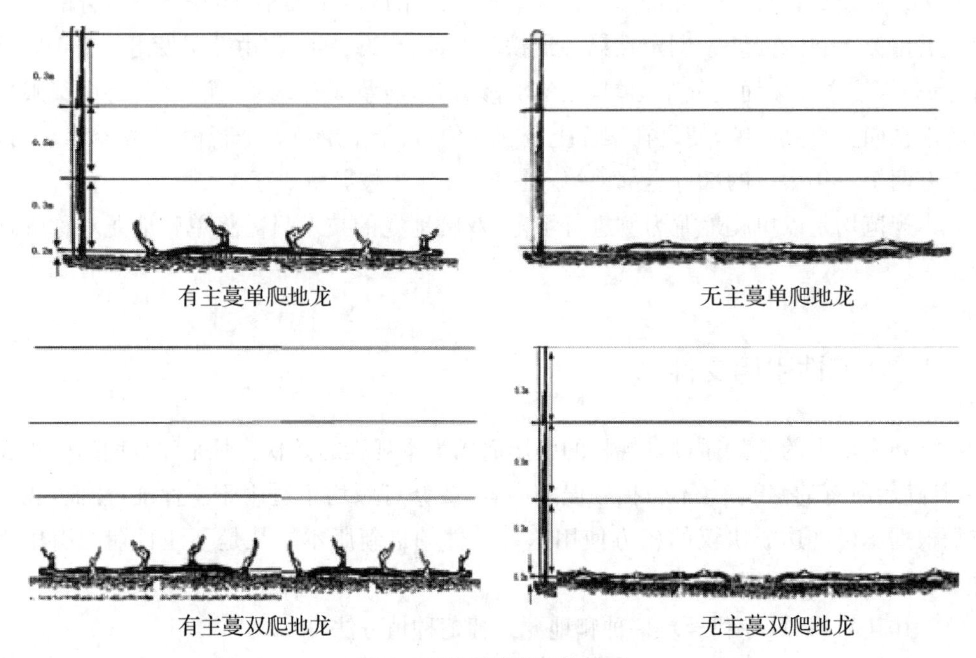

图 1　四种爬地龙栽培模式

5　技术要点

5.1　支架

支架的设立以坚固耐用、方便操作、经济实惠、美观大方为原则。支架的材料主要是立柱(水泥柱、石柱、木柱、金属柱等)、铁丝等。

立柱的规格以满足葡萄树体和产量负荷、树形及叶幕要求为原则，水泥柱的规格一般不小于 8 cm×8 cm，地上部高度不少于 180 cm，埋入地下部分不少于 50 cm。柱距 10 m。铁丝以 812# 镀锌铁丝为宜，每行横向铁丝 3～4 道，每道铁丝之间距离不大于 50 cm。

5.2　种植前准备

选择根系发达，根茎大于 0.7 cm，具有 2～3 个饱满芽，无病虫害、无病毒，1 年生健壮苗木，或根系发达、具有 4 片以上成叶的健壮营养袋苗。

建园前做好平整土地、排灌和道路系统的规划等工作，选择南北行向挖定植沟。定植沟宽、深均为 50 cm，挖沟时将表层熟土与底土分别放于沟的两边，沟挖好后要经过一段时间晾晒，期间准备每亩施入 4 000～5 000 kg 有机肥，最后于苗木定植前 10～15 d 进行定植沟的回填，在回填底土时同时拌入有机肥并踩实，之后再填入 15 cm 厚的表层熟土拌有机肥踩实，剩余的表层熟土全部填入定植沟的表面，其他剩余的底土用于做畦埂。栽植营养袋速成苗需在苗木定植前5～7天将定植沟灌透水、覆膜。

5.3　有主蔓爬地龙栽培模式的整形和修剪

5.3.1　确定树形

科学合理的树形是优质稳产的重要保证条件，结合北方埋土防寒区的土壤、气候条件，想要生产高品质的酿酒葡萄，宜采用爬地龙栽培模式，实行单龙干和双龙干整形。架面宽以50 cm为宜，株距1.0 m可采用爬地龙双龙干整形，株距0.5 m可采用单龙干整形。

5.3.2　树形培养

定植第一年：定植前，将苗木根系适当修剪(图2a)。苗木长出新梢后要及时插竹竿，选留一个或两个强壮的主枝顺竿引绑，其余芽全部抹除，等主梢长到比要求干高高出20～30 cm时摘心，对主干长出的副梢留3～4叶反复摘心，增加植株叶面积，促进主干增粗，树势生长健壮时可利用顶端长出的副梢，按树形继续培养，到7月下旬～8月上旬(不同产区视物候期调整)摘心以后长出的副梢要隔10～15天反复摘心，促进枝条老化。冬季修剪时，按照爬地龙龙干长度和株距修剪定干，培养为爬地龙龙干。同时还要根据树体生长状况决定留枝长度，如果地面50 cm(双爬地龙)或100 cm(单爬地龙)长度龙干粗度不超过1 cm，应从1 cm处平茬，下年重新培养(图2b和2c，单爬地龙；双爬地龙为其对称，下同)。

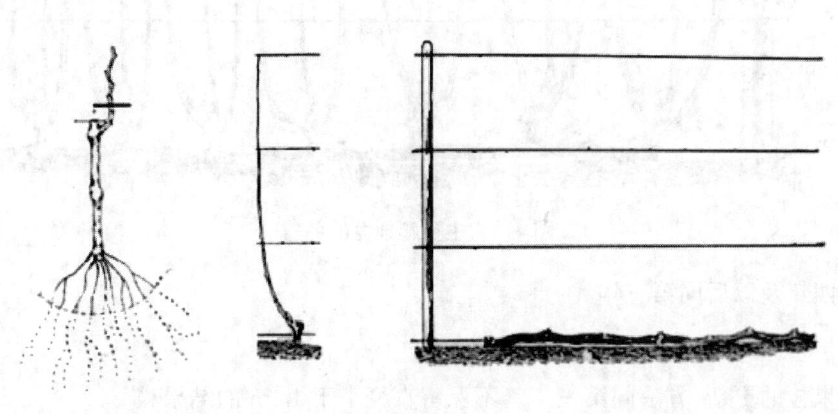

a. 定植前苗木的修剪 b. 第一年一个新稍　　c. 第二年形成一个龙蔓

图2

定植第二年：按预定的树形将“龙干”平行于地面培养，龙干上每隔15～20 cm上留1个新梢直立生长。对新稍上长出的副梢留1～3叶反复摘心，顶端副梢不摘心，按树形继续培养。冬季修剪时每个新稍剪留3个芽，形成下一年的结果枝组(图3)。

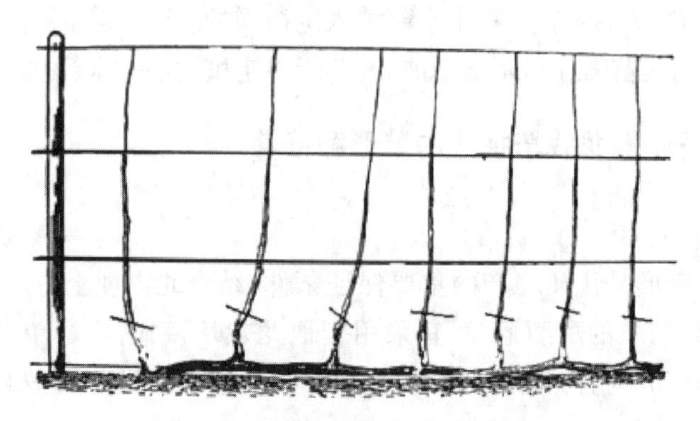

图 3　有主蔓单爬地龙的冬季修剪

定植第三年：将上年剪留的芽发出的新稍（结果枝）全部直立绑缚，形成结果枝组。每个结果枝发出的副稍剪留 1～3 个叶片。冬季修剪时每个结果枝组剪留接近基部的结果枝上的 3 个芽（图 4）。

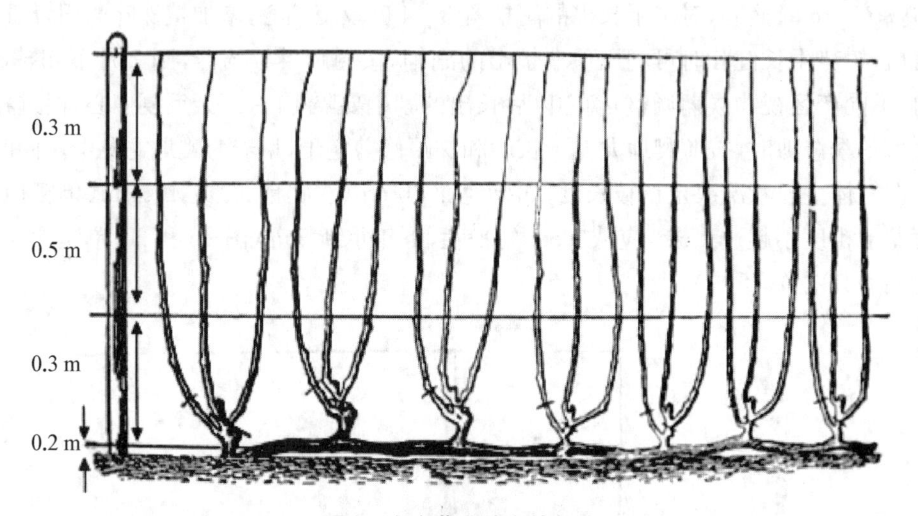

图 4　有主蔓爬地龙的冬剪

第四年及以后同第三年。

5.3.3　更新修剪

结果枝的更新：方法同第三年。不保留直径小于 1 cm 的结果枝。

龙干的更新：在当年秋季葡萄采收后，剪除接近基部的全部龙干，只保留与基部最近的结果枝 0.5 m（双爬地龙）或 1.0 m（单爬地龙），培养成下一年的龙干（图 5）。不保留直径小于 1 cm 的结果枝。

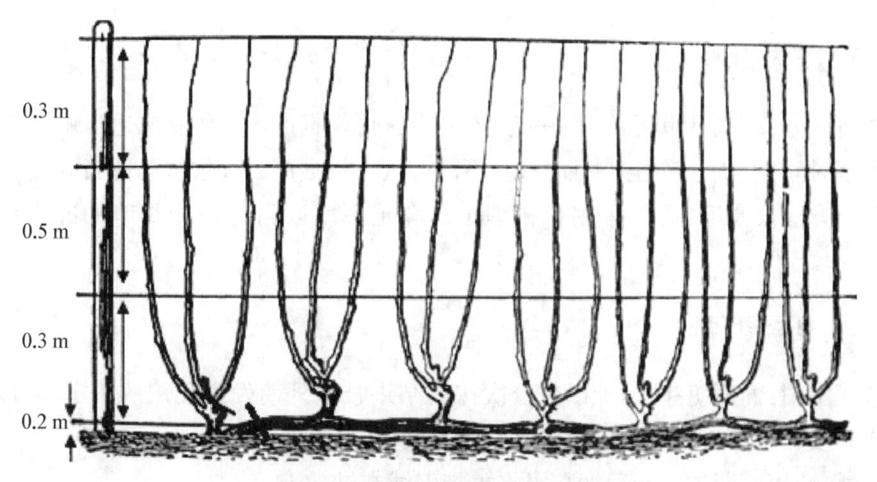

图 5　有主蔓爬地龙的更新修剪

5.4　无主蔓爬地龙栽培模式的整形与修剪

5.4.1　确定树形

同 5.3.1。

5.4.2　树形培养

定植第一年：同 5.3.2 定植第一年(图 2)。

定植第二年：同 5.3.2 定植第二年。只是冬剪时每个新稍只留一个芽。为了保险起见，也可以留 2～3 个芽，但是下一年芽萌发的时候必须剪留 1 个芽(图 3)。

定植第三年：将上年剪留的芽发出的新稍(结果枝)全部直立绑缚，形成结果枝。每个结果枝发出的副稍剪留 1～3 个叶片。冬剪的方法同第二年(图 3)。

四年及以后同第三年。

5.4.3　更新修剪

结果枝的更新：方法同第二年。不保留直径小于 1 cm 的结果枝。

龙干的更新：同 5.3.3(图 6)。

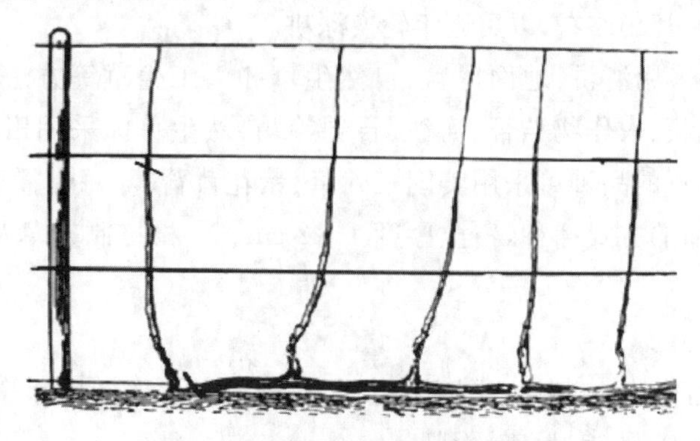

图 6　无主蔓单爬地龙的更新修剪

5.5 冬季管理

修剪时间:11 月上旬至 11 月中旬,不同产区可根据产区气候状况适当调整。

埋土时间:11 月上旬至 11 月中旬,不同产区可根据产区气候状况适当调整。

埋土方法及厚度:通常采用机械埋土。埋土厚度以当地最冷季节的冻土层厚度为准。

5.6 夏季管理

抹芽定梢:葡萄萌芽 10 天以后分次抹去结果枝以外萌发的无用的不定芽,以及主芽两边萌发的副芽等无用的嫩梢,只保留主梢。

引缚:选用葡萄枝条专用捆扎绳将主梢引缚在铁丝上。

摘心与去副梢:将新稍(结果枝)上发出的副梢剪留 1～3 叶,摘心,主梢不摘心。

去老叶:在果实采收前 15～20 天,适当剪除新梢基部果穗周围的老化叶片(2～3 片),可以改善果穗微环境,提高果实品质。

5.7 配套技术

5.7.1 定植当年促成管理

幼树定植时留 1～2 个芽,培育 1(单爬地龙)或者 2(双爬地龙)个新稍。定植当年的促成管理通过水肥调控和夏剪来完成。从苗木定植到 7 月中旬以前要保证充足的水肥供应,这段时间以速效氮肥为主,掌握"少施勤施"的原则,每次施肥量控制在 4～5 kg/667 m^2,每隔 10～15 d 1 次,同时每次施肥后要小水浇灌。7 月中旬以后要控制氮肥的使用量,以磷钾复合肥为主,同时结合喷药叶面喷施 0.2%～0.3%的磷酸二氢钾溶液,以保证枝条的充分成熟。

5.7.2 土肥水管理

1) 土壤管理

葡萄园土壤深耕:每年秋末,结合施基肥进行隔行开沟深耕,深度 30～40 cm,每年深耕的面积控制在 15%左右,以后逐年轮换深耕。

地表管理:可采用清耕、地面覆盖、自然生草和人工生草等方法。地面覆盖的材料较多,可采用地膜、农作物秸秆、河沙、石砾等;自然生草即采用田间自然生长的草覆盖地表;人工生草的品种可采用美国三叶草、紫花苜蓿等,每亩播种草种约 0.5 kg,可采用条播或撒播的方式播种,覆土厚度 1～2 cm。严格控制杂草及污染源,确保果园卫生。

2) 施肥

施肥量依据葡萄品种、树龄、土壤肥力、肥料种类以及产量目标等因素确定。葡萄施肥的方式主要有基肥、追肥和叶面肥。

基肥：基肥为葡萄一年生长与结果的基本肥源，一般在秋后、初冬以有机肥混入适量的多元复合肥施入葡萄根系主要分布层，依据土壤肥力状况及有机肥质量，每亩用量为 2 000～4 000 kg。

追肥：在葡萄生长期依据土壤肥力和葡萄不同生长阶段对营养要求的特点及时补充土壤养分。依据土壤营养基础实行配方施肥，严禁单一施用氮肥，注重微量元素施用。葡萄转色期以前氮、磷、钾及微量元素搭配施入，葡萄转色期以后控制氮肥。主要追肥时期为萌芽前、幼果生长期、采收后。根据土壤肥力，每次追肥量一般控制在每亩 10～30 kg。

叶面肥：叶面肥是对土壤追肥的一种补充，适合于临时对树体进行某种营养元素的快速补充。喷叶面肥以喷叶片背面为主，常用的叶面肥及浓度有：0.3%尿素、0.3%磷酸二铵、0.3%过磷酸钙浸出液、0.5%磷酸二氢钾、1%～2%硫酸亚铁液、0.5%～1%硫酸镁、0.2%～0.3%硫酸锰、0.05%钼酸铵、0.01%～0.02%硫酸锌。

3）灌水

灌水一般与土壤追肥结合进行，适宜灌水时期主要有萌芽前、萌芽后新梢快速生长期、浆果膨大期、采收后和越冬前。葡萄转色期以前适宜的灌水量以灌水后土壤达最大持水量 80%为度，葡萄转色期以后控制灌水，不出现较大旱情原则上不灌水。

5.7.3　病虫害防治

1）防治原则

以防为主，综合防治，不用或少用保护剂和生物农药，禁用化学农药。

2）主要防治对象

霜霉病、炭疽病、白腐病、黑痘病、金龟子等。

5.7.4　常规病虫害防治工作历

落叶后至萌芽前：在冬季修剪后和芽萌动期及时对树干和地面各喷布 1 遍 3～5 波美度石硫合剂（加展着剂），选择温度较高的天气进行；

幼叶期（3～4 叶）：根据是否有虫害可以进行人工捕杀或生物诱杀；

坐果后一周：喷半量式波尔多液；

果实膨大期以后：强化栽培管理，确保新梢分布均匀，通风透光，根据天气情况和病情预报，及时喷布等量式或多量式波尔多液。

要求石硫合剂、波尔多液浓度配制准确，喷洒雾点细、均匀，果穗各面和叶片的反正面都要喷到，不可漏喷。每年的具体病虫害防治工作可根据上年的病虫害发生情况和当年的天气变化以及病虫害的预报作适当的调整。

在生长期间发现以下病症，应喷施相应药物：灰霉病：保倍福美双、腐霉利或嘧霉胺；炭疽病、黑痘病：保倍福美双、苯醚甲环唑；霜霉病：万宝露和精甲霜灵，保倍福美双与金乙霜或金科克。

采收前半个月禁止喷药。

5.8 果实的采收

5.8.1 采收期的确定

从每个品种成熟前 3～4 周开始，对不同地块每 3 天采样一次（采样要有代表性），压汁分析含糖量、含酸量及糖酸比，并绘制成熟曲线，然后根据成熟曲线和所酿酒种的要求确定采收时期。

5.8.2 采收

严格按品种进行采收，防止品种混杂。采用人工采收方式。在采收和运输过程中，尽量避免破损，避免带露水采收、雨后采收和高温下采收，用修枝剪从贴近果枝处剪下（一般留 3～5 cm 果梗），轻拿轻放，采下的葡萄要尽快运到酒厂车间进行加工。

友情提示：爬地龙架式作为葡萄田间管理过程中通用的修剪架式同样适合于鲜食葡萄和南方产区葡萄的田间管理，对于亲自开展该架式研究或者示范的科技人员来说，特别要注意的是，由于气候、土壤、光照、海拔、降雨、地形以及当地特殊的生态等条件差异很大，应针对不同产区的情况适时的改良架式，满足生产的需要。因此，一定要在专业人士的指导下进行科学实验，最终确定最适宜的架式。欢迎各位爬地龙架式的爱好者和研究人员对本架式进行实验研究，并相互交流，修改、补充、完善该架式的相关内容，推动爬地龙架式更大范围的推广和示范，为葡萄与葡萄酒产业的发展贡献各自的一份力量。